Essential of Control System Engineering for Mechanical Engineers

기계공학자를 위한

핵심 제어시스템 공학

김기우 저

도서출판 홍릉

저자소개

김기우 gwkim@inha.ac.kr

2015년 ~ 현재: 인하대학교 기계공학과 교수 (제어/계측 전공 분야 30년 경력)
2023년 ~ 현재: IEEE Control Systems Member
2011년 ~ 2015년: 경북대학교 자동차공학부 조교수
2009년 ~ 2011년: 미시건 대학교 (美) 기계공학과 Research Fellow
2004년 ~ 2009년: 펜실베니아 주립대학 (美) 기계공학과 박사
1996년 ~ 2004년: 현대자동차 파워트레인 연구소 선임연구원
Lab: Control Systems and Mechatronics Lab (http://csml.inha.ac.kr)
Youtube: www.youtube.com/@user-yp4ds4ir8q

기계공학자를 위한

핵심 제어시스템 공학

인 쇄: 2025년 1월 20일 초판 1쇄
발 행: 2025년 1월 31일 초판 1쇄

저 자: 김기우
발행인: 송 준
발행처: 도서출판 홍릉
주 소: 01093 서울시 강북구 인수봉로 50길 10
등 록: 1976년 10월 21일 제5-66호

전 화: 02-999-2274~5, 903-7037
팩 스: 02-905-6729
e-mail: hongpub@hongpub.co.kr
http://www.hongpub.co.kr
ISBN: 979-11-5600-257-4(93560)

정 가: 27,000원

머리말

평소에 교수는 연구하는 학자이기 전에 가르치는 선생의 역할에 더 충실해야 한다는 저의 교육 철학을 반영한 책이 출판되어 매우 기쁩니다. 기계공학과뿐만 아니라 전기, 전자, 화학 공학등 공과대학 소속 다수의 학과에서 자동 제어(Automatic Control)라는 과목으로 강의가 되고 있는 본 과목은 학부 학생에게는 다소 낯설고 어려운 내용이라 강의에 대한 이해도가 부족하다는 인상을 받아 오다가 평소 학부 대학생은 강의를 통해 "넓고 얕은 지식을 추구"해야 한다는 강의 철학으로 다수의 참고 교과서와 전공 서적을 꾸준히 검토하면서 매년 업데이트를 한 강의 노트를 이번에 책으로 출판하게 되었습니다. 지난 몇년간 "어떻게 하면 이해하기 쉬운 강의를 할 수 있을까" 고민도 엄청 많이 했던 것 같습니다.

기존 교재는 수학적인 내용이 많고 전기공학 관련 예제가 대부분이기 때문에 기계공학과 학생을 대상으로 강의하기 적합하지 않은 내용이 많습니다. 더구나 시중에서 판매되고 있는 다양한 제어 관련 서적 및 대학 교재만큼 다양하고 광범위한 내용을 포함하고 있기 때문에 한 학기 일정으로 소화하기가 굉장히 어려운 실정입니다. 또한 동역학, 열역학과 같은 다른 강의와 달리 고등학교 교과 과정에서 전혀 소개되지 않은 상태에서 수강하기 때문에 수강생이 매우 낯설어 하며 제어 공학 입문에 적당하지 않은 어려운 난이도를 지니고 있습니다.

이 책은 이러한 문제점을 보완하기 위해 제어 이론에 대한 핵심적인 기본 개념의 이해에 많은 분량을 할애하고 있으며 어떻게 산업 현장에서 응용하는지에 대해 초점을 맞추어 설명하고 있습니다. 이 책은 기계공학 관련 학과에서 자동 제어 과목의 교재로 15년간 사용한 강의 자료와 논문에서 인용된 제어 이론에 대한 핵심 개념 및 이론을 1학기 13주차 강의에 맞추어 쉽게 정리하였습니다. 실제로 기계, 전기, 전자, 항공, 선박, 자동차, 모빌리티, 로봇과 같은 다양한 공학 분야에서 사용하는 제어 이론은 거의 똑같고 제어 대상만 다르므로 이 교재를 통해 제어 공학에 입문하는 모든 공과 대학 소속 학부 학생이 제어 시스템을 이해하고 관심을 갖는데 도움이 되길 바랍니다.

마지막으로, 그동안 강의 준비를 헌신적으로 도와준 강의 조교와 연구실 대학원생들에게 감사를 드리며 글을 마칩니다.

2025년 1월

김 기 우

목차

CHAPTER 1

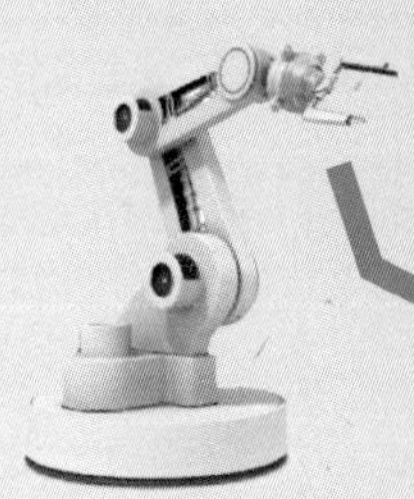

제어의 개요와 역사

1.1 제어의 정의

제어(Control)는 그대로 두면 원래 불안정한(Unstable) 제어 대상(Plant)에 외부에서 제어 입력을 작동하여(Actuating) 제어 대상의 동작을 의도하는 대로 (가장 중요한 의도는 안정하게) 변화 시키는 과정(Process)으로 정의할 수 있다. 이러한 제어에 대한 정의는 원래 가만히 두면 중력 및 외란에 의해서 진자가 평형점을 벗어나 쓰러지는 불안정한 동특성을 지닌 긴 스틱을 손에 올려놓고 균형을 오랫동안 유지하는 간단한 발란싱 스틱(Balancing Stick) 게임을 통해 쉽게 이해 할 수 있다. 스틱이 제어 해야할 대상이며 눈은 각도를 측정하는 센서(Sensor) 역할을 담당하며 손은 액추에이터(Actuator)에 해당한다. 사람의 두뇌는 제어기(Controller)에 해당되며 제어 해야할 실제 출력 변수는 각도이다. 원하는 기준 각도는 수평선을 기준으로 90°(그림 1.1)이며 이 각도를 유지하면 안정한(Stable) 상태이다.

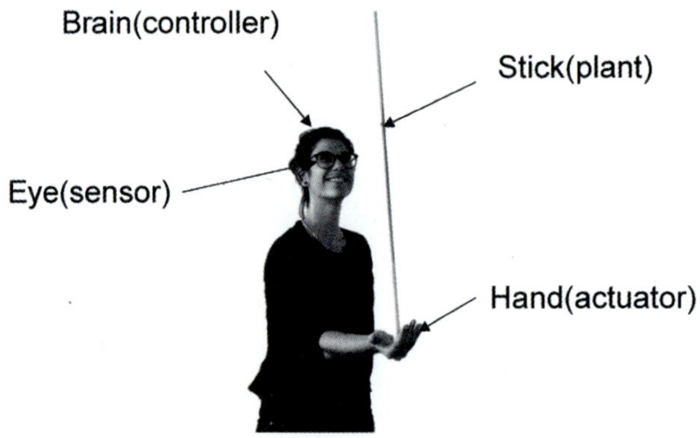

[그림 1.1] 균형(Balancing) 스틱 게임

이러한 발란싱 스틱 게임은 공학적으로 도립 진자(Inverted Pendulum) 시스템과 동일하며 동역학적으로 원래 불안정하고 비선형인 시스템으로 제어공학에서 널리 사용되는 대표적인 동적 시스템이다. 이때 기울어진 각도를 측정하는 센서는 가속도계나 모터에 설치한 회전 속도 센서(Encoder) 등을 사용하며, 액추에이터는 전기 모터등으로 대체 할 수 있다. 도립 진자가 수직을 유지시키

기 위해 인간의 뇌에 해당되는 제어기(Controller)를 사용하며 요구 성능을 시뮬레이션을 통해 해석하고 제어기를 설계하기 위해서는 플랜트에 대한 수학적 모델이 반드시 필요하다. 이러한 도립 진자 시스템의 제어는 균형이 매우 중요한 수직으로 발사되는 로켓(Rocket)의 자세 안정화 제어, 휴머노이드 로봇(Humanoid Robots)의 제어, 시그웨이(Segway)와 같은 이륜 역진자형 이동로봇(Mobile Robots)의 제어등에 광범위하게 응용되고 있다.

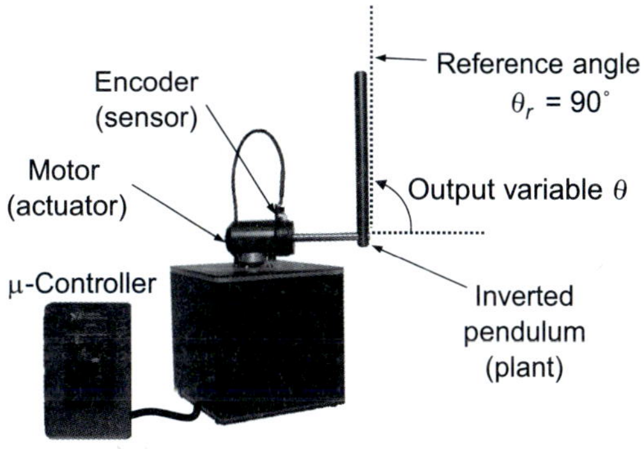

[그림 1.2] 도립 진자(Inverted Pendulum) 제어 시스템

1.2 제어 용어

도립 진자 시스템과 같은 동적 제어 시스템의 일반적인 블록 선도(Block Diagram)와 제어 공학에서 주로 사용하는 제어 용어는 다음 그림 1.3과 같다.

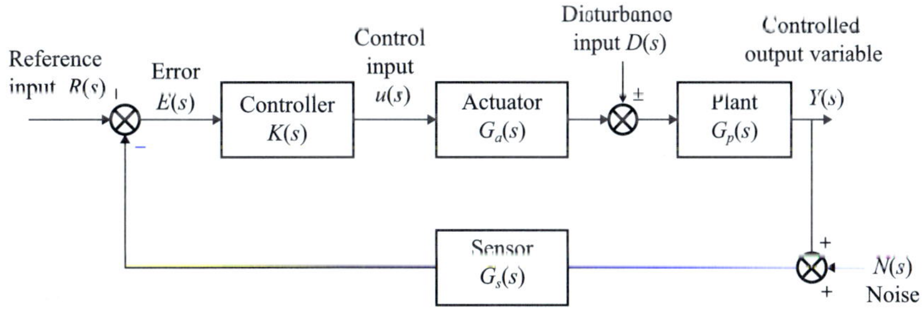

[그림 1.3] 일반적인 폐루프(Closed-loop) 제어 시스템

여기서 $G_p(s)$: 플랜트(Plant), 제어 대상 시스템

$K(s)$: 제어기(Controller)

$R(s)$ or $r(t)$: 기준 입력(Reference Input), 제어 목표, 요구

$E(s)$ or $e(t)$: 기준 입력과 출력과의 오차(Error)

$u(s)$ or $u(t)$: 제어기가 계산한 제어 입력(Control Input)

$D(s)$: 외란(Disturbance) 입력

$N(s)$: 센서 노이즈(Sensor Noise), 일반적으로 없는것으로 가정한다.

- **플랜트**(Plant): 제어를 해야할 대상인 동적 시스템(Dynamic System)으로 현대적 의미의 제어를 위해서는 수학적 모델링이 반드시 필요하다. 기계 시스템으로 국한하면 자동차, 공작기계, 로봇 시스템등이 대표적인 플랜트이다.
- **제어 출력 변수**(Controlled Output Variable): 변위, 속도(Velocity), 토크, 압력과 같이 센서를 사용하여 측정해야 할 물리 변수이다.
- **폐루프**(Closed-loop) **제어 시스템**: 센서를 사용하여 제어 출력 변수를 측정한 후 기준 입력과 비교하는 피드백(Feedback) 루프가 존재한다. 따라서 폐루프 제어 시스템은 피드백 제어 시스템으로도 알려져 있다.
- **개루프**(Open-loop) **제어 시스템**: 출력을 기준 입력과 비교를 하지 않으므로 열린 루프를 가진다. 개루프 제어 시스템의 응답(Open-loop Response)은 제어 시스템의 응답 시간, 안정성 같은 고유 동특성을 평가하기 위해서 사용된다.

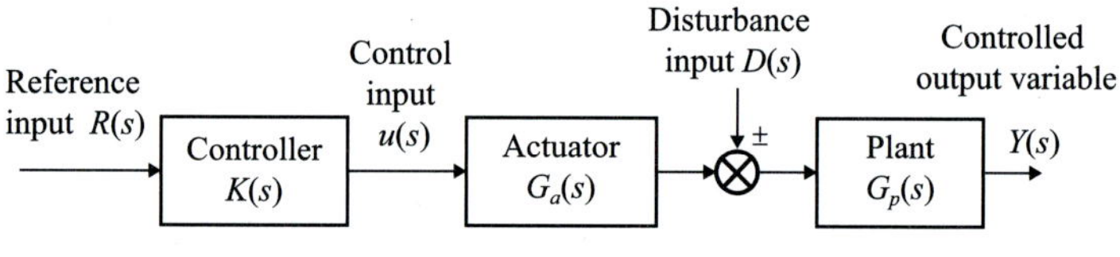

[그림 1.4] 일반적인 개루프(Open–loop) 제어 시스템

개루프 제어의 대표적인 예는 입력 성형(Input Shaping) 기법이다. 제어 요소에 존재하는 임펄스 입력 A_1을 상쇄 시키도록 진동의 반 주기에 또다른 임펄스 입력 A_2을 성형한 개루프 제어 입력은 센서의 설치가 어려운 유연한(Flexible) 구조물의 잔류(Residual) 진동 억제에 매우 효과적이다. 개루프 제

어 시스템은 일반적으로 폐루프 제어보다 제어 성능이 우수하지 않지만 센서를 사용하지 않는 장점으로 인해 특별한 제어 시스템에 사용 할 수 있다. 따라서 폐루프 제어 시스템이 개루프 제어 시스템보다 성능이 반드시 우수하다고 단정 지을 수 없다. 만약 개루프 제어 시스템의 성능이 안정하고 만족스럽다면 굳이 폐루프 제어 시스템을 설계 할 필요가 없다는 점을 기억해야 한다.

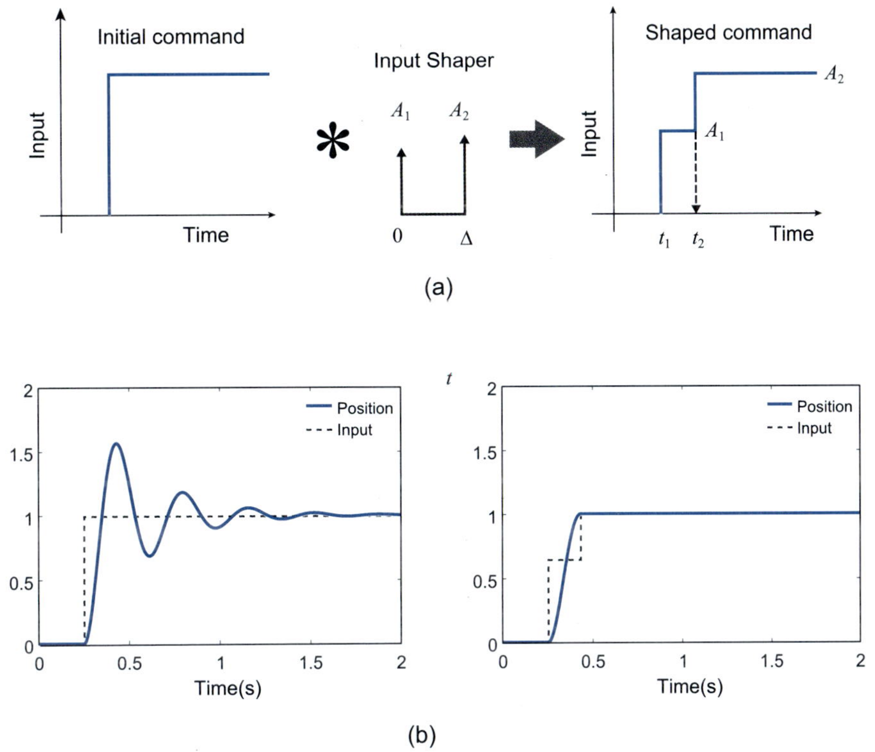

[그림 1.5] 입력 성형(Input Shaping) 제어 [1]

- **네거티브(Negative, −) 피드백 제어 시스템**: 대부분의 폐루프 제어 시스템은 출력과 기준 입력과의 차이인 오차(Error)를 계산하여 제어기에 입력하므로 네거티브 피드백 시스템이다.
- **포지티브(Positive, +) 피드백 제어 시스템**: OP 앰프 등과 같이 특수한 공학적 목적을 달성하기 위해 매우 드물게 사용한다.

- **다변수 제어 시스템**: 대부분의 제어 시스템은 단일 입출력(Single Input Single Output, SISO) 시스템이지만 단일 변수가 아니라 2개 이상의 다변수인 멀티 입출력(Multi Input Muliti Output, MIMO) 시스템도 존재한다. 이때, 제어기와 플랜트는 행렬로 표시하며 제어기 설계가 매우 어려우므로 본 교재에서는 소개를 생략한다.

일반적으로 제어 시스템은 일반적으로 다음과 같은 성능 평가 지표를 만족하도록 설계한다.

- **안정성**(Stability): 제어 시스템은 무조건 안정해야 하므로 가장 중요한 성능 지표이다. 대부분의 제어 시스템은 원래 안정하지만 좀더 안정하게(More Stable) 만들거나 제어 성능 지표를 개선하기 위해서는 제어기를 설계한다. 대학원 과정에서는 대부분의 제어 저널에서 출판되는 논문이 안정성 해석 및 증명을 요구하므로 고급 안정성 해석 이론을 학습한다.
- **응답 시간**(Response Time): 제어 시스템의 응답 시간은 주파수 응답 특성에도 영향을 미치므로 적절한 응답 시간을 가져야 하며 일반적으로 빠른 응답 시간을 요구한다.
- **정상상태 오차**(Steady-State Error): 제어 시스템의 정확성(Accuracy) 및 정밀성 (Precision)과 관련된 성능으로 특히 로봇, 3D 프린팅과 같은 정밀한 반복 작업을 제어할 경우 중요한 성능이다.
- **강건성**(Robustness): 외란(Disturbance) 입력도 제어 성능에 영향을 미치므로 제어 시스템은 외란의 영향에 민감(Sensitive)하지 않은 강건성(Robustness)을 가져야 한다. 그림 1.2에 나타낸 도립 진자 시스템에서 바람이 불거나 제어 입력(모터 토크) 이외의 추가 적인 외력이 가해 질 경우 제어 성능이 영향을 받아 불안정해져서 쓰러질 수 있기 때문에 이러한 외력이 작용하여도 제어기는 목표 성능을 유지하도록 설계되어야 한다. 이외에도 모델링 오차에 의한 시스템 불확실성(Uncertainty)에도 강건해야 한다. 일반적으로 모델링을 할 경우 시스템 질량과 같은 시스템 파라미터(System Parameter)는 정확하게 식별이 힘든 경우가 많으므로 동적 제어 시스템은 항상 모델 불확실성에 시달린다. 또한 파라미터가 일정하지 않고 시간에 따라 변하는 경우도 많

기 때문에 제어기 설계가 어렵다. 예를 들면, 자동차나 비행체의 질량은 연료 소비, 적재 중량(Payload)에 따라 변하므로 일반적으로 제어가 어렵다.

- **구현성**(Implementability): 마지막으로 설계된 제어기는 최종적으로 임베디드(Embedded) 제어기로 구현해야 하기 때문에 제어기의 구조는 비용 및 계산 속도 측면에서 최대한 효율적이고 단순하게 설계되어야 한다. 많은 제어 이론이 개발되었음에도 불구하고 산업체에서 아직도 PID 제어기가 광범위하게 사용되는 주된 이유는 현대 제어기의 복잡한 구조 때문에 구현이 어렵기 때문이다. 제어기에 의해 계산된 제어 입력은 전기 모터와 같은 액추에이터(Actuator)에 의해 실제 제어 입력으로 변환되어 플랜트에 작용되므로 동역학 모델을 가질 수 있다는 점도 고려해야 한다. 이점은 센서도 마찬가지이며 실제로 많은 액추에이터, 센서가 응답 시간과 같은 동특성을 가지며 폐루프 제어 시스템의 차수를 증가시켜 제어기 설계 및 구현을 어렵게 만드는 주요 원인이다.

1.3 제어 공학의 역사

1.3.1 고전 제어(Classical Control)

자동 제어 시스템을 제어 대상의 동작을 의도하는 대로 일정하게 유지(Regulating)시키는 시스템으로 국한하여 정의하면 제어 시스템의 최초 기원은 이집트의 파라오 아먼호텝 1세(Amenhotep I) 의 무덤(BC 1400년경)에서 발굴된 물시계(Watcr Clock)로 거슬러 올라간다. 이 고대 물시계는 유출시(Outflow) 물시계로 물시계의 안쪽에 12개 작은 홈으로 구성된 10열의 눈금이 등간격으로 매겨져 있어서, 물이 흘러 내릴 때 수면의 위치와 만나는 눈금으로 12 시간을 정의하였다. 그림 1.6과 같은 포물선의 용기를 사용하면 물의 높이에 따라 유입되는 유량이 변하여도 물의 높이 변화율은 일정하게 유지되는 특성으로 인해 시계의 역할을 할 수 있었다.

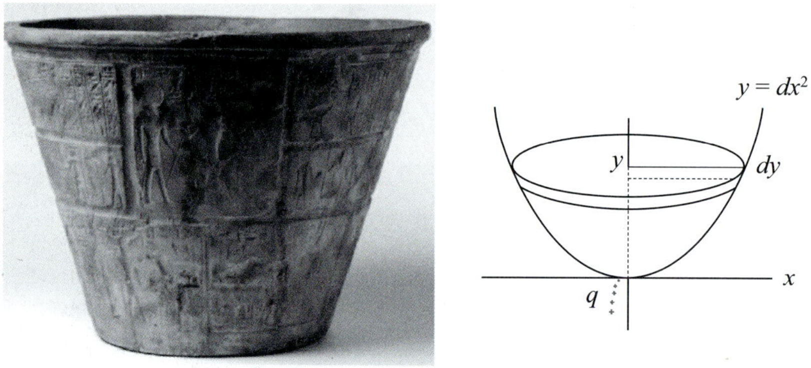

Egyptian Water Clock(1400BC, Courtesy of the Science Museum, London)

[그림 1.6] 이집트 물시계 [2]

제어의 역사를 센서와 액추에이터 등을 사용하는 근대적 의미로 거슬러 올라가면 스코틀랜드의 발명가이자 기계공학자인 제임스 와트(James Watt, 1736~1819)가 개량하여 산업 혁명의 원동력인 최고의 발명품으로 만든 증기 기관(Steam Engine)이 인류 최초의 자동 제어 시스템으로 알려져 있다(그림 1.7). 회전 속도에 비례하는 원심력(Centrifugal Force)을 이용하여 증기 기관의 회전속도를 기계적으로 측정하는 거버너(Governor)라고 알려진 기계 센서(Mechanical Sensor)와 기구학적으로 연결된 스로틀 밸브(Throttle Valve) 액추에이터를 설치한 피드백 제어를 통해 증기 기관의 회전 속도를 일정하게 유지하는 최초의 자동 제어 시스템이었다. 작동 초기에는 안정성에 대한 이해와 개념이 부족하여 불안정한 조건에서 오작동하거나 부품이 파손되는 사례가 많이 발생하여 수많은 개선이 이루어졌다.

이후 맥스웰(James Clerk Maxwell, 1831~1879)과 Routh(1831~1907), Hurwitz(1859~1919)를 거쳐 20세기 초에 페루프 제어 시스템의 안정성에 대한 기본 개념이 정립되어 제어 시스템의 안정 조건을 수학적으로 유도 할 수 있었으며 이러한 내용은 고전 제어 공학의 이론적 시초가 되었다. 1차 세계 대전에서 등장한 전투기와 같은 항공기의 정밀한 제어 및 안정성 해석을 위해 주파수 영역에서 해석하는 새로운 안정성 해석법이 나이퀴스트(Harry Nyquist, 1889~1976), 보드(Henrik W. Bode, 1905~1982)등에 의해 제시되었다. 2차 세계 대전 이후 1948년에는 에반스(Walter R. Evans, 1920~1999)에 의해 근궤적법(Root Locus) 방법등이 개발되었으며 대부분의 고전 제어 이론이 컴퓨터 성능의 제약이라는 시대적 배경때문에 탄생하였지만 강건(Robust) 제어와 같은 시스템의 불확실성을 다루는 제어 분야에서 70여년이 지난 오늘날에도 여전히 사용하고 있다.

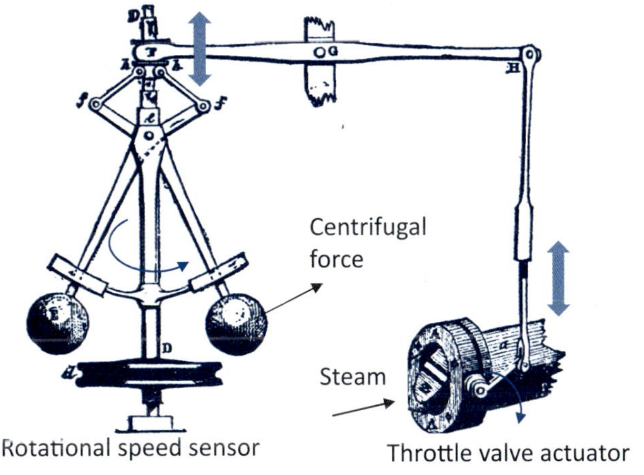

[그림 1.7] 제임스 와트의 증기 기관 [3]

1.3.2 현대 제어(Modern Control)

미국은 아폴로 프로젝트를 통해 달착륙을 성공시키기 위해 1960년대에 제어 공학 연구에 투자한 결과 현대 제어 이론이 등장하였다. 대표적인 예는 달 궤도선의 최적 경로를 계산하고 제어하기 위한 최적 제어(Optimal Control) 및 잡음에 강건한 추정기(Estimator, Observer)의 일종인 필터(Filter) 이론이 칼만(Rudolf E. Kalman, 1930~)에 의해 개발되어 상태 공간(State-Space) 모델 방법을 기본으로 발전한 현대 제어 이론의 초석이 되었다.

1970년대 이 후에는 강건 제어 및 적응 제어(Adaptive Control) 이론이 등장하여 제어 시스템이 모델 불확실성 및 외란에 보다 강건하고 우수한 적응성을 제어 시스템의 설계가 가능하게 되었다. 이 무렵 컴퓨터와 같은 디지털 하드웨어를 사용하여 제어 시스템을 구현하기 시작하면서 s-평면에서 설계 하는 대신 z-평면에서 직접 설계하는 디지털 제어(Digital Control) 이론과 리아푸노프(Lyapunov) 안정성 이론 및 가변 구조(Variable Structure) 이론을 기반으로 슬라이딩 모드 제어(Sliding Mode Control)와 같은 다양한 비선형 제어 이론도 제시되었다.

21세기에는 수학적 모델이 필요 없는 생체 모방(Biomimetics) 기반 지능 제어(Intelligent Control)에 대한 개념이 등장하여 퍼지 제어(Fuzzy Control), 뉴럴 제어(Neural Control) 기법이 제안되었으며 최근에는 제어 이론이 ChetGPT와 같은 생성형 인공지능(Artificial Intelligence, AI) 플랫폼과 최적으로 결합이 가능하다는 가능성이 알려져 관련 제어 기술이 다가오는 4차 산업 시대에 다시 각광받을 것으로 기대된다. 제어 공학에서 한가지 주의해야 할 점은 다양한 제어 이론과 기법들이 개발되었고 현재에도 공존하고 있는데, 이 가운데 어떤 기법이 최고라고 단정할 수는 없으며, 대상 플랜트의 특성에 따라 적합한 제어기를 설계하는 것이 최선이라는 점이다.

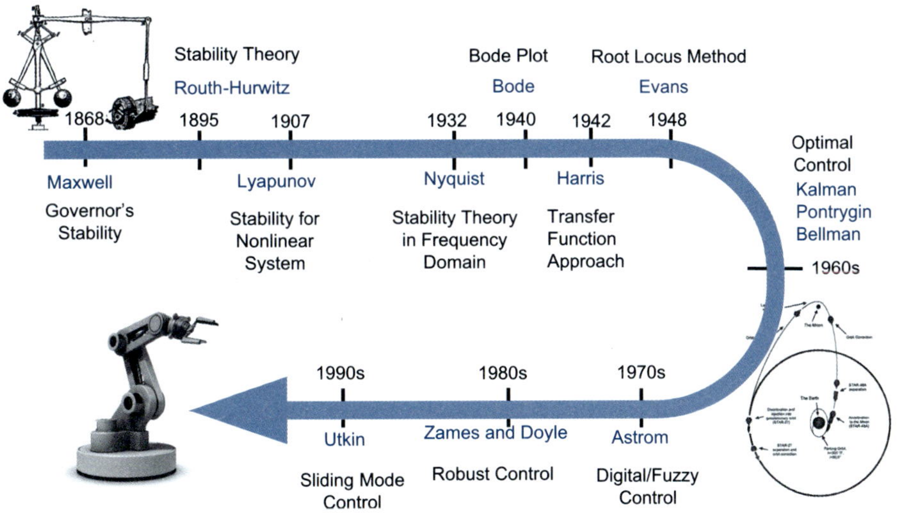

[그림 1.8] A Brief History of Control Systems Engineering

CHAPTER 2

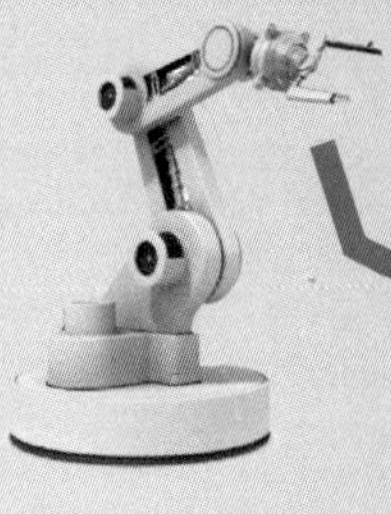

수학적 배경

2.1 복소 변수 및 *s*-평면

제어 공학의 가장 기본적인 개념인 전달 함수(Transfer Function)는 라플라스 변환(Laplace Transform)을 통해 정의되며 기본적으로 복소 함수(Complex Function)이므로 복소 변수 및 함수에 대한 수학적 배경 및 이해가 필요하다. 복소 평면(Complex Plane)은 복소수의 집합을 2차원 좌표 평면에 표시하는 방버으로 복소 변수(Complex Variable, Number) s를 실수부 σ 축과 허수부 $j\omega$ 축을 갖는 복소 평면상의 한점으로 정의한다.

$$s = \sigma + j\omega \tag{2.1}$$

여기서 $j = \sqrt{-1}$는 허수 단위(Imaginary Unit)이며 전기공학과에서 사용하는 전류(Current i)와 혼돈을 피하기 위해 제어 공학에서서는 일반적으로 j를 사용한다. 복소 변수는 복소수와 마찬가지로 크기(Magnitude, Absolute)와 편각(Argument)을 가진다.

$$|s| = \sqrt{\sigma^2 + \omega^2} \tag{2.2}$$

$$\angle s = \tan^{-1}\left(\frac{\omega}{\sigma}\right) \tag{2.3}$$

따라서 복소 변수는 벡터(Vector), 직각 좌표계(Cartesian Coordinate System)와 수학적 성질이 유사하며 극좌표형(Polar Form), 복소 지수(Complex Exponential) 함수 형태로도 표현이 가능하다. 만약 허부수의 부호가 음수이면 켤레 복소수(Complex Conjugate)로 실수축에 대칭이다.

$$\overline{s} = \sigma - j\omega \tag{2.4}$$

실수부와 허수부로 이루어진 복소 변수 s로 나타내는 s 평면은 제어 공학에서 매우 기초적인 수학적 배경이다. 즉, 라플라스 변환을 통해 시간 영역(Time

Domain)이 복소 변수 s로 이루어진 주파수 영역(Frequency Domain)으로 변환되기 때문이다. 만일 어떤 복소 함수의 미분이 s-평면의 영역에서 모두 가능하면 복소 함수는 그 영역 안에서 해석 함수(Analytic Function)라고 한다. 수학적으로 Cauchy-Riemann 조건을 만족하는 함수이다. 예를 들면 복소 함수 $F(s) = \frac{1}{s(s+1)}$는 $s = 0$과 $s = -1$를 제외한 s-평면의 모든 점에서 해석적이다. $s = 0$과 $s = -1$과 같이 함수가 정의되지 않는(∞) 특이점(Singularity Point)을 제어 공학에서는 극점(Poles)이라고 부르며 제어 공학에서 위치가 매우 중요하다. 또한 $F(s)$의 분자를 0으로 만드는 특이점을 영점(Zeros)이라고 부른다.

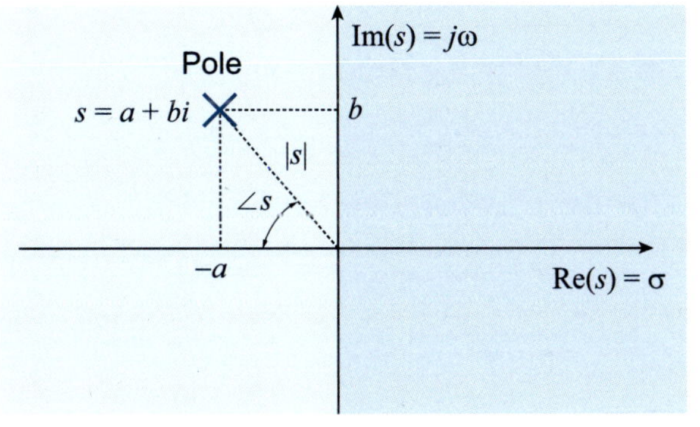

[그림 2.1] Complex s-평면

2.2 복소 함수

모든 복소 변수 s에 대응하는 $F(s)$의 값이 존재하면 $F(s)$를 복소 변수의 복소 함수(Complex Function)라고 하며 독립 변수와 종속 변수 모두 복소 변수이므로 복소 함수도 다음과 같이 실수부와 허수부로 표시된다.

$$F(s) = F(\sigma + j\omega) = F_x + jF_y \tag{2.5}$$

따라서 복소 함수는 복소 변수 s 의 한점이 $F(s)$ 평면의 하나의 점에 대응하는 사상(Mapping)의 역할을 하는 것을 알 수 있다. 전달 함수 $F(s)$가 표시되는 평면은 원래 s-평면과 구분하여 $F(s)$-평면으로 정의한다.

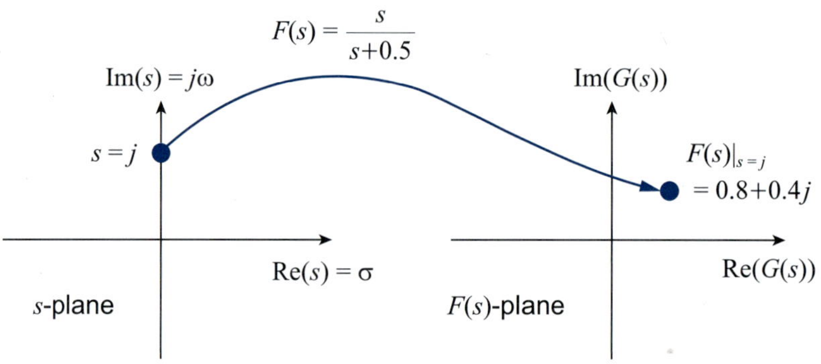

[그림 2.2] s-평면에서 $F(s)$-평면으로의 사상(Mapping)

복소 함수는 모든 변수의 수가 4개(독립변수 2 + 종속변수 2) 이므로 3차원으로 전부 표현할 수 없으므로 시각화(Visualization)가 어렵기 때문에 일반적으로 크기를 3번째 수직축에 위치시키고 4번째 변수(편각)는 색상(Color)으로 표현한다. 그림 2.3에 복소 함수 $F(s) = s^2 + 1$를 나타내었다. 3번째 수직축에 크기를 나타내고, 위상은 색상으로 표시하였다. 이 복수 함수는 실수 체계(Im = 0, 평면)로 컨투어 되면(Contoured) 2차 함수 $y = x^2 + 1$가 된다.

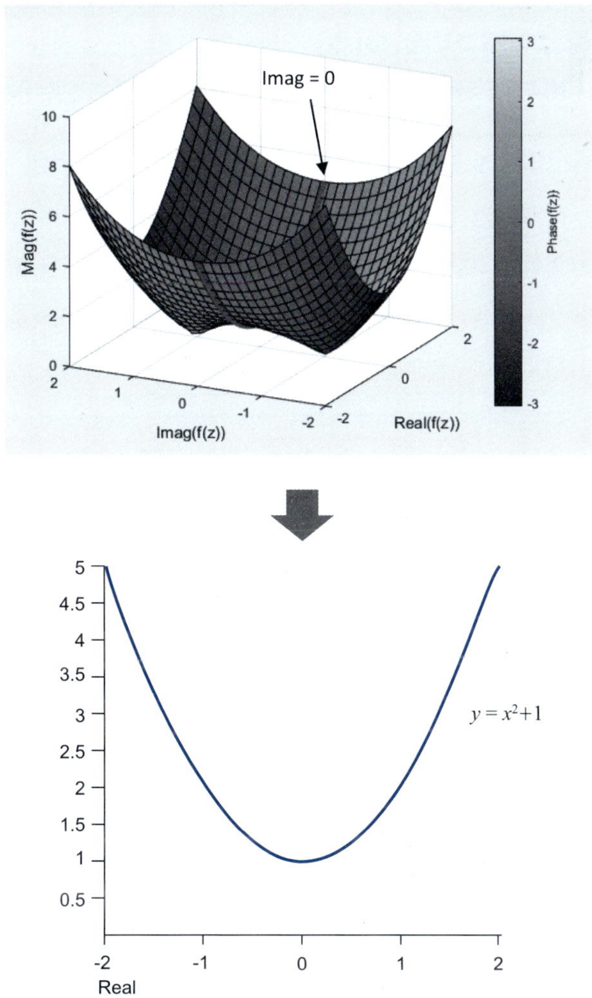

[그림 2.3] 복소 함수 $F(s) = s^2 + 1$ 및 $y = x^2 + 1$

2.3 라플라스 변환

제어 입력에 대한 제어 시스템의 응답을 구하기 위해서는 결국 플랜트의 동특성을 지배하는 상 미분 방정식(Ordinary Differential Equation)의 해(Solution)를 구해야 한다. 제어 공학에서는 시간 응답을 구하기 위해 라플라스 변환을 이용한다. 이 방법은 푸리에 변환(Fourier Transform)의 단점을 해결하고 미분 방정식을 쉽게 풀기 위해 라플라스(1749~1827)가 고안한 대표적인 적분 변환(Integral Transform)이다[4].

$$\mathcal{L}\{f(t)\} \equiv F(s) = \int_0^\infty f(t)e^{-st}dt \tag{2.6}$$

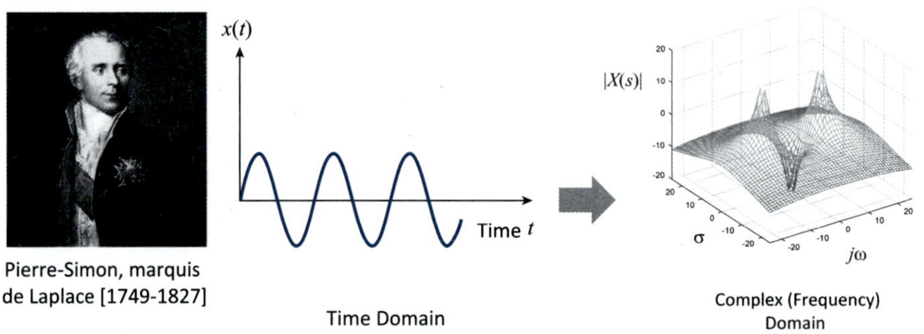

[그림 2.4] 라플라스 변환

시간 영역의 원래 시간 함수 $f(t)$는 기저 함수(Kernel or Basis Function, e^{-st})와 곱해 진후 적분을 통해 복소(주파수) 평면으로 변환되어 복소 함수로 표현된다. 따라서 기저 함수는 좌표 변환 시 사용하는 자코비안(Jacobian) 행렬과 수학적 성질이 유사한 2변수(t, ω) 함수이다. 또한, 식 (2.6)은 적분 구간에 ∞가 포함된 이상(Improper) 적분으로 극한(Limit)을 이용하여 적분 값을 구하므로 피적분 함수(Integrand)가 반드시 수렴해야 한다. 이때, 그림 2.5에 나타낸 바와 같이 발산하는 피적분 함수(신호)를 변환할 경우 기저 함수는 포락선(Envelope Curve) 역할을 하여 발산하는 시간 함수를 기저 함수 이내로 제한하여 감쇠 시켜 수렴 시킨다. 따라서 라플라스 변환을 수행하면 피적분 함수에 따라 수렴 구간(Region of Convergence, ROC)이 존재한다. 적분 구간은 $t = 0$ 이전의 과거 정보는 무시하여 시작을 0으로 가정하며 동적 시스템을 시간역에서 해석할 때 시간 $t \geq 0$인 영역에서 다루기 때문에 제약 조건이 되지 않는다. 또한 시스템이 $t = 0$에서 입력이 가해질 때 $t \leq 0$에서 응답이 발생하지도 않는다.

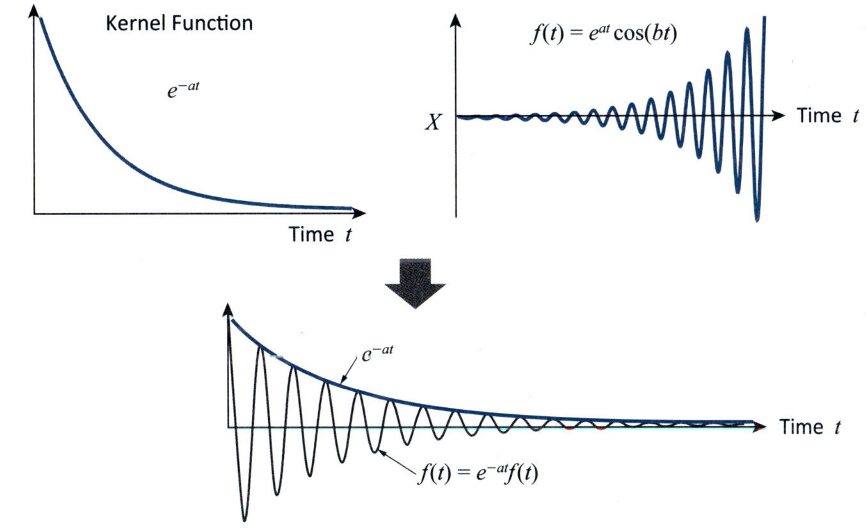

[그림 2.5] 기저 함수의 역할

예제 2-1

단위 계단 입력 $f(t) = 1$를 라플라스 변환하여라.

$$\mathcal{L}\{f(t)\} = \int_{-\infty}^{\infty} e^{-st}dt = \int_{0}^{\infty} 1 \cdot e^{-st}dt = -\frac{1}{s}e^{-st}\Big|_{0}^{\infty} = -\frac{1}{s}e^{-s\infty} + \frac{1}{s}e^{-s0} = \frac{1}{s} \qquad (2.7)$$

시스템 차수를 일반화하면 다음 공식을 유도 할 수 있다.

$$f(t) = t^n \rightarrow \mathcal{L}(t^n) = \frac{n!}{s^{n+1}} \qquad (2.8)$$

예제 2-2

$f(t) = e^{at}$를 라플라스 변환하여라.

$f(t) = e^{at}$는 발산하므로 푸리에 변환이 존재하지 않지만 동일한 신호를 라플라스 변환을 하면 다음과 같다.

$$F(s) = \int_0^\infty e^{at} e^{-st} dt = \int_0^\infty e^{-(s-a)t} dt = -\frac{1}{s-a} e^{-(s-a)t} \Big|_0^\infty = \frac{1}{s-a} \tag{2.9}$$

이때 $a-\sigma < 0$인 조건이 주어지면 $F(s)$가 존재하므로 전체 s-평면 중에서 $a < \sigma$ 영역(ROC)에서는 $x(t)$가 발산하여도 라플라스 변환이 가능하다.

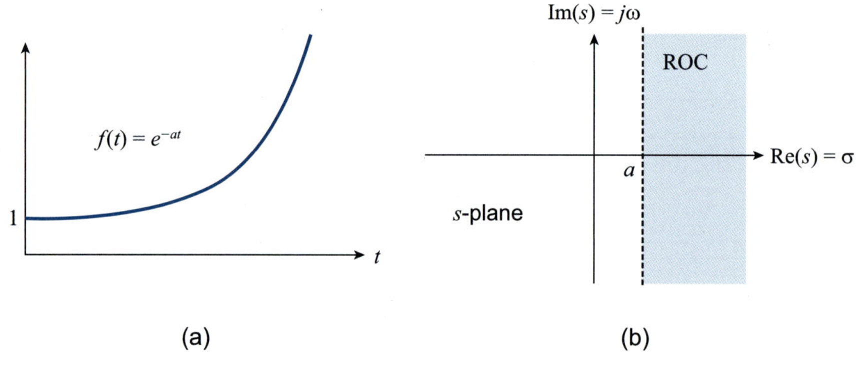

[그림 2.6] (a) $f(t) = e^{at}$(발산), (b) 변환 후 수렴 구간

피적분 함수인 시간 함수가 단순하면 쉽게 적분을 할 수 있지만 복잡하면 직접 적분이 어려우며 매번 적분 하기가 번거로우므로 일반적으로 라플라스 변환의 유용한 정리를 사용하거나 빈번하게 사용하는 함수에 대한 적분을 미리 수행하여 정리한 Table(표 2.1)을 이용한다. 역라플라스 변환(Inverse Laplace Transform)은 복잡한 복소 선 적분(Line Integral)이 필요하므로 본 교재에서 설명하지 않으며 일반적으로 변환표를 이용한다.

표 2.1 주요 시간 함수의 라플라스 변환표 [5]

$x(t)$	$X(s)$
$\delta(t)$	1
$\delta(t-kT)$	e^{-kTs}
$1(t)$	$\frac{1}{s}$
t	$\frac{1}{s^2}$
$\lim_{a \to 0} \frac{(-1)^{n-1}}{(n-1)!} \frac{\partial^{n-1}}{\partial a^{n-1}} e^{-at}$	$\frac{1}{s^n}$
e^{-at}	$\frac{1}{s+a}$
$\sin \omega t$	$\frac{\omega}{s^2+\omega^2}$
$X(s)$	$\frac{s}{s^2+\omega^2}$

2.3.1 선형성(Linearity)

시스템(또는 함수)의 선형성을 판단하는 주요 성질은 다음 식으로 표현되는 중첩의 원리(Superposition Principle)이다.

$$F(x_1 + x_2) = F\left(x_1\right) + F\left(x_2\right) \tag{2.10}$$

따라서 그림 2.7(a)는 식 (2.10)가 성립하여 선형 함수인 반면 그림 2.7(b)는 성립되지 않아 비선형 함수이다.

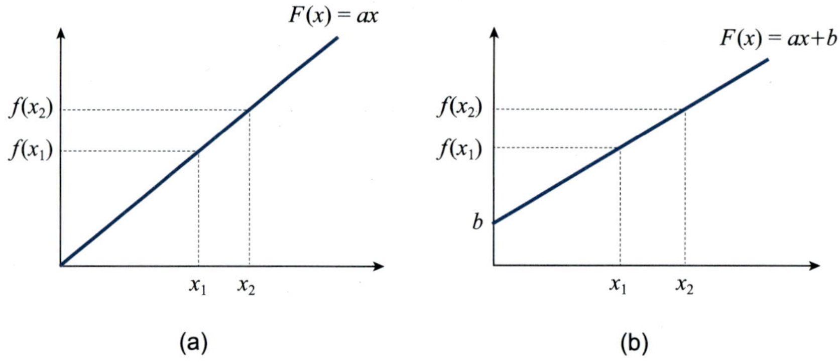

[그림 2.7] (a) 선형(Linear) 함수, (b) 비선형(Nonlinear) 함수

중첩의 원리에 의해 해의 선형 결합(Linear Combination)이 선형 미분 방정식의 또다른 해가 되며 라플라스 변환은 기본적으로 선형 미분 방정식의 해를 풀기 위한 변환이므로 선형 시스템의 특성인 중첩의 원리가 다음과 같이 적용된다.

$$\mathcal{L}\{af(t)+bg(t)\} = a\mathcal{L}\{f(t)\}+b\mathcal{L}\{g(t)\} \tag{2.11}$$

예제 2-3

$f(t) = \cos bt$를 라플라스 변환하여라.

먼저 표 2.1를 이용하여 다음식을 구할 수 있다.

$$\mathcal{L}(e^{bit}) = \frac{1}{s-bi} = \frac{s}{s^2+b^2} + i\frac{b}{s^2+b^2} \tag{2.12}$$

오일러 공식 및 중첩의 원리에 의해 다른 식을 유도할 수 있다.

$$\mathcal{L}(e^{bit}) = \mathcal{L}\{\cos bt\} + i\mathcal{L}\{\sin bt\} \tag{2.13}$$

따라서, 식 (2.12)와 식 (2.13)의 실수부와 허수부를 비교하면 다음 공식을 유도할 수 있다.

$$\mathcal{L}\{\cos bt\} = \frac{s}{s^2+b^2}, \mathcal{L}\{\sin bt\} = \frac{b}{s^2+b^2} \tag{2.14}$$

2.3.2 미분(Differentiation)

시간 함수 $y = f(t)$의 1, 2차 미분의 라플라스 변환은 라플라스 변환의 정의에서 부분 적분을 통해 다음과 같이 쉽게 유도 할 수 있다.

$$\mathcal{L}\{\dot{y}(t)\} = s\mathcal{L}\{y(t)\} - y(0),$$
$$\mathcal{L}\{\ddot{y}(t)\} = s^2\mathcal{L}\{y(t)\} - sy(0) - \dot{y}(0) \tag{2.15}$$

2.3.3 First Shifting Theorem(s-shifting)

시간 함수 $f(t)$에 $e^{\mp at}$를 곱한 함수의 라플라스 변환은 $f(t)$의 라플라스 변환 함수 $F(s)$에 $s \pm a$를 대입한 것과 같다.

$$\mathcal{L}\left\{e^{at} f(t)\right\} = F(s-a) \tag{2.16}$$

예제 2-4

$f(t) = e^{-t} \cdot \sin 2t \ (a = -1)$를 라플라스 변환하여라.

$$\mathcal{L}\{\sin 2t\} = \frac{2}{s^2 + 2^2}, \quad \therefore \mathcal{L}\{e^{-t} \cdot \sin 2t\} = \left.\frac{2}{s^2 + 4}\right|_{s \to s+1} = \frac{2}{(s+1)^2 + 4} \tag{2.17}$$

2.3.4 Second Shifting Theorem(t-shifting)

시간 함수 $f(t)$를 a 만큼 이동한 $f(t)$의 라플라스 변환은 라플라스 변환 함수 $F(s)$에 e^{-as}를 곱한 것과 같다.

$$\mathcal{L}\left\{f(t-a)\right\} = e^{-as} F(s) \tag{2.18}$$

예제 2-5

Heaviside 함수 $u(t-a) = \begin{cases} 0 & (t < a) \\ 1 & (t > a) \end{cases}$를 라플라스 변환하여라.

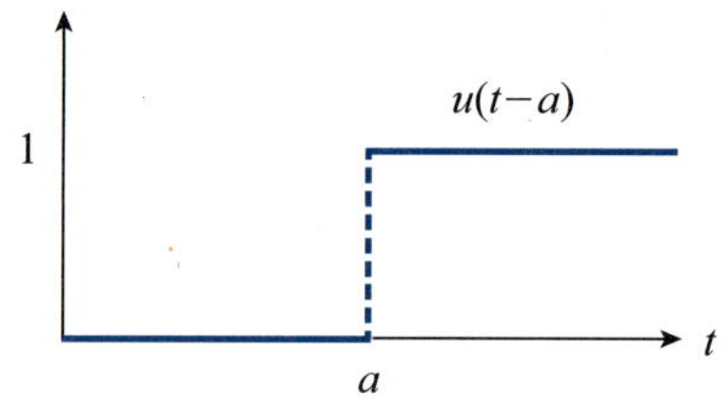

[그림 2.8] Heaviside 함수

단위 계단 함수에 대한 라플라스 변환은 $\frac{1}{s}$ 이므로 a만큼 이동한 함수의 라플라스 변환은 다음과 같다.

$$\mathcal{L}\{u(t-a)\} = e^{-as} \cdot \frac{1}{s} \tag{2.19}$$

2.3.5 최종 값 정리(Final Value Theorem)

제어 입력에 대한 응답을 구하는 문제는 결국 미분 방정식의 해를 구하는 과정이다. 해는 중첩의 원리에 의해 과도(Transient, Natural) 응답과 정상 상태(Steady-State, Particular Response) 응답의 선형 결합으로 나타나며 시험 입력으로 인해 발생하는 정상 상태 값(Steady-State Value, SSV)이 일정한 값으로 수렴하므로 최종 상태에서도 같은 값을 유지할 것이며 최종 값 정리를 이용하여 미분 방정식을 직접 풀지 않고 계산할 수 있다.

$$\lim_{t\to\infty} f(t) = \lim_{s\to 0} sF(s) \tag{2.20}$$

단, 이 정리를 적용하기 위해서는 우반면(Right Half Plane, RHP)에서 $sF(s)$이 해석(Analytic) 복소 함수이여야 한다. 즉, 우반면에 극점이 존재 하지 않는 안정한 시스템에서만 적용이 가능하며 불안정하거나 마진 안정(Marginally Stable)한 경우 적용할 수 없음을 유의해야 한다.

예제 2-6

다음 전달 함수의 계단 응답에서 정상 상태 값을 구하라.

$$F(s) = \frac{1}{s^2 + s + 4} \tag{2.21}$$

$sF(s)$가 우반면에서 해석 복소 함수(극점이 없음)이므로 최종 값 정리의 적용이 가능하며 정상상태값은 $\lim_{s\to 0} s\frac{1}{s^2+s+4}\frac{1}{s} = 0.25$

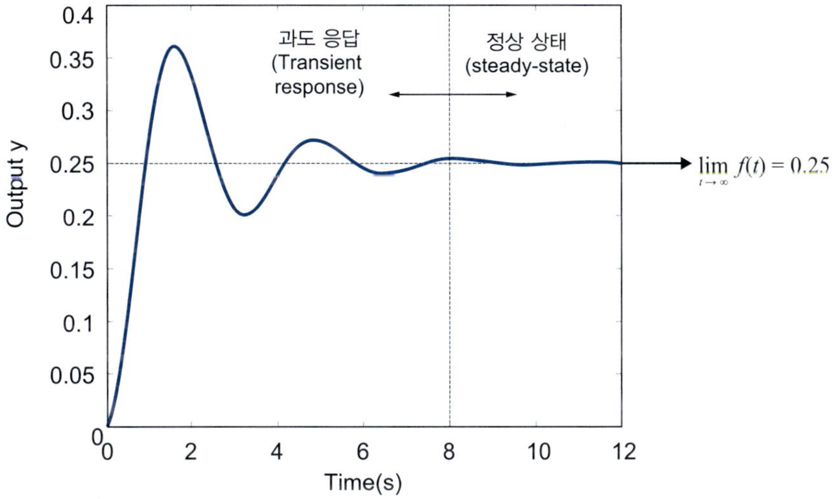

[그림 2.9] 식 (2.17)의 단위 계단 응답

예제 2-7

다음과 같은 전달 함수의 임펄스 응답에서 최종값을 구하라.

$$F(s) = \frac{1}{s+1} \tag{2.22}$$

$sF(s)$가 우반면에서 해석 복소 함수(극점이 없음)이므로 최종 값 정리의 적용

이 가능하며 정상상태값은 $\lim_{s\to0} s\cdot\frac{1}{s+1}=0$ 이며 실제 임펄스 응답을 그려봐도 최종값인 0으로 수렴한다.

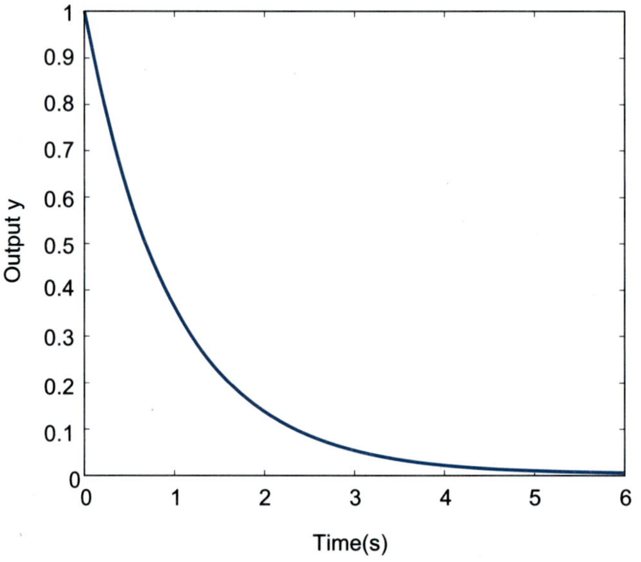

[그림 2.10] 식 (2.18)의 임펄스 응답

예제 2-8

다음과 같은 전달 함수의 단위 계단 응답에서 최종값을 구하라.

$$F(s)=\frac{s+3}{s(s+1)(s+2)} \tag{2.23}$$

$sF(s)$가 우반면에서 해석 복소 함수이므로 정상상태값은

$\lim_{s\to0} s\cdot\frac{(s+3)}{s(s+1)(s+2)}\frac{1}{s}=1.5$이며 아래 단위 계단 입력에 대한 시간 응답에서 확인한 정상 상태 값과 일치한다.

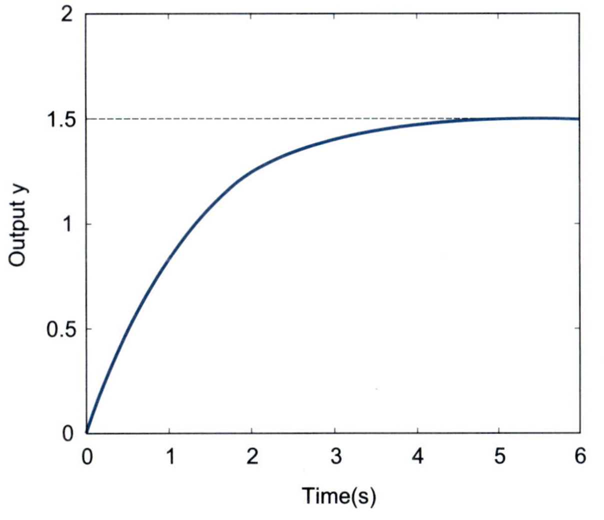

[그림 2.11] 식 (2.19)의 계단 응답

예제 2-9

다음과 같은 전달 함수의 단위 계단 응답에서 최종값을 구하라.

$$F(s) = \frac{9}{s^2 + 9} \tag{2.24}$$

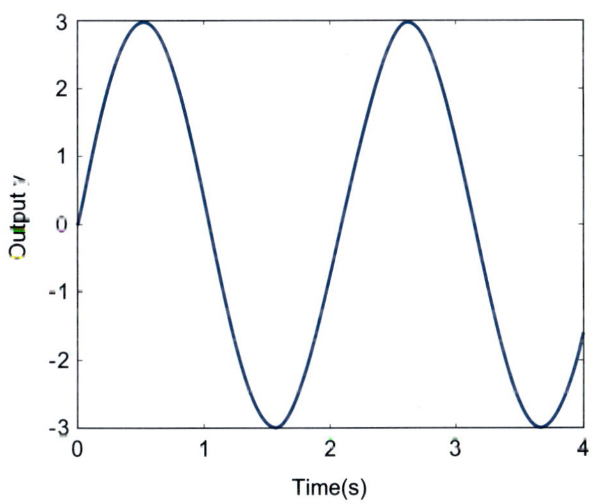

[그림 2.12] 식 (2.20)의 계단 응답

$sF(s)$가 우반면에서 해석 복소 함수(극점이 없음)이지만 극점이 허수축에 있으므로 (Marginally Stable) 정상 상태 값이 존재 하지 않는다. 계단 응답 곡선에서 정상 상태 값이 해석 결과와 일치함을 확인 할 수 있다.

2.3.6 합성곱 적분 및 정리

두개의 다항식(함수) 곱을 계산할 때 전개를 해야 하듯이 일반적으로 시간 함수의 곱은 단순한 대수곱(Multiplication)으로 계산 할 수 없으며 다음과 같은 합성곱 적분(Convolution Integral)으로 계산한다.

$$y(t) = f(t) * h(t) = \int_0^\infty f(\tau)h(t-\tau)d\tau = \int_0^\infty f(t-\tau)h(t)d\tau \tag{2.25}$$

두개의 시간 함수 $f(t)$, $h(t)$ 중 하나의 시간 함수를 반전(Reverse)과 이동(Shift) 시킨 다음(Dummy 변수 τ의 변화에 의해 오른쪽으로 이동), 다른 함수와 곱하여 적분한다. 이때 두개의 시간 함수 중 어떤 함수를 반전 및 이동 시켜도 결과는 동일하다.

예제 2-10

2개의 시간 함수 $h(t) = e^{-2t}, f(t) = u(t) - u(t-1)$를 합성곱 하시오.

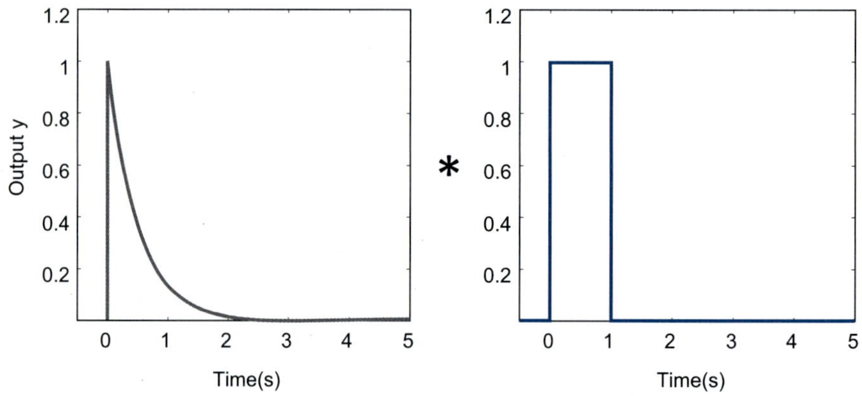

[그림 2.13] 2개 시간 함수의 합성곱 적분

$h(t) = e^{-2t}$를 반전과 전이 시키면 오버랩 된 구간만 적분하기 때문에 두 영역으로 구분되며 합성곱 결과도 마찬가지로 두 영역으로 구분되어 최종 신호가 된다.

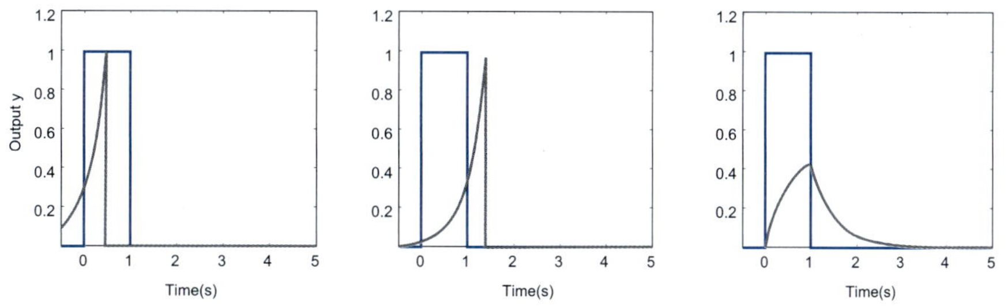

$$\therefore y(t) = h(t) * f(t) = \int_0^t f(\tau)h(t-\tau)d\tau = \int_0^t 1 \cdot e^{-2(t-\tau)}d\tau = \frac{1}{2}\left(1-e^{-2t}\right)$$

$$y(t) = h(t) * f(t) = \int_0^t f(\tau)h(t-\tau)d\tau = \int_0^1 1 \cdot e^{-2(t-\tau)}d\tau = e^{-2(t-1)}\left(\frac{1}{2}(1-e^{-2})\right)$$

$$y(t) = \begin{cases} 0, t<0 \\ \frac{1}{2}\left(1-e^{-2t}\right), 0 \le t \le 1 \\ e^{-2(t-1)}\left(\frac{1}{2}(1-e^{-2})\right), 1<t \end{cases}$$

(a) (b) (c)

[그림 2.14] 합성곱 적분 계산 과정

이러한 합성곱 함수의 라플라스 변환은 매우 어렵지만 라플라스 변환 후 주파수 영역 에서는 단순한 대수곱에 불과하므로 이 정리를 이용하여 쉽게 계산할 수 있다.

$$\begin{aligned}\mathcal{L}\{f(t)*h(t)\} &= \int_0^\infty \int_0^\infty f(\tau)h(t-\tau)e^{-st}d\tau dt \\ &= \int_0^\infty \int_0^\infty f(\tau)h(t-\tau)e^{-st}d\tau dt \\ &= \int_0^\infty \int_0^\infty \left[f(\tau)e^{-s\tau}d\tau\right]\left[h(t-\tau)e^{-s(t-\tau)}dt\right] \\ &= \int_0^\infty \left[f(\tau)e^{-s\tau}d\tau\right]\int_0^\infty \left[h(t')e^{-st'}dt'\right] \\ &= F(s)H(s)\end{aligned} \tag{2.26}$$

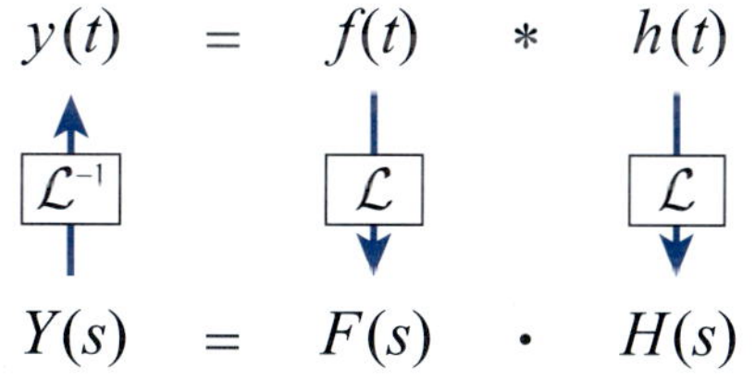

[그림 2.15] 합성곱 정리

예제 2-11

$H(s)=\dfrac{1}{s(s-a)}=\dfrac{1}{s}\cdot\dfrac{1}{(s-a)}$의 원 시간 함수 $h(t)$를 합성곱 정리를 이용하여 구하라.

$\dfrac{1}{s}$은 $g(t)=1$에 대한 라플라스 변환 값이고 $\dfrac{1}{(s-a)}$은 e^{at}에 대한 라플라스 변환 값이므로 2개함수($f(\tau)=e^{a\tau}$, $g(t-\tau)=1$)의 합성곱으로 원 시간 함수를 알 수 있다.

$$h(t)=\mathcal{L}^{-1}\{h(s)\}=e^{at}*1=\int_0^t f(\tau)\cdot g(t-\tau)d\tau=\int_0^t e^{a\tau}\cdot 1d\tau=\frac{1}{a}(e^{at}-1) \tag{2.27}$$

예제 2-12

$x(t)=e^{-t}$가 임펄스 응답 $h(t)=e^{-2t}$을 가지는 선형 시스템에 입력될 때 출력을 구하시오.

Solution-1 합성곱 적분을 다음과 같이 수행한다.

$$\begin{aligned} y(t)&=x(t)*h(t)=\int_{-\infty}^{\infty}x(t-\tau)h(\tau)d\tau \\ &=\int_{-\infty}^{\infty}e^{-(t-\tau)}e^{-2\tau}d\tau \\ &=e^{-t}\int_0^t e^{-\tau}d\tau, t>0 \\ &=e^{-t}\left(1-e^{-t}\right)=e^{-t}-e^{-2t}, t>0 \end{aligned} \tag{2.28}$$

Solution-2 라플라스 변환 이용하여 2개 시간 함수(신호)에 대한 출력을 구하면 다음과 같다.

$$\begin{aligned} X(s)&=\frac{1}{s+1}, \\ H(s)&=\frac{1}{s+2} \end{aligned} \tag{2.29}$$

따라서 출력 함수는 다음과 같다.

$$Y(s) = X(s)H(s) = \frac{1}{(s+1)(s+2)} = \frac{1}{s+1} - \frac{1}{s+2} \tag{2.30}$$

역라플라스 변환을 수행하면 해는 다음과 같으며 결과는 동일하다.

$$y(t) = \mathcal{L}^{-1}\{Y(s)\} = e^{-t} - e^{-2t} \tag{2.31}$$

선형 시스템의 임펄스 응답만 알면 어떤 입력에 대한 출력도 합성곱을 통해 결정 할 수 있으며 선형 시스템의 매우 중요한 성질이다.

2.3.7 초기치 문제

미분 방정식의 일반 해를 구하기 위해 동일한 초기 시간 조건(예: $y(t_o) = y_o$, $\dot{y}(t_o) = y_1$)을 이용하여 해를 구하는 문제를 초기치 문제(Initial Value Problem, IVP)라고 부른다. 반면, 다른 초기 시간 조건(예: $y(t_o) = y_o$, $\dot{y}(t_1) = y_1$)을 사용하여 미분 방정식의 해를 구하는 문제는 경계치 문제(Boundary Value Problem, BVP)라고 부르며 일반적으로 초기치 문제보다 해법이 매우 어렵다. 초기치 문제는 미분 방정식에 포함된 미분 연산자에 대한 라플라스 변환 성질을 이용하여 보조(Subsidiary) 방정식을 구하고 $Y(s)$에 대해 정리한 후 역라플라스 변환을 통해 해를 구할 수 있다. 즉, 미분 연산자로 인해 일반적으로 풀기 어려운 상미분 방정식을 풀기 쉬운 대수(Algebraic) 방정식으로 변환하여 정리한 후 역변환을 통해 최종 해를 구할 수 있다.

예제 2-13

다음 초기치 문제($t = 1$에서의 단위 임펄스 응답)를 풀어라.

$$\ddot{y} + 3\dot{y} + 2y = \delta(t-1), \quad y(0) = 0, \quad \dot{y}(0) - 0 \tag{2.32}$$

보조(Subsidiary) 방정식: $s^2Y(s) + 3sY(s) + 2Y(s) = e^{-s}$ (2.33)

$$\Rightarrow \quad Y(s) = \frac{e^{-s}}{(s+1)(s+2)} = \left(\frac{1}{s+1} - \frac{1}{s+2}\right)e^{-s}$$

$$\therefore y(t) = \mathcal{L}^{-1}\{Y(s)\} = \begin{cases} 0 & (0 < \mathrm{t} < 1) \\ e^{-(t-1)} - e^{-2(t-1)} & (\mathrm{t} > 1) \end{cases} \tag{2.34}$$

예제 2-14

다음 전달 함수의 임펄스 응답을 구하라.

$$F(s) = \frac{s^2 + 3s + 5}{(s+1)(s+2)(s+3)} \tag{2.35}$$

$$= \frac{K_1}{s+1} + \frac{K_2}{s+2} + \frac{K_3}{s+3} \tag{2.36}$$

부분 분수 전개법(Partial Fraction Expansion)을 사용하여 식 (2.36)의 분자인 3개의 유수(Reside)를 구해야 한다. 양변에 $(s + 1)$을 곱한 후 $s = -1$를 대입하여 K_1을 구하며, K_2, K_3도 비슷한 방법으로 구한 후 역라플라스 변환을 통해 일반해를 구한다(부록A. 2 참조).

$$K_1 = \left.\frac{s^2 + 3s + 5}{(s+2)(s+3)}\right|_{s=-1} = 1.5 \tag{2.37}$$

$$K_2 = \left.\frac{s^2 + 3s + 5}{(s+1)(s+3)}\right|_{s=-2} = -3 \tag{2.38}$$

$$K_3 = \left.\frac{s^2 + 3s + 5}{(s+1)(s+2)}\right|_{s=-3} = 2.5 \tag{2.39}$$

$$\begin{aligned} f(t) &= \mathcal{L}^{-1}\left[\frac{1.5}{s+1} + \frac{-3}{s+2} + \frac{2.5}{s+3}\right] \\ &= 1.5e^{-t} - 3e^{-2t} + 2.5e^{-3t} \qquad \text{for } t \geq 0 \end{aligned} \tag{2.40}$$

2.4 주파수 응답 함수

푸리에 변환(Fourier Transform)은 시간 함수 뿐만 아니라 공간 함수도 변환이 가능한 적분 변환으로 시간 함수인 경우 다음과 같다.

$$\mathcal{F}\{f(t)\} \equiv \mathcal{F}(j\omega) = \int_{-\infty}^{\infty} f(t)e^{-j\omega t}dt \tag{2.41}$$

만약 감쇠 응답을 결정하는 실수부(σ)가 0이면 라플라스 변환(Generalization of Fourier Transform)과 동일해 지므로 $s = j\omega$는 두개의 적분 변환을 전환시키는 연산자(Operator) 역할을 한다.

$$F(s) = \int_{0}^{\infty} f(t)e^{-(\sigma+j\omega)t}dt = \int_{0}^{\infty} f(t)e^{-j\omega t}dt \tag{2.42}$$

크기가 일정한 정현파(Sinusoidal Wave, $\sigma = 0$)가 입력시, 정상 상태(Steady-state) 출력과의 비를 주파수 전달 함수 또는 주파수 응답 함수(Frequency Response Function, FRFs)라고 한다.

$$F(s)\big|_{s=j\omega} = F(j\omega) \tag{2.43}$$

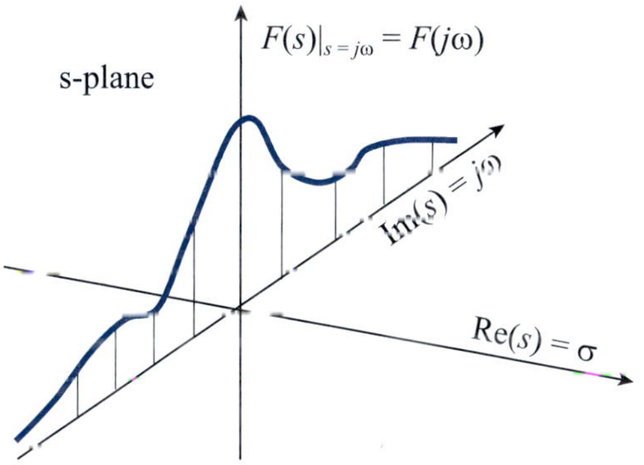

[그림 2.16] 라플라스 변환과 푸리에 변환의 관계

예제 2-15

다음 복소 함수의 주파수 응답 함수를 그려라.

$$F(s) = \frac{s-20}{s^2+100} \tag{2.44}$$

먼저 주파수 전달 함수를 구한다.

$$\begin{aligned} F(s)\Big|_{s=j\omega} = F(j\omega) &= \frac{j\omega - 20}{-\omega^2+100} \\ &= \frac{-20}{-\omega^2+100} + \frac{\omega}{-\omega^2+100} j \end{aligned} \tag{2.45}$$

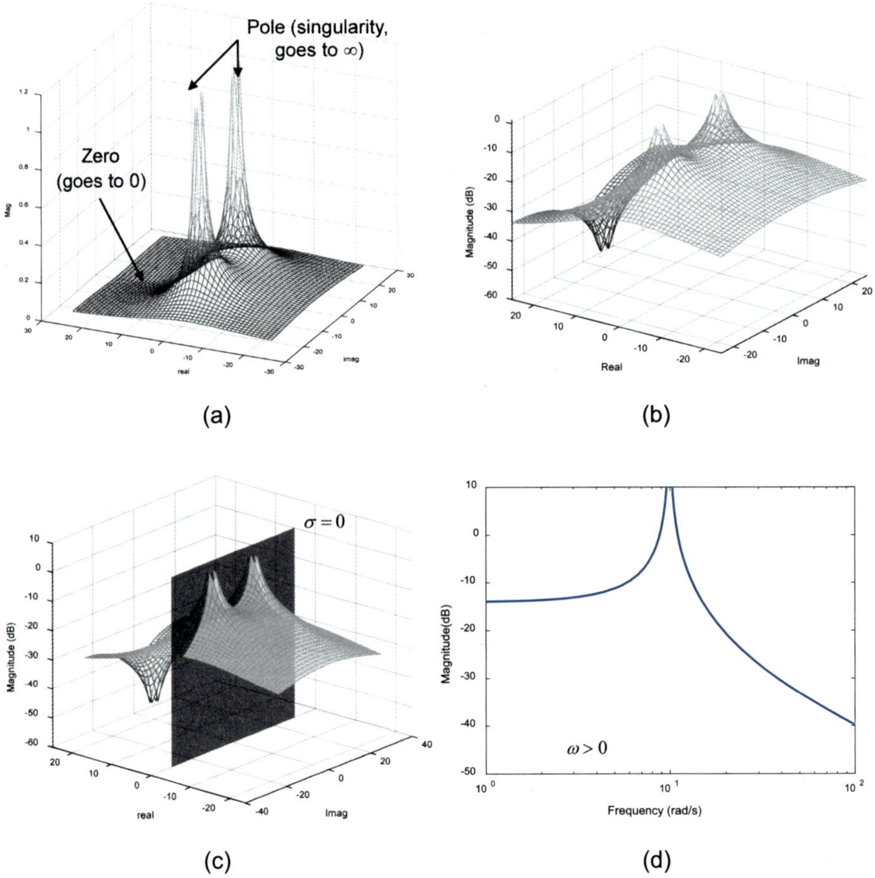

[그림 2.17] 주파수 응답 함수가 그려지는 과정

식 (2.45)의 크기를 주파수를 변경 시키면서 그리면 그림 2.17(a)와 같으며 2개의 특이점(∞)과 0으로 수렴하는 영점이 존재한다. 크기를 데시벨(dB)로 표현한 그림 2.17(b)에서 실수부가 0인 평면과 주파수 전달 함수를 나타내는 곡면이 접하는 곡선을 구하여 양의 주파수($\omega > 0$) 영역만 표시하면 최종 주파수 응답 함수를 그릴 수 있다. 이때 감쇠가 존재하면 공진(고유, 극점) 주파수에서 부드럽게 연결된 전형적인 2차 시스템의 주파수 응답 함수가 되며 진동 공학의 진동 전달률(Vibration Transmissibility), 전기 공학의 저 주파수 통과 필터(Low-Frequency Pass Filters)와 형태가 동일하다.

심화 문제

2.1 다음 2차 선형 미분 방정식의 해(응답)를 라플라스 변환을 이용하여 구하라.

$$\begin{cases} \ddot{y}+2y=r(t) & : no\ damping \\ \ddot{y}+3\dot{y}+2y=r(t) & : damping \end{cases},\ y(0)=0,\ \dot{y}(0)=0 \tag{2.46}$$

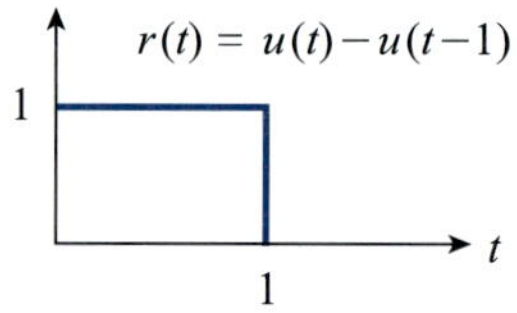

[그림 2.18] Heaviside 입력 신호

2.2 다음 기계 시스템의 자유 진동 응답(Free Vibration Response)을 구하시오.

$$\ddot{y}+4\dot{y}+8y=0,\quad y(0)=2,\quad \dot{y}(0)=0 \tag{2.47}$$

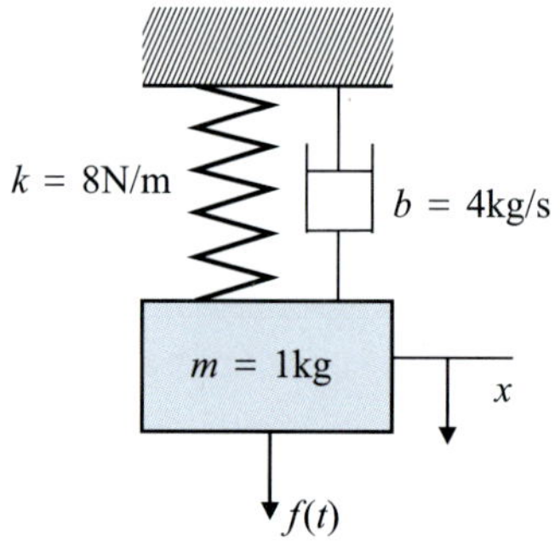

[그림 2.19] 자유 진동(Free Vibration) 시스템

2.3 번지 점프(Bungee Jump) 플랫폼을 아래 식과 같이 2차 상미분 방정식으로 모델링할 때 시간 응답을 구한 후 다이버가 안전한지 위험한지 판단하라.

$$m\ddot{x} = mg - \beta v - kx \tag{2.48}$$

여기서, m은 다이버 질량, g는 중력 상수, βv는 속도에 비례하는 저항력, kx는 탄성이 있는 로프의 복원력이다. 이때 측정 또는 가정한 상수는 m = 80, k = 2.73, β = 13.08(단위 생략).

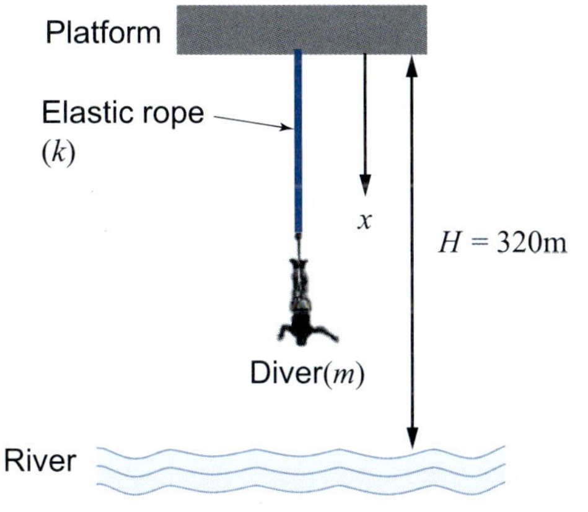

[그림 2.20] 번지 점프 시스템

CHAPTER 3

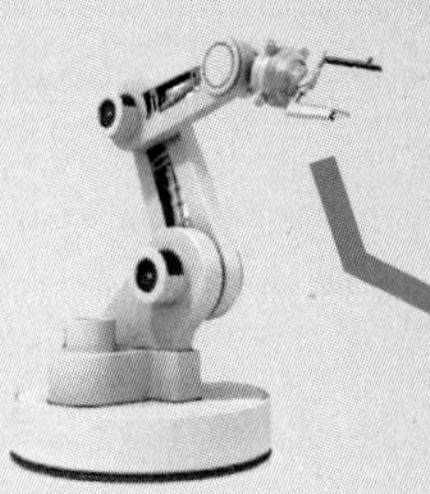

동적 시스템 모델링-I

3.1 동적 제어 시스템

3.1.1 동적 모델링의 중요성

제어를 위해서는 기본적으로 제어 대상인 플랜트의 수학적 모델(Mathematical Model)이 필요하다. 즉, 그림 3.1의 플랜트에 해당하는 블록을 유도하여야 한다. 제어기 설계의 출발점이며 안정성과 같은 동적 시스템의 특성을 미리 파악하기 위해서는 수학적 모델이 반드시 필요하므로 동적 모델링(Dynamic Modeling)은 제어 공학에서 매우 중요하다.

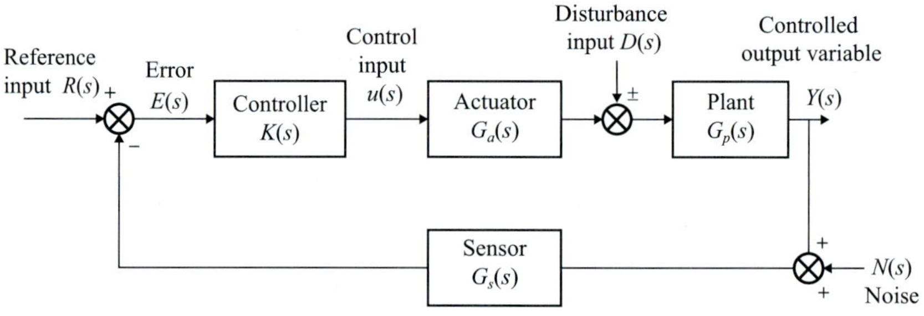

[그림 3.1] 일반적인 폐루프(Closed-loop) 제어 시스템

일반적인 공학 문제의 수학적 모델은 매우 복잡하기 때문에 최근 수학적 모델이 필요하지 않는 제어 이론이 연구 되고 있지만 학부 수준의 제어 공학에서는 일반적으로 라플라스 변환을 통해 유도한 전달 함수를 이용하여 주파수 영역에서 제어기를 설계하는 방법과 상태 변수(State Variable)를 정의하여 상태 공간(State-Space) 모델로 표현한 후 시간 영역에서 설계하는 2가지 방법을 학습하여야 한다.

3.1.2 제어 시스템 분류

제어 시스템은 플랜트의 특성에 따라 여러가지 형으로 분류할 수 있다. 일반적으로 입문 단계에서의 제어 공학에서는 샘플링(Sampling)을 하지 않은 연속 시스템(s-평면)과 단일 변수-단일 출력(Single Input Single Output, SISO) 시스템을 다룬다. 대부분의 동적 시스템이 비선형(Nonlinear) 시스템이지만 실제 제어 문제에서 대부분 작동 범위가 넓지 않으므로 선형화(Linearization)를 통해 선형 시스템으로 처리할 수 있다. 또한, 전달 함수는 미분 방정식에서 유도되므로 기본적으로 집중(Lumped-parameter) 요소 시스템만 취급한다. 인과성(Causal)은 현재 출력이 현재, 과거의 입력 에만 의존하고 미래의 입력을 요구하지 않는 성질이므로 대부분의 동적 시스템은 인과 시스템이다. 결국 입문 단계의 제어 공학에서는 선형 시불변(Linear Time-invariant, LTI) 시스템 만을 제어 대상으로 설정한다.

표 3.1 제어 시스템 분류(왼쪽 컬럼만 대상)

연속(Continuous-time)	이산(Discrete-time)
단일 변수(Single –variable)	다변수(Multi-variable)
선형(Linear)	비선형(Nonlinear)
집중(Lumped-parameter)	분산(Distributed-parameter)
시불변(Time-invariant)	시변(Time-varying)
동적(Dynamic)	정적(Static)
인과(Causal)	비인과(Non-causal)

3.2 전달 함수

3.2.1 전달 함수의 정의

기계공학과 같은 공학 분야에서 많이 다루는 동적 시스템의 수학적 모델인 운동 방정식(Equation of Motion 또는 Governing Equation)은 일반적으로 상미분 방정식으로 구성되어 있으며 모든 초기값이 0인 조건에서 라플라스 변환 후 출력과 입력의 비로 표현한 함수를 전달 함수(Transfer Function)라고 한다.

$$G(s)=\left.\frac{L(output)}{L(input)}\right|_{\substack{zero\\ \text{initial}\\ \text{conditions}}}=\frac{Y(s)}{R(s)}=\frac{(s+b_1)(s+b_2)\cdots(s+b_m)}{(s+a_1)(s+a_2)\cdots(s+a_n)} \tag{3.1}$$

블록 선도(Block Diagram)로 전달 함수를 표현해보면 $u(t)$라는 제어 입력이 전달 함수에 입력되면 $y(t)$라는 응답이 출력되므로 전달 함수는 시스템의 특성을 반영하는 시스템 모델이다. 주파수 영역에서는 일반적으로 대문자로 표시하여 $u(t)$는 $U(s)$로, $y(t)$는 $Y(s)$로 구분하여 사용한다.

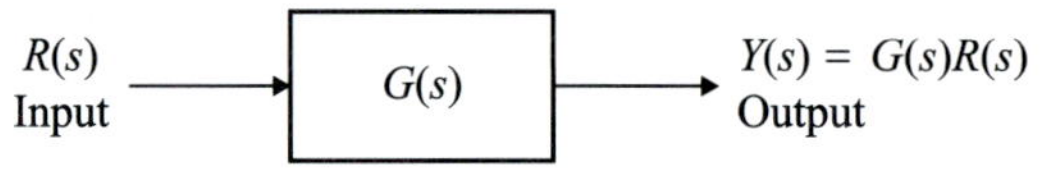

[그림 3.2] 전달 함수의 정의

예제 3-1

기계공학에서 주로 다루는 다음과 같은 간단한 질량-스프링-댐퍼(Mass-Spring-Damper) 시스템의 운동 방정식은 다음과 같다.

$$m\ddot{x}(t)+b\dot{x}(t)+kx(t)=f(t) \tag{3.2}$$

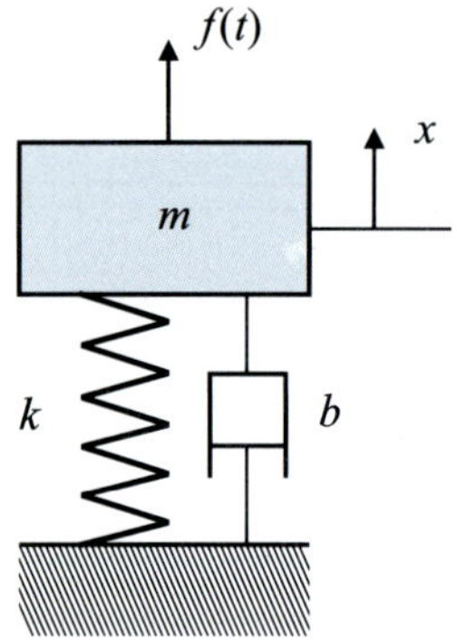

[그림 3.3] 질량–스프링–댐퍼(Mass–Spring–Damper) 시스템

라플라스 변환 후 출력과 입력의 비로 표현한 전달 함수는 식 (3.4)와 같다.

$$\left(ms^2 + bs + k\right)X(s) = F(s) \tag{3.3}$$

$$G(s) = \frac{X(s)}{F(s)} = \frac{1}{ms^2 + bs + k} \tag{3.4}$$

3.2.2 주요 용어(Key Terminology)

전달 함수는 분수 형태로 분자(Numerator)와 분모(Denominator)는 복수 변수 s에 대한 다항식(Polynomial) 으로 이루어져 있으며 다음과 같은 주요 용어를 정의할 수 있다.

$$G(s) = \frac{N(s)}{D(s)} = \frac{b_m s^m + \cdots + b_0}{a_n s^n + a_{n-1}s^{n-1} + \cdots a_1 s + a_0} = \frac{k\prod_{i=1}^{m}(s+z_i)}{\prod_{j=1}^{n}(s+p_j)}, (n \geq m) \tag{3.5}$$

- 차수(Order): 분모의 다항식에서 가장 높은 급수(Power) n
- $s = -p_j$: 극점(Pole), ×
- $s = -z_j$: 영점(Zero), o
- $G(s)|_{s=0} = G(0)$: DC(static) gain at $\omega = 0$
- $D(s) = 0$: 특성 방정식(Characteristic Equation)
- $G(s)|_{s=\infty}$ = nonzero finite: Proper 전달함수($m \leq n$)
- $G(s)|_{s=\infty} = 0$: Strictly Proper 전달함수($m < n$): 모든 동적 시스템에 해당
- $n-m$: 상대 자수(Relative Degree)
- $\forall \mathrm{Re}(p_j, z_i) < 0$: 최소 위상 시스템(Minimum Phase System)
- $\forall \mathrm{Re}(z_i) > 0$: 비최소 위상 시스템(Non-minimum Phase System)

자연계의 모든 동적 시스템이 Proper 전달 함수인 이유는 만약 Proper 전달 함수가 아닐 경우 동적 시스템에 최소한 미분기($G(s) = s$)가 1개 이상 있어야 하는데 자연적인 미분기는 존재하지 않기 때문이다.

예제 3-2

그림 3.4의 전달 함수는 3차 시스템을 나타내며 3개의 극점($s = -1, -2, -3$))과 한 개의 영점($s = -4$)을 가진다. ∞ 영점이 2개이므로 상태 차수가 2이다. 모든 극점, 영점이 음수이므로 최소 위상 시스템이다. DC게인 $G(0) = \frac{4}{1 \cdot 2 \cdot 3} = \frac{2}{3}$, $G(\infty) = \frac{\infty}{\infty} = 0$ 이므로 Strictly Proper 전달 함수에 해당된다.

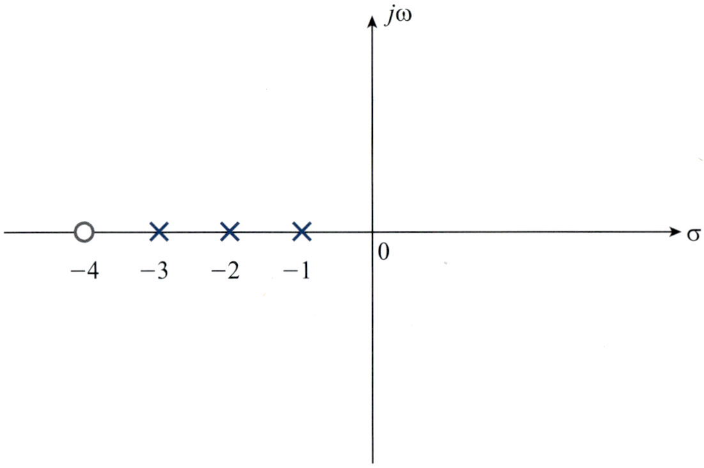

[그림 3.4] 개루프 전달 함수 $G(s) = \frac{s+4}{(s+1)(s+2)(s+3)}$ 의 극점–영점 표시

3.3 블록 선도 모델링

3.3.1 기본 블록 선도 모델링

일반적으로 제어 시스템은 여러가지 요소로 구성되어 있다. 각 요소가 수행하는 기능을 도식적으로 나타내고 최종적으로 요구되는 입-출력 관계(즉, 폐루프 전달 함수)를 조직적으로 유도할 수 있는 방법을 블록 선도 모델링이라고 하며 대표적인 동적 시스템 모델링 방법이다. 부분 시스템을 나타내는 블록, 제어 신호의 흐름을 표시하는 화살표, 신호의 합산 점(Summing Point or Comparator), 분

기점(Pick-off or Branch Point)의 기본 블록 요소로 구성된다. 직렬로 연결된 블록을 합하는 경우 단일입출력에 대한 전달 함수이면 $G_1G_2 = G_2G_1$이 성립된다. 병렬로 연결된 경우 등가 전달 함수는 G_1+G_2이다. 만약 블록이 분기점이나 합산점을 출력 방향으로 이동할 경우 등가(Equivalent) 블록 선도를 그림 3.7 및 그림 3.8에 나타내었다. 물론 입력 방향 방향으로 이동시에는 추가한 블록의 전달 함수의 역수를 사용한다.

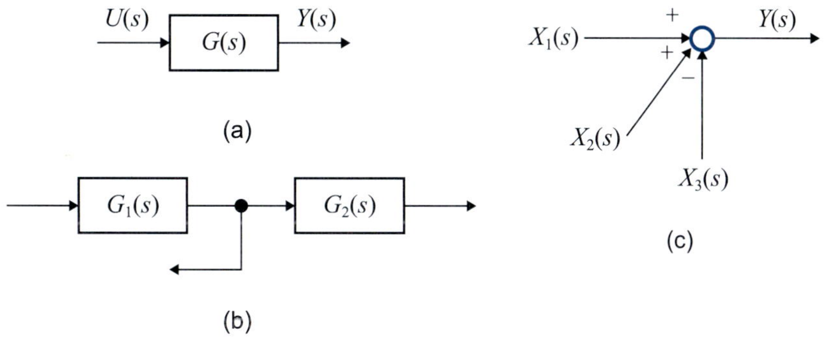

[그림 3.5] 기본 블록 선도(a) 블록, (b) 분기점, (c) 합산 점

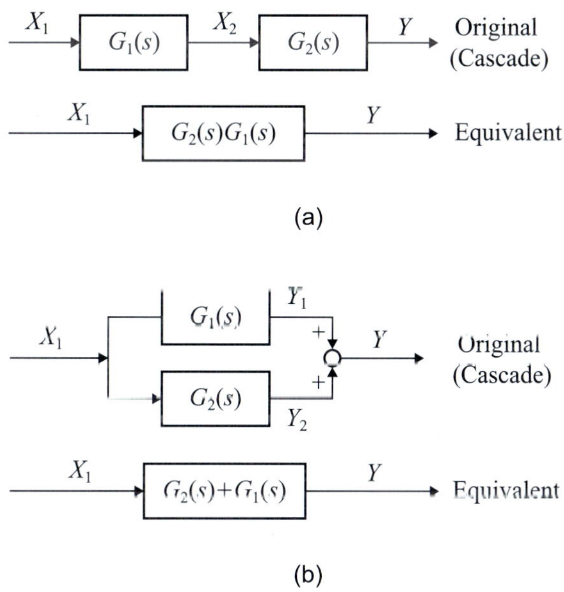

[그림 3.6] 기본 블록 선도 변환(a) 직렬(Cascade), (b) 병렬(Parallel)

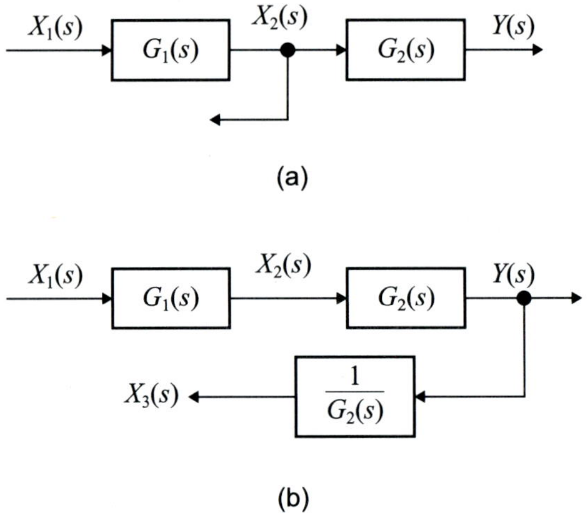

[그림 3.7] 분기점 이동 변환 (a) Original 블록 선도, (b) 등가 블록 선도

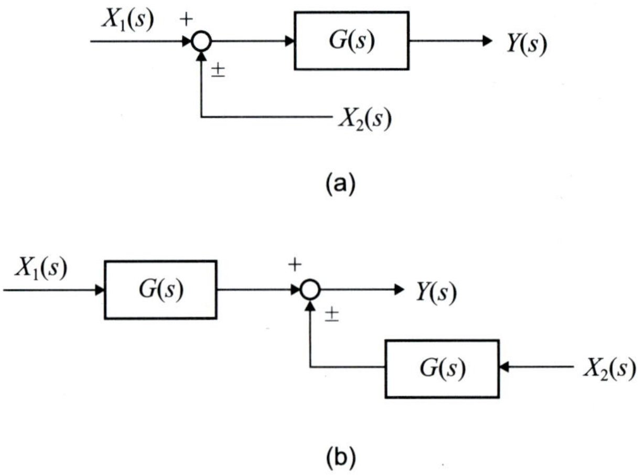

[그림 3.8] 합산 점 이동 변환(a) Original 블록 선도(b) 등가 블록 선도

3.3.2 표준형 폐루프 전달 함수

이제 센서 동역학(모델)을 고려하는 비단위(Non-Unity, $H(s) \neq 1$) 폐루프 제어 시스템에 대해 알아보자. 이 피드백 제어 시스템에서 오차 신호 $E(s)$는 $R(s)-H(s)Y(s)$이며 정리하면 식 (3.7)과 같은 표준형 폐루프 전달 함수를 구할 수 있다.

$$Y(s) = G(s)E(s) = G(s)\left[R(s) - H(s)Y(s)\right]$$
$$\rightarrow \left[1 + G(s)H(s)\right] \cdot Y(s) = G(s)R(s) \tag{3.6}$$

$$G_C(s) = \frac{Y(s)}{R(s)} = \frac{G(s)}{1 + G(s)H(s)} \tag{3.7}$$

여기서, $G(s)$를 피드포워드(Feedforward) 전달함수, $1+G(s)H(s) = 0$을 폐루프 제어 특성 방정식(Closed-loop Characteristic Equation, CLCE)이라고 하며 안정성 해석시 매우 중요하다.

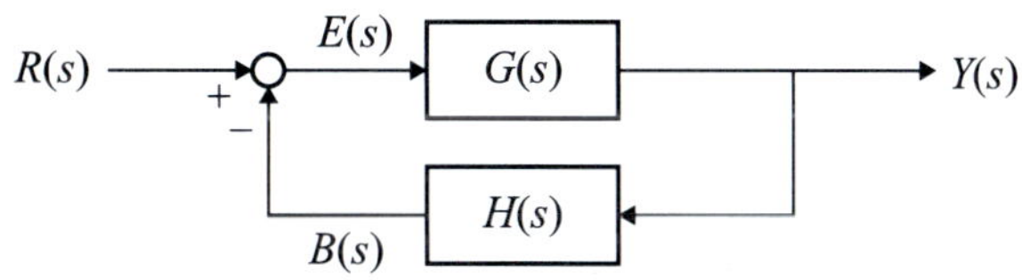

[그림 3.9] 폐루프 제어 시스템의 표준형 블록 선도

이때 오차와 피드백 루프의 출력과의 비를 개루프(Open-loop Or Loop) 전달 함수라고 한다. 개루프 전달 함수는 폐루프 제어 시스템의 블록 선도에서 직관적으로 쉽게 구할 수 있으며 근궤적법, 나이퀴스트 선도를 그릴 때 사용되며 개루프 전달 함수를 통해 폐루프 제어 시스템의 성능을 해석하는 방법을 루프(Loop) 해석이라고 하며 매우 중요한 개념이다.

$$G_O(s) = \frac{B(s)}{E(s)} = G(s)H(s) \tag{3.8}$$

만약 다른 입력인 외란(Disturbance)도 입력되면 식 (3.10)과 같은 2개 입력과 출력에 대한 관계식을 얻을 수 있으며 2개의 입력으로 전달 함수의 정의가 안되므로 일반적으로 다른 입력은 0로 가정한다.

$$Y = G_2(D + G_1E) = G_2D + G_2G_1(U - HY)$$
$$\Rightarrow (1 + G_2G_1H)Y = G_2D + G_2G_1U \tag{3.9}$$

$$Y = \frac{G_2 G_1}{1 + G_2 G_1 H} U + \frac{G_2}{1 + G_2 G_1 H} D \tag{3.10}$$

$$\frac{Y(s)}{U(s)} = \frac{G_2 G_1}{1 + G_2 G_1 H}, D(s) = 0 \tag{3.11}$$

$$\frac{Y(s)}{D(s)} = \frac{G_2}{1 + G_2 G_1 H}, U(s) = 0 \tag{3.12}$$

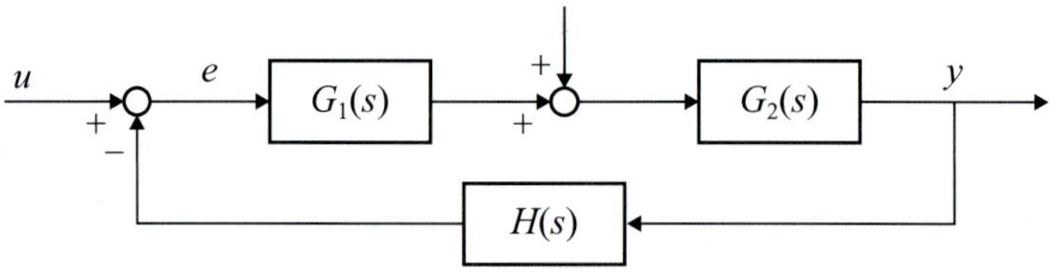

[그림 3.10] 외란이 존재하는 폐루프 제어 시스템의 블록 선도

3.3.3 Block Diagram Reduction

복잡하게 구성된 블록 선도는 앞에서 설명한 방법을 사용하여 결국 1개의 폐루프 제어 시스템의 표준형 블록 선도(함수)로 줄여야 한다. MATLAB을 사용하면 이 절차를 쉽게 수행할 수 있다.(부록 3 참조)

예제 3-3

복잡한 블록 선도로 구성된 제어 시스템을 표준형 블록 선도 1개로 줄여라.

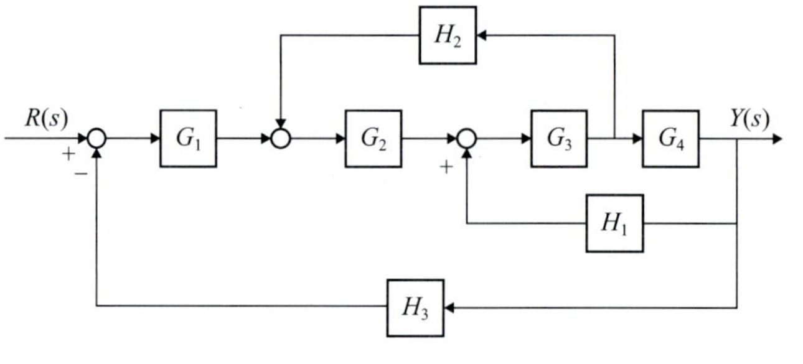

[그림 3.11] 다중 루프로 구성된 제어 시스템

Step 1: G_3와 G_4사이의 분기점을 출력 방향으로 이동시켜 국부(Local) 폐루프 제어 시스템의 표준형 블록 선도로 만든다.

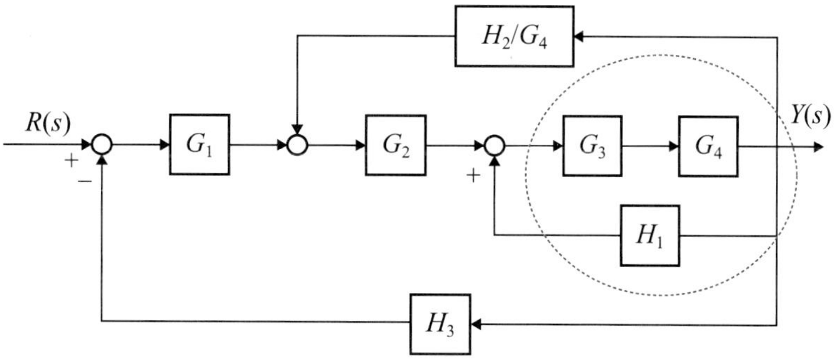

Step 2: Step1에서 원으로 표시된 국부(Local) 폐루프 블록 선도를 표준형으로 줄임

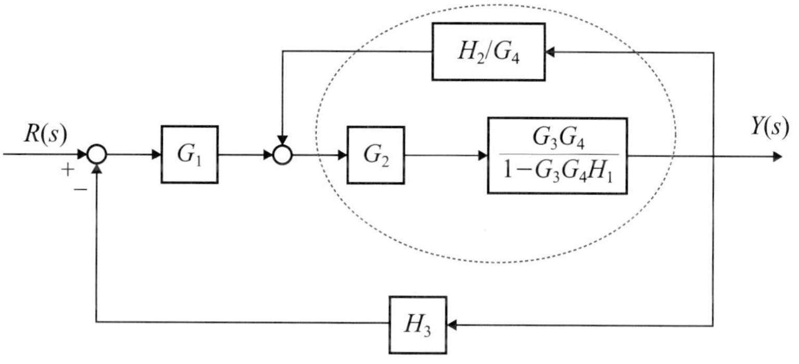

Step 3: Step2에서 원으로 표시된 국부(Local) 폐루프 블록 선도를 표준형으로 줄임(반복)

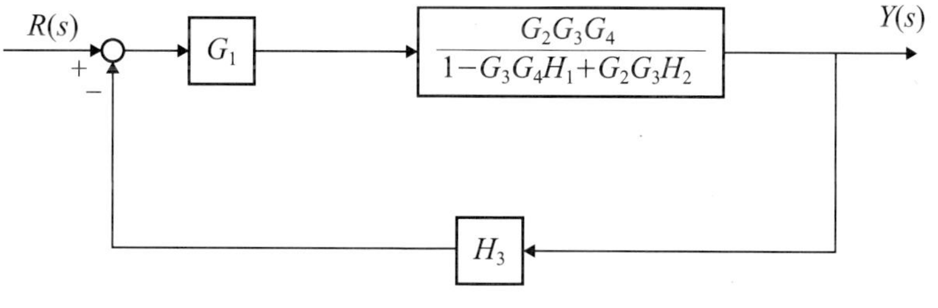

Step 4: Step3의 최종 폐루프 블록 선도를 표준형으로 줄임

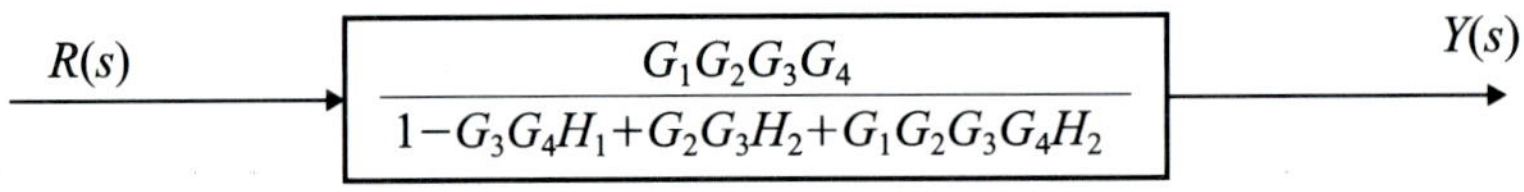

3.3.4 피드백 제어 이론

피드백 제어 이론은 수학적으로 매우 복잡한 이론이기 때문에 학부 강의에 적합하지 않지만 피드백 제어의 목적은 비교적 쉽게 이해 수 있으므로 간단히 소개한다. 표준형 폐루프 전달 함수는 다음과 같다.

$$G_c(s) = \frac{Y(s)}{R(s)} = \frac{G(s)}{1 + G(s)H(s)} \tag{3.13}$$

결국 피드백 제어의 목적은 출력 $Y(s)$이 기준 입력 $R(s)$을 추종하도록 $G(s)$ $H(s)$를 설계하는 것이다. 또는 민감도(Sensitivity) 전달 함수 $S(s)$를 최소화하는 것이다. [6]

$$\frac{G(s)}{1 + G(s)H(s)} \approx 1 \tag{3.14}$$

$$S(s) = \frac{1}{1 + GH} \approx 0 \tag{3.15}$$

그림 3.12에 나타낸 개루프 제어에서는 입력과 출력이 같도록 하기 위해 제어 게인 0.1이 필요하며 만약 모델 불확실성이 존재하면(10+Δ5 =15) 출력은 매우 민감하게 변하여 50%의 변화를 나타낸다.

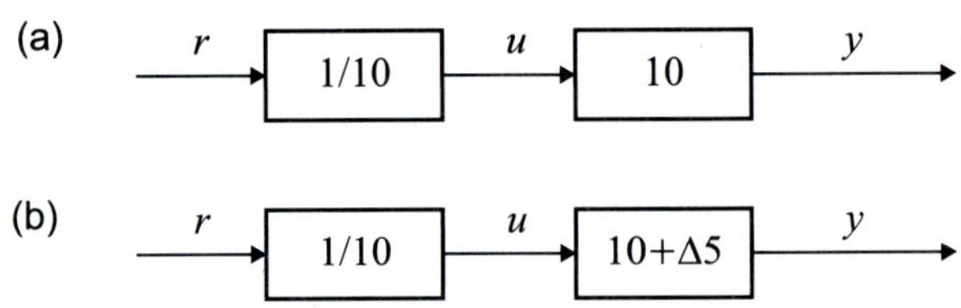

[그림 3.12] 모델 불확실성이 존재하는 간이 개루프 제어 시스템

반면, 폐루프 제어에서는 입력과 출력이 같도록 하기 위해 제어 게인을 5로 증가시켜야 한다($G = \frac{(5 \cdot 10)}{1+(5 \cdot 10) \cdot 1} \approx \frac{50}{51} \approx 1$). 따라서 일반적으로 폐루프 제어시 상대적으로 높은 게인(High Gain)이 필요하며 피드백 제어의 단점 중 하나로 작용한다. 그러나, 폐루프 제어의 경우, 모델이 부정확하여 불확실성이 존재하여도 출력 변화가 거의 없이($G = \frac{G}{1+GH} = \frac{(5 \cdot 15)}{1+(5 \cdot 15) \cdot 1} \approx \frac{75}{76} \approx 0.987$) 강건한(Robust) 사실을 알 수 있다. 높은 게인을 요구하는 단점에도 불구하고 일반적으로 피드백 제어를 통해 외란 및 모델 불확실성(Model Uncertainty)에 대한 민감도를 낮춰 강건한 제어 시스템을 설계 할 수 있다.

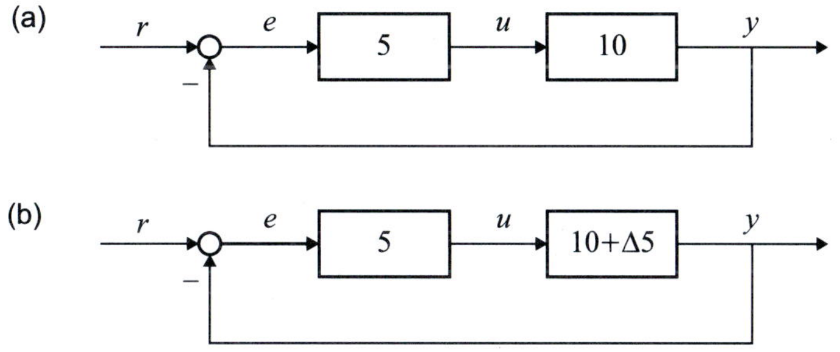

[그림 3.13] 모델 불확실성이 존재하는 간이 폐루프 제어 시스템

3.4 동적 시스템 모델링

3.4.1 기계 시스템

대부분의 기계 시스템(Mechanical Systems)은 질량(Mass), 관성 모멘트(Inertia of Moment), 스프링(Spring), 감쇠 요소(Damper) 등으로 구성 되어 있다. 뉴튼의 2법칙 또는 변분법(Variational Calculus)에서 유도된 오일러-라그랑지(Euler-Lagrange) 방정식 등을 이용하여 지배 방정식을 구한 후 전달 함수를 체계적으로 유도 할 수 있다.

예제 3-4

다음과 같은 2 자유도(degree of freedom, DOF) 기계 시스템이 주어질 때 지배 방정식은 식 (3.16)과 같이 유도 할 수 있다.

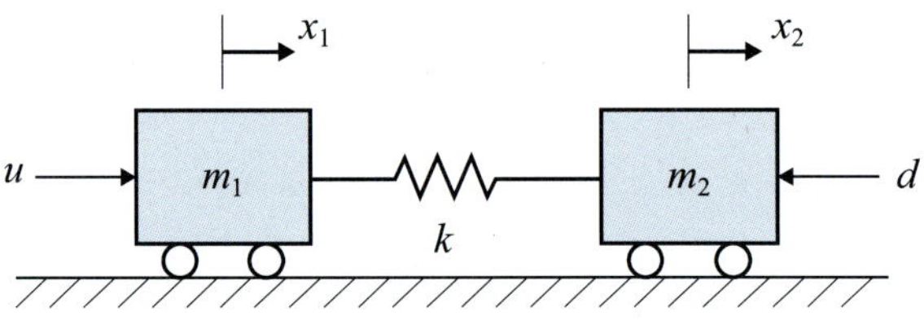

[그림 3.14] 2-DOF Double Mass 시스템 [7]

$$\begin{cases} m_1\ddot{x}_1 = u - k(x_1 - x_2) \\ m_2\ddot{x}_2 = -d + k(x_1 - x_2) \end{cases} \tag{3.16}$$

이 시스템은 한 개의 강체 모드(ω = 0)를 지닌 반한정(Semi-Definite) 시스템의 특성을 나타내며 개루프 제어 응답이 발산하는 불안정한 동적 기계 시스템이다. 라플라스 변환을 한 후 행렬 형태로 표현하면 다음 식과 같다.

$$\begin{bmatrix} m_1s^2 + k & -k \\ -k & m_2s^2 + k \end{bmatrix}\begin{bmatrix} X_1(s) \\ X_2(s) \end{bmatrix} = \begin{bmatrix} U(s) \\ -D(s) \end{bmatrix} \tag{3.17}$$

시스템 행렬의 역행렬을 이용하여 미지의 2개의 출력 함수($X_1(s)$, $X_2(s)$)를 구한 후 최종적으로 4개의 전체 전달 함수를 구할 수 있다.

$$\begin{bmatrix} X_1(s) \\ X_2(s) \end{bmatrix} = \begin{bmatrix} m_1s^2 + k & -k \\ -k & m_2s^2 + k \end{bmatrix}^{-1}\begin{bmatrix} U(s) \\ -D(s) \end{bmatrix} = \\ \frac{1}{(m_1s^2 + k)(m_2s^2 + k) - k^2}\begin{bmatrix} m_2s^2 + k & k \\ k & m_1s^2 + k \end{bmatrix}\begin{bmatrix} U(s) \\ -D(s) \end{bmatrix} \tag{3.18}$$

$$X_1(s) = \frac{(m_2 s^2 + k)U(s) - kD(s)}{s^2(m_1 m_2 s^2 + k(m_1 + m_2))},$$
$$X_2(s) = \frac{kU(s) - (m_1 s^2 + k)D(s)}{s^2(m_1 m_2 s^2 + k(m_1 + m_2))} \tag{3.19}$$

$$G_1(s) = \frac{X_1(s)}{U(s)} = \frac{(m_2 s^2 + k)}{s^2(m_1 m_2 s^2 + k(m_1 + m_2))}, D(s) = 0 \tag{3.20}$$

$$G_2(s) = \frac{X_2(s)}{U(s)} = \frac{k}{s^2(m_1 m_2 s^2 + k(m_1 + m_2))}, D(s) = 0 \tag{3.21}$$

$$G_3(s) = \frac{X_1(s)}{D(s)} = \frac{-k}{s^2(m_1 m_2 s^2 + k(m_1 + m_2))}, U(s) = 0 \tag{3.22}$$

$$G_4(s) = \frac{X_2(s)}{D(s)} = \frac{-(m_1 s^2 + k)}{s^2(m_1 m_2 s^2 + k(m_1 + m_2))}, U(s) = 0 \tag{3.23}$$

예제 3-5

다음과 같은 2-DOF 기계 시스템의 전달 함수를 구하시오.

$$M_1\ddot{x}_1 + (b_1 + b_2)\dot{x}_1 - b_2\dot{x}_2 + (K_1 + K_2)x_1 - K_2 x_2 = u$$
$$M_2\ddot{x}_2 - b_2\dot{x}_1 + (b_2 + b_3)\dot{x}_2 - K_2 x_1 + (K_2 + K_3)x_2 = 0 \tag{3.24}$$

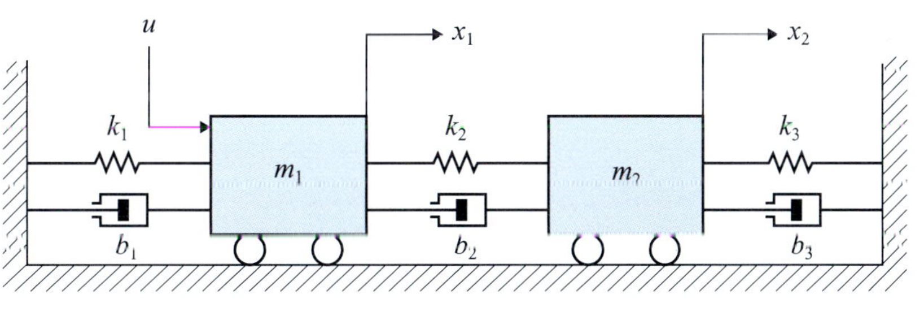

[그림 3.15] 2–DOF 기계 시스템

식 (3.24)을 라플라스 변환을 하면 미지의 2개의 출력 함수($X_1(s)$, $X_2(s)$)를 구하는 연립 방정식이 된다.

$$\begin{aligned}&[M_1s^2+(b_1+b_2)s+(K_1+K_2)]X_1(s)-(sb_2+K_2)X_2(s)=U(s)\\&-(K_2+b_2s)X_1(s)+[M_2s^2+(b_2+b_3)s+(K_2+K_3)]X_2(s)=0\end{aligned}\tag{3.25}$$

연립 방정식을 풀기 위하여 크래머 법칙(Cramer Rule)을 이용하여 전달 함수를 구한다.

$$\begin{aligned}X_1(s)&=\frac{\begin{vmatrix}U(s) & -(b_2s+K_2)\\ 0 & M_2s^2+(b_2+b_3)s+(K_2+K_3)\end{vmatrix}}{\Delta},\\ X_2(s)&=\frac{\begin{vmatrix}M_1s^2+(b_1+b_2)s+(K_1+K_2) & U(s)\\ -(b_3s+K_2) & 0\end{vmatrix}}{\Delta}\end{aligned}\tag{3.26}$$

여기서 $\Delta=\begin{vmatrix}\left[M_1s^2+(b_1+b_3)s+(K_1+K_2)\right] & -(b_3s+K_2)\\ -(b_3s+K_2) & \left[M_2s^2+(b_2+b_3)s+(K_2+K_3)\right]\end{vmatrix}$

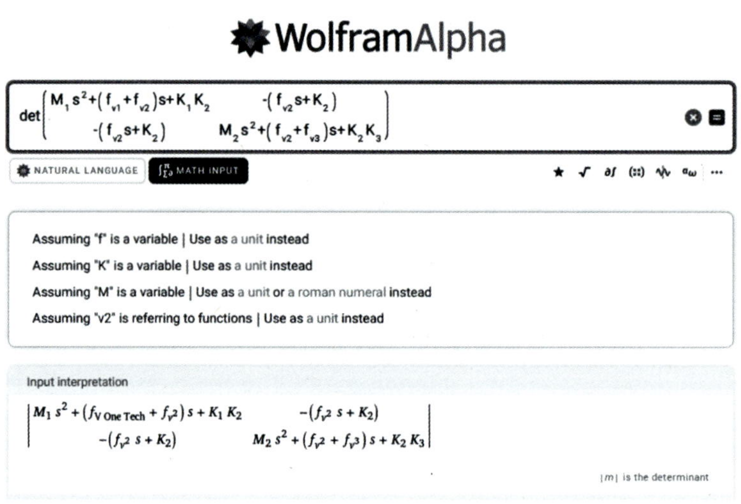

[그림 3.16] Mathematica Web Version인 WolframAlpha

$$\therefore \frac{X_1(s)}{F(s)} = \frac{M_2 s^2 + (b_2 + b_3)s + (K_2 + K_3)}{\Delta} \tag{3.27}$$

복잡한 다 자유도 기계 시스템을 모델링 할 경우 역행렬을 구하기가 번거롭기 때문에 Mathematica™와 같은 심볼릭(Symbolic) 연산이 가능한 공학용 소프트웨어를 사용할 수 있다. 결국 시스템이 복잡해 지면 전달 함수를 구하기 어려우며 구하더라도 매우 복잡한 형태를 나타내므로 이점은 전달 함수법의 단점이다.

3.4.2 회전 기계 시스템

유체 기계(Turbomachinery)와 같은 회전 기계 시스템(Rotational Mechanical Systems)도 기계 시스템과 마찬가지로 관성 모멘트(Inertia of Moment J), 감쇠 요소(Damper)로 구성되어 있다. 관심 상태 변수(Angular Velocity ω 또는 Angular Displacement θ)에 따라 운동 방정식도 다음과 같이 1차 또는 2차 미분 방정식으로 유도 할 수 있다.

$$\begin{aligned} & J\dot{\omega} + b\omega = T \\ \text{or} \quad & J\ddot{\theta} + b\dot{\theta} = T \end{aligned} \tag{3.28}$$

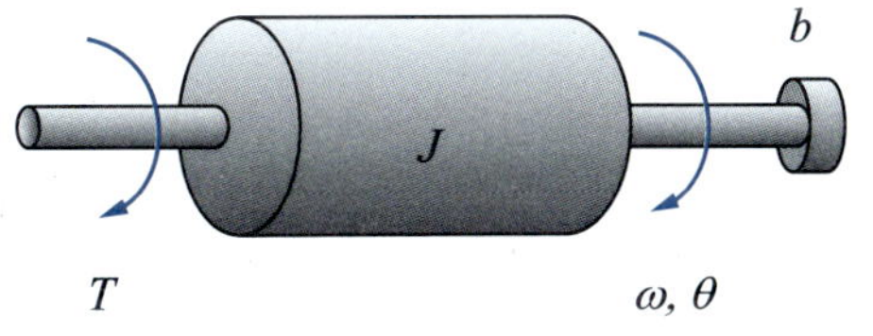

(a)

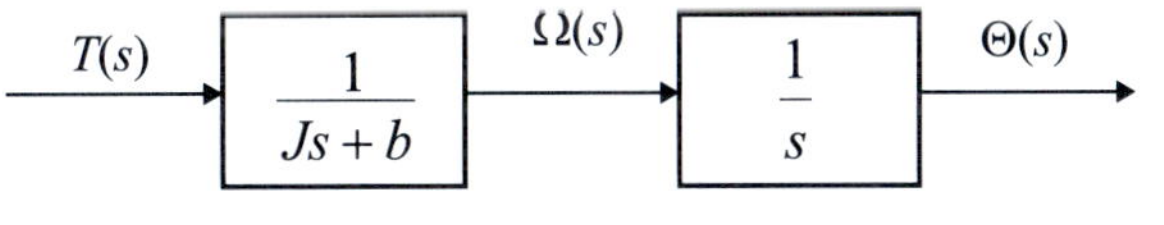

(b)

[그림 3.17] 회전(Rotational) 시스템과 전달 함수

3.4.3 전기 시스템

전기 시스템(Electrical Systems)도 기계시스템과 유사하게 Kirchhoff's 전압 법칙 등을 사용하여 전기 회로를 모델링 할 수 있다. 예를 들면 그림 3.18에 나타낸 RLC 회로에 대한 지배 방정식은 다음과 같다. 입력과 출력 전압에 대한 전달 함수를 구하면 식 (3.31)과 같은 2차 시스템으로 모델링할 수 있다. 이 LRC 회로는 가장 기본적인 저 주파수 통과 필터(Low-Pass Filter)이다.

$$L\frac{di(t)}{dt} + Ri(t) + \frac{1}{C}\int_0^t i(\tau)d\tau = e_i(t) \tag{3.29}$$

$$\frac{1}{C}\int_0^t i(\tau)d\tau = e_o(t) \tag{3.30}$$

$$\frac{E_o(s)}{E_i(s)} = \frac{1}{LCs^2 + RCs + 1} \tag{3.31}$$

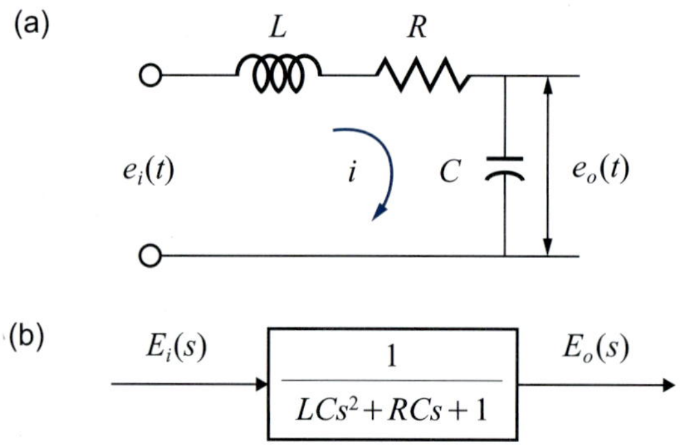

[그림 3.18] RLC 회로(Circuit)와 전달 함수

3.4.4 열 시스템

그림 3.19에 나타낸 전형적인 열(Thermal) 시스템의 열 평형(Heat Balance) 방정식은 다음과 같다.

$$C\frac{d\theta}{dt} = h_i - h_o \tag{3.32}$$

이때, R은 Thermal Resistance, C는 Thermal capacitance, $h_o = \frac{\theta}{R}$ 이며 벽은 단열(Insulation) 되어 있다. 식 (3.32)는 다음과 같이 1차 미분방정식으로 변형할 수 있으며

$$RC\frac{d\theta}{dt} + \theta = Rh_i \tag{3.33}$$

라플라스 변환을 통해 최종적으로 1차 시스템의 전달 함수로 표현이 가능하다.

$$\frac{\Theta(s)}{H(s)} = \frac{R}{RCs+1} \tag{3.34}$$

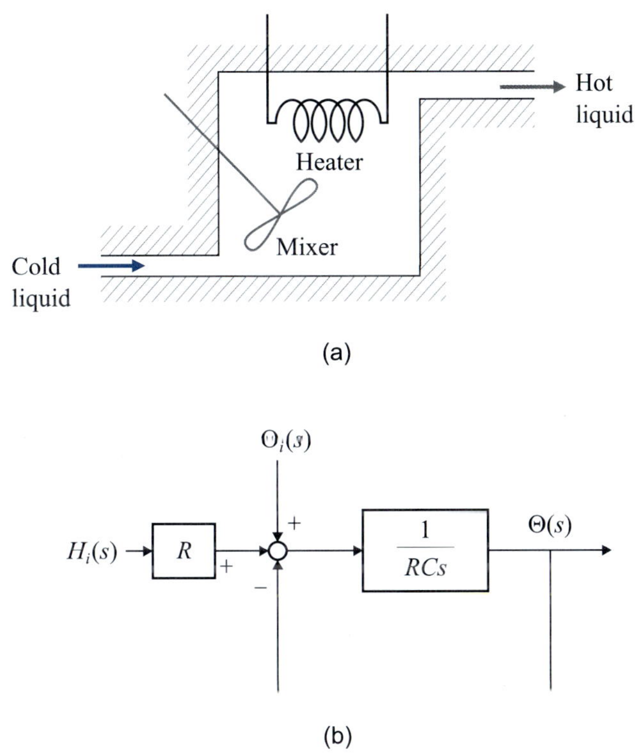

[그림 3.19] Thermal 시스템과 폐루프 열 제어 시스템

3.4.5 서보 제어 시스템

주로 속도, 위치, 자세 등이 출력 제어 변수인 서보(Servo) 제어 시스템은 전기 모터와 같이 기계 시스템과 전기 회로 시스템이 결합된 복잡한 Electro-Mechanical 시스템을 사용하며 입출력 관계를 파악하여 최종 전달 함수를 구할 수 있다.

예제 3-6

다음과 같은 DC 서보 모터 시스템의 전달 함수를 구해라.

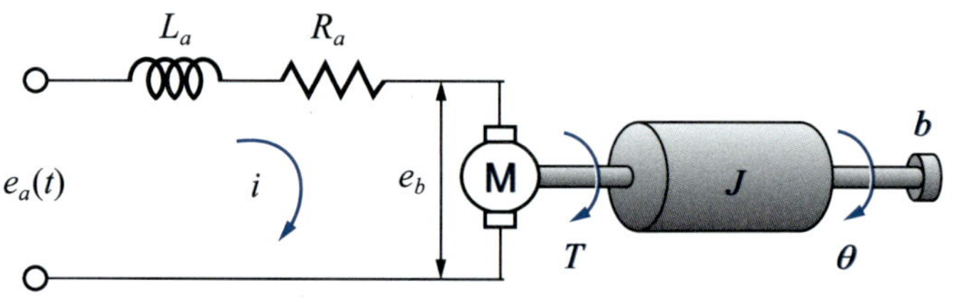

[그림 3.20] Armature 제어 방식 DC 서보 모터 시스템

우선 회전 기계 시스템은 식 (3.28)을 사용하여 다음과 같은 전달 함수를 구할 수 있다.

$$\frac{\Theta(s)}{T(s)} = \frac{1}{Js^2 + bs} \tag{3.35}$$

전기 시스템인 LR 회로에 대한 전달 함수도 다음 식과 같이 표현 할 수 있다.

$$E_a(s) - E_b(s) = (R_a + L_a s) I_a(s) \tag{3.36}$$

이때, 역기전압(Back-EMF) E_b은 회전 속도에 비례하므로 비례 상수 k_b를 사용하여 다음과 같은 전달 함수를 구한다.

$$E_b(s) = k_b s \Theta(s) \tag{3.37}$$

모터에 의해 발생하는 토크는 전류에 비례하므로 모터 상수 k_T를 사용하여 다음과 같은 전달 함수를 구한다.

$$T(s) = k_T I_a(s) \tag{3.38}$$

최종적으로 그림 3.21과 같은 블록 선도가 완성이 되며 표준형 폐루프 제어 전달 함수로 줄이면 최종 전달 함수는 다음 식과 같다.

$$G_c(s) = \frac{\Theta(s)}{E_a(s)} = \frac{k_T}{JL_a s^3 + (JR_a + L_a b)s^2 + (R_a b + k_T k_b)s} \tag{3.39}$$

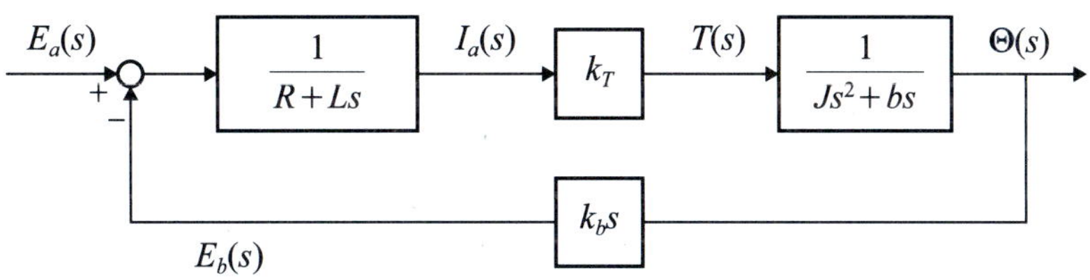

[그림 3.21] Armature 제어 방식 DC 서보 모터 시스템의 블록 선도

3.4.6 Fluid Power 시스템

Fluid Power 시스템은 유압 제어 시스템(Hydraulic Control System)과 기계 요소의 결합으로 이루어진 Hydro-Mechanical 시스템으로 오일 펌프(Oil Pump), 밸브(Valve)류, 유압 실린더등으로 구성되어 있다.

예제 3-7

다음 압력 조절(Pressure Regulating) 밸브의 전달 함수를 구하라.

검사 체적(Control Volume)에서 연속 방정식(Continuity Equation)을 적용하여 압력 변화에 대한 방정식을 다음과 같이 정의할 수 있다.

$$\dot{P} = \frac{\beta_e}{V_o}(Q_i - Q_o - A\dot{x}) = \frac{\beta_e}{V_o}(Q_i - C_t P - A\dot{x}) \tag{3.40}$$

여기서, β_e는 작동 유체(Working Fluid)의 유효 Bulk Modulus로 시스템 강성(Stiffness)에 영향을 미친다. 원래 오리피스(Orifice) 유량과 압력의 관계는 비선형 특성을 나타내지만 작동 범위가 작기 때문에 선형적인 관계로 가정하면 스풀 밸브(Spool Valve) 는 위치 제어를 통해 평형 점에서 가변 오리피스 역할을 하며 평형 위치에 비례하며 진동하는 내부 압력이 일정한 평균 값으로 조율된다.

$$M\ddot{x} = PA - C\dot{x} - kx \tag{3.41}$$

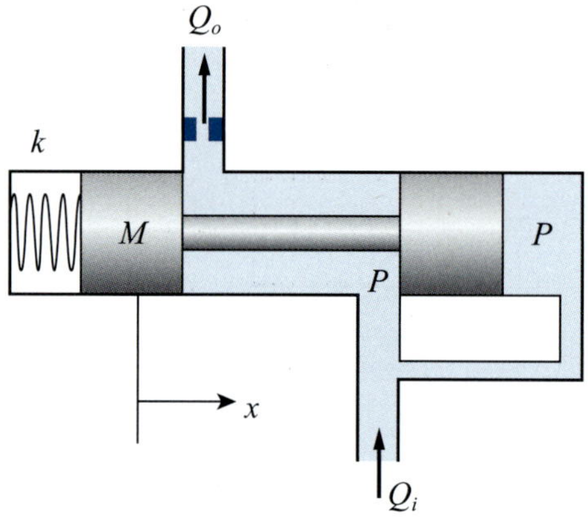

[그림 3.22] 압력 레귤레이팅 밸브 시스템

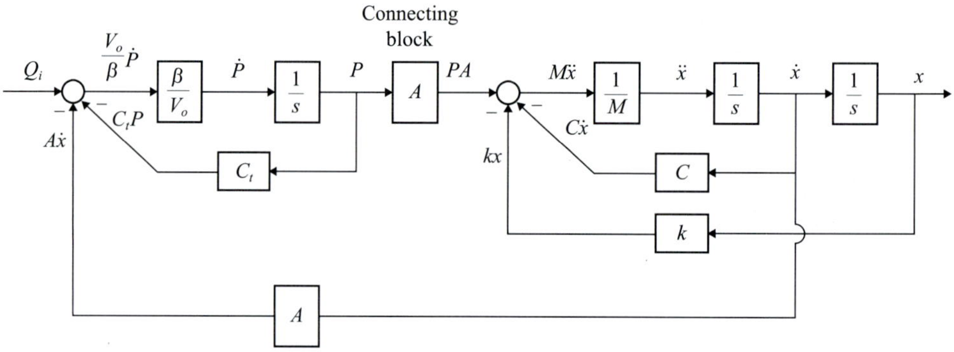

[그림 3.23] 압력 레귤레이팅 밸브 시스템의 블록 선도

식 (3.40)와 (3.41)를 라플라스 변환 후 입력 $Q_i(s)$과 출력인 밸브의 변위 $X(s)$의 비를 구하면 전달 함수를 구할 수 있다.

$$sP(s) = \frac{\beta}{V_o}\left(Q_i(s) - C_t P(s) - AsX(s)\right), X(s) = \frac{A}{Ms^2 + Cs + k}P(s) \tag{3.42}$$

$$\therefore \frac{X(s)}{Q(s)} = \frac{A}{\frac{V_o M}{\beta}s^3 + (\frac{V_o C}{\beta} + C_t M)s^2 + \left(\frac{V_o k}{\beta} + C_t C + A^2\right)s + C_t K} \tag{3.43}$$

특성 방정식으로부터 밸브 시스템은 3차 시스템(3개의 극점)이며 매우 큰 수치인 β_e로 인해 3개 극점(고유 진동수)의 크기 차이가 매우 큰 특징을 나타낸다. 이와 같이 빠른 시스템과 느린 시스템이 2개의 동적 시스템이 결합된 경직(Stiff) 시스템은 수치 적분(Numerical Integration)을 할 경우 계산 시간(Computation Time)이 매우 길어지는 단점이 발생한다[8].

심화 문제

3.1 자동차 서스펜션(Suspension) 시스템을 현가하(Unsprung) 질량을 무시한 단순화하고 도로 표면 조도(Road Roughness)가 베이스(Base)에서 입력되는 1-DOF질량-댐퍼-스프링 시스템으로 모델링 할 때 개루프 전달 함수를 구하시오(m = 1kg, b = 4Ns/m, k = 3N/m).

$$m\ddot{y} + b(\dot{y} - \dot{u}) + k(y - u) = 0 \tag{3.44}$$

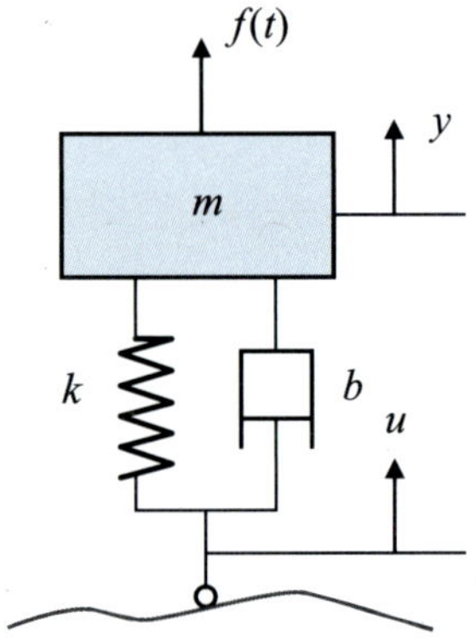

[그림 3.24] Simplified Vehicle Suspension 모델

3.2 능동 액추에이터(Active Actuator)가 부착된 1/4 Car 서스펜션(Quarter Car Suspension) 모델의 지배 방정식이 다음과 같이 주어질 때 개루프 전달 함수를 유도하라.

$$\begin{aligned} m_s\ddot{z}_s + c_s\left(\dot{z}_s - \dot{z}_{us}\right) + k_s\left(z_s - z_{us}\right) &= -f \\ m_{us}\ddot{z}_{us} + c_s\left(\dot{z}_{us} - \dot{z}_s\right) + k_s\left(z_{us} - z_s\right) + c_{us}\left(\dot{z}_{us} - \dot{z}_0\right) + k_{us}\left(z_{us} - z_0\right) &= f \end{aligned} \tag{3.45}$$

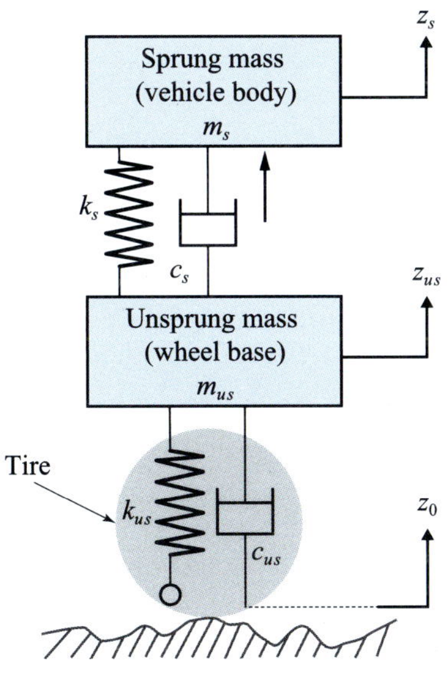

[그림 3.25] Quarter-Car Suspension 모델

3.3 자동차 구동계(Driveline System)의 비틀림 진동 모델을 다음과 같이 단순하게 2-DOF 모델로 가정할 때 개루프 전달 함수를 구하라.

$$\begin{cases} I_1\ddot{\theta}_1 + C(\dot{\theta}_1 - \dot{\theta}_2) + K(\theta_1 - \theta_2) = T(t) \\ I_2\ddot{\theta}_2 - C(\dot{\theta}_1 - \dot{\theta}_2) - K(\theta_1 - \theta_2) = 0 \end{cases} \tag{3.46}$$

이때, $T(t)$는 엔진으로부터 전달되는 입력 구동 토크, K, C는 비틀림 진동을 절연(Isolation)하는 댐퍼 스프링의 비틀림 탄성 계수 및 비례 점성 계수를 나타낸다.

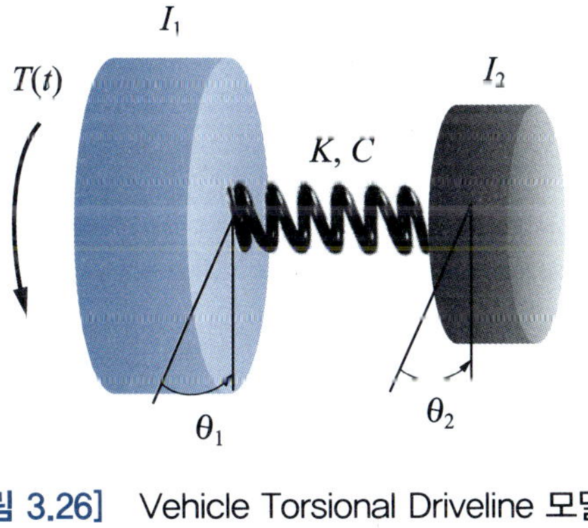

[그림 3.26] Vehicle Torsional Driveline 모델

3.4 압전 변환기(Piezoelectric Transducers)의 수학적 모델은 임피던스(Impedance) 정의를 사용하여 쉽게 구할 수 있다. 압전 변환기는 기본적으로 전기 소자인 캐패시터(Capacitor)이므로 임피던스는 다음과 같다.

$$Z_p = \frac{1}{C_0 s} \tag{3.47}$$

질량-댐퍼-스프링 시스템으로 모델링 할 수 있는 기계적 성질은 등가 회로(Equivalent Circuit)를 이용하여 임피던스를 다음과 같이 정의할 수 있다.

$$Z_m = R_i + L_m s + \frac{1}{C_e s} \tag{3.48}$$

그림 3.27에 나타낸 병렬로 연결된 등가 전기 회로(Equivalent Electric Circuit)로부터 전체 전달(임피던스) 함수를 구하라.

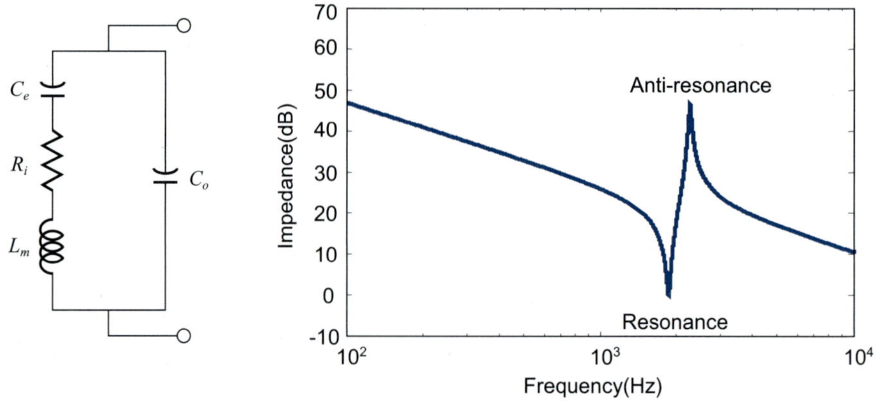

[그림 3.27] 압전 변환기(Piezoelectric Transducer)의 임피던스 모델

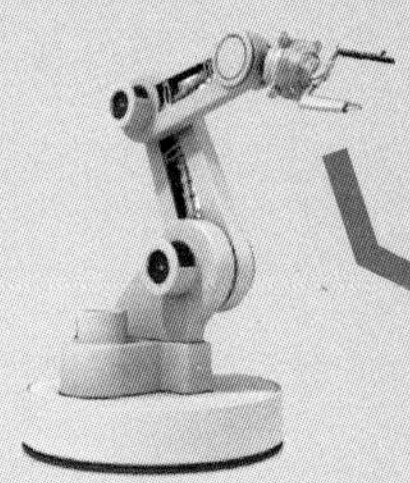

CHAPTER 4

동적 시스템 모델링-II

4.1 상태 공간 모델

공학에서 다루는 대부분의 동적(Dynamic) 시스템을 공학 수학을 이용하여 상미분 방정식(Ordinary Differential Equation, ODE)으로 표현하는 방법도 모델링의 일환이지만 체계적으로 해(응답)를 구하기가 어렵고 제어 공학에서 사용하기에 적합하지 않으므로 이러한 동적 시스템을 다른 방법으로 모델링 할 필요가 있다. 동적 시스템을 모델링(Modeling) 하는 많은 방법이 존재하지만 제어 공학에서는 일반적으로 2개 방법을 사용한다.

첫번째 방법이 3장에서 설명한 주파수 영역에서 모델링을 수행하는 전달 함수 법(Transfer Function Approach)이다. 이 방법은 여러 가지 물리 시스템이 결합된 복잡한 동적 시스템도 직관적인 입출력 관계를 이용하여 효율적으로 전체 전달 함수를 구할 수 있는 반면에 시스템 차수가 커지면 전달 함수가 복잡해져 결국 제어기 실현(Control Implementation)도 어려워진다. 무엇보다 현대 제어의 근간인 다중 입력-다중 출력(Multi-Input Multi-Output, MIMO) 시스템에 적합하지 않다. 두번째 방법은 시간 영역에서 직접 상태 공간(State-Space) 모델을 유도하여 제어에 사용하는 방법(State-Space Approach)이다. 상태 공간 모델을 유도하기 위해서는 주어진 동적 시스템 모델에서 적당한 상태 변수(State Variable)을 정의하여 상태 공간 모델을 구할 수도 있으며 이미 구한 전달 함수로부터 상태 공간 모델로의 변환을 통해서도 구할 수 있다.

이러한 특성으로 인해 상태 공감 모델은 유일하지 않고 무수히 많은 반면 상태 공간 모델에서 전달 함수로의 변환은 유일하다. 무수히 많은 상태 공간 모델 중에서 대표적으로 사용하는 상태 공간 모델은 가제어성 표준형(Controllability Canonical Form), 가관측성 표준형(Observability Canonical Form), 대각 표준형(Diagonal Canonical Form) 등이다. 이와 같은 상태 공간 모델은 가제어성(Controllability), 가관측성(Observability) 및 상사 변환(Similarity Transform) 등에 대한 현대 제어 이론에 대한 수학적 배경이 필요하기 때문에 대학원 과정과 밀접한 관계가 있으므로 학부 과정에 적합한 위상 변수 표준형(Phase-variable Canonical Form)만 소개한다. 사실 이 상태 공간 모델은 가제어성 모델과 일치한다.

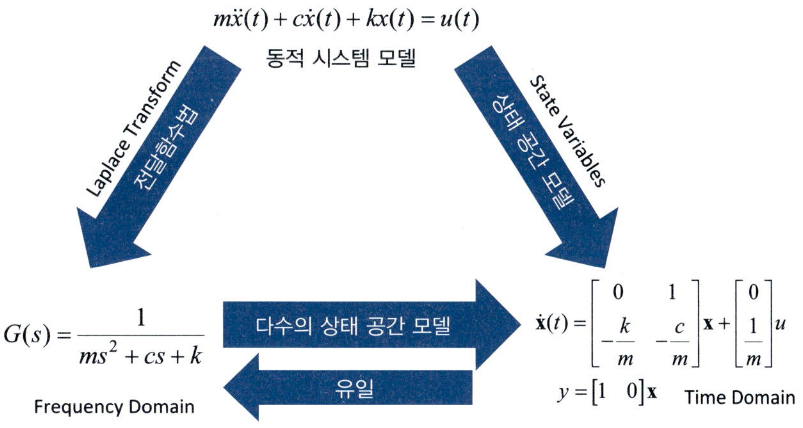

[그림 4.1] 동적 시스템의 모델링 방법 및 관계

4.2 위상 변수 표준형 상태 공간 모델

다음과 같은 n-차 상미분 방정식이 주어질 때

$$y^{(n)}+a_1y^{(n-1)}+\cdots+a_{n-1}\dot{y}+a_ny=u \tag{4.1}$$

전달 함수는 다음과 같으며 유한 영점(Finite Zero)이 없는 동적 시스템이다.

$$G(s)=\frac{1}{s^n+a_1s^{n-1}+\cdots+a_{n-1}s+a_n} \tag{4.2}$$

상태 변수를 다음과 같이 정의하면

$$x_1=y,\quad x_2=\dot{y},\quad \cdots \quad ,x_n=y^{(n-1)} \tag{4.3}$$

주어진 상미분 방정식(식 (4.1))은 여러 개의 1차 상미분 방정식으로 다시 표현이 가능하다.

$$
\begin{aligned}
\dot{x}_1 &= x_2 \\
\dot{x}_2 &= x_3 \\
&\vdots \\
\dot{x}_n &= -a_n x_1 - a_{n-1} x_2 \cdots - a_1 x_n + u \\
y &= x_1
\end{aligned}
\tag{4.4}
$$

식 (4.4)을 행렬 형태(Matrix Form)로 표현하면 다음과 같다.

$$
\begin{bmatrix} \dot{x}_1 \\ \dot{x}_2 \\ \vdots \\ \vdots \\ \dot{x}_n \end{bmatrix} = \begin{bmatrix} 0 & 1 & 0 & \cdots & 0 \\ 0 & 0 & 1 & \cdots & 0 \\ & & & & \\ 0 & 0 & 0 & \cdots & 1 \\ -a_n & -a_{n-1} & -a_{n-2} & \cdots & -a_1 \end{bmatrix} \begin{bmatrix} x_1 \\ x_2 \\ \vdots \\ \vdots \\ x_n \end{bmatrix} + \begin{bmatrix} 0 \\ 0 \\ \vdots \\ \vdots \\ 1 \end{bmatrix} u, \tag{4.5}
$$

$$
y = \begin{bmatrix} 1 & 0 & \cdots & 0 \end{bmatrix} \begin{bmatrix} x_1 \\ x_2 \\ \vdots \\ x_n \end{bmatrix}
$$

따라서 상태 변수 $x = [x_1 \quad x_2 \quad \cdots \quad x_n]^T$로 표현되는 위상 변수(Phase Variable) 표준형 상태 공간 모델 식을 다음과 같이 유도 할 수 있다.

$$
\begin{aligned}
&\dot{x} = \mathbf{A}x + \mathbf{B}u \\
&y = \mathbf{C}x \\
&\mathbf{A} = \begin{bmatrix} 0 & 1 & 0 & \cdots & 0 \\ 0 & 0 & 1 & \cdots & 0 \\ & & & & \\ 0 & 0 & 0 & \cdots & 1 \\ -a_n & -a_{n-1} & -a_{n-2} & \cdots & -a_1 \end{bmatrix}, \mathbf{B} = \begin{bmatrix} 0 \\ 0 \\ \vdots \\ \vdots \\ 1 \end{bmatrix}, \mathbf{C} = \begin{bmatrix} 1 & 0 & \cdots & 0 \end{bmatrix}
\end{aligned}
\tag{4.6}
$$

행렬 **A**는 시스템 행렬, **B**는 입력 행렬, **C**는 출력 행렬이다. 만약 유한 영점이 존재하면 피드포워드(Feedforward) 항목이 나타나며 출력 행렬 **C**도 변한다. 시스템 행렬 A를 살펴 보면 많은 0이 존재하며 해석을 용이하게 만드므로 표준형

(Canonical Form)이라고 부르며 다양한 표준형이 존재한다. 이 상태 공간 모델을 적분기(Integrator)를 사용하여 그림 4.2와 같은 블록 선도로 나타낼 수 있다.

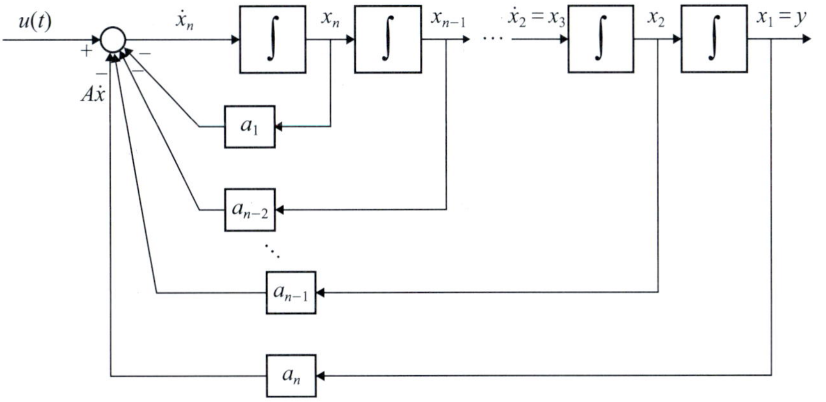

[그림 4.2] n차 시스템의 위상 변수 표준형 상태 공간 모델

3장에서 소개한 질량-스프링-댐퍼 시스템의 상태 공간 모델을 구해보면 먼저 운동 방정식을 $\ddot{x}$ 에 대한 식으로 변경한다.

$$m\ddot{x} + b\dot{x} + kx(t) = u(t) \rightarrow \ddot{x} = \frac{1}{m}\left(-b\dot{x} - kx(t) + u(t)\right) \tag{4.7}$$

먼저, 첫번째 상태 변수 $x_1(t)$는 출력 변수 $y(t)$, 두번째 상태 변수 $x_2(t)$는 첫번째 상태 변수의 미분 $\dot{x}_1(t)$으로 정의하면 상태 공간 모델의 첫번째 식이 되며, 두번째 상태 변수를 다시 한번 더 미분하면 $\ddot{x}_1(t)$가 되며 식 (4.7)은 2개의 1차 미분 방정식과 출력 식으로 변경된다.

$$\begin{aligned} \dot{x}_1(t) &= x_2(t) \\ \dot{x}_2(t) &= -\frac{k}{m}x_1(t) - \frac{c}{m}x_2(t) + \frac{1}{m}u(t) \\ y(t) &= x_1(t) \end{aligned} \tag{4.8}$$

이 식을 행렬 형태(Matrix Form)로 표현하면 다음과 같은 상태 공간 모델이 유도할 수 있다.

$$\dot{\mathbf{x}}(t) = \mathbf{A}\mathbf{x} + \mathbf{B}u$$

$$y = \mathbf{C}\mathbf{x}$$

$$\mathbf{A} = \begin{bmatrix} 0 & 1 \\ -\frac{k}{m} & -\frac{c}{m} \end{bmatrix}, \mathbf{B} = \begin{bmatrix} 0 \\ \frac{1}{m} \end{bmatrix}, \mathbf{C} = \begin{bmatrix} 1 & 0 \end{bmatrix} \tag{4.9}$$

전달 함수로부터 상태 공간 모델을 얻을 때 위상 변수 표준형 뿐만 아니라 다른 많은 표준형으로 변환이 가능하며 전달함수로부터 다양한 상태 공간 모델을 얻는 과정을 상태 공간 모델 구현(Representation, Realization)이라고 부르기도 한다. 비록 변환된 상태 공간 모델이 형태는 다르지만(행렬 **A, B, C**가 다름) 본질적으로 동일한 모델이다.

예제 4-1

다음 3차 전달 함수를 위상 변수 표준형 상태 공간 모델로 표현하라.

$$G(s) = \frac{10s + 10}{s^3 + 6s^2 + 5s + 10} \tag{4.10}$$

위상 변수 표준형 상태 공간 모델은 식 (4.6)을 사용하여 특성 방정식의 계수로부터 다음과 같이 쉽게 구할 수 있다.

$$\begin{bmatrix} \dot{x}_1 \\ \dot{x}_2 \\ \dot{x}_3 \end{bmatrix} = \begin{bmatrix} 0 & 1 & 0 \\ 0 & 0 & 1 \\ -10 & -5 & -6 \end{bmatrix} \begin{bmatrix} x_1 \\ x_2 \\ x_3 \end{bmatrix} + \begin{bmatrix} 0 \\ 10 \\ -50 \end{bmatrix} u, \quad y = \begin{bmatrix} 1 & 0 & 0 \end{bmatrix} \begin{bmatrix} x_1 \\ x_2 \\ x_3 \end{bmatrix} \tag{4.11}$$

이때, MATLAB/Control Toolbox는 다른 상태 공간 모델을 유도해 주며 다음과 같다.

$$\begin{bmatrix} \dot{x}_1 \\ \dot{x}_2 \\ \dot{x}_3 \end{bmatrix} = \begin{bmatrix} -6 & -5 & -10 \\ 1 & 0 & 0 \\ 0 & 1 & 0 \end{bmatrix} \begin{bmatrix} x_1 \\ x_2 \\ x_3 \end{bmatrix} + \begin{bmatrix} 1 \\ 0 \\ 0 \end{bmatrix} u, \quad y = \begin{bmatrix} 0 & 10 & 10 \end{bmatrix} \begin{bmatrix} x_1 \\ x_2 \\ x_3 \end{bmatrix} \tag{4.12}$$

시스템 행렬 **A**, **B**, **C**가 다르므로 다른 모델처럼 보이지만 그림 4.3에 나타낸 바와 같이 단위 계단 응답과 같은 과도 응답이 같으므로 형태는 다르지만 수학적으로 동일한 모델이다.

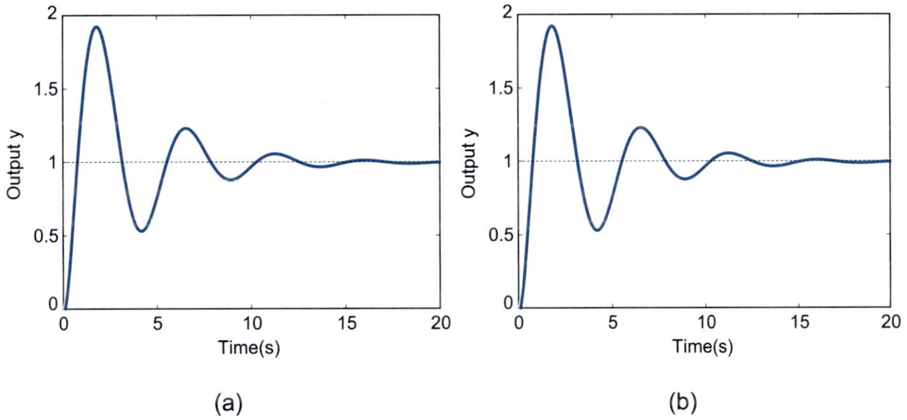

[그림 4.3] 상태 공간 모델의 단위 계단 응답 (a) 식 (4.11), (b) 식 (4.12)

역으로, 상태 공간 모델로부터 전달 함수를 구하는 방법은 유일하며 단일 입력-단일 출력(SISO) 시스템인 경우 다음 공식을 사용한다.

$$G(s) = \frac{Y(s)}{U(s)} = \mathbf{C}(s\mathbf{I} - \mathbf{A})^{-1}\mathbf{B} \tag{4.13}$$

예제 4-2

식 (4.9)의 질량-스프링-댐퍼 시스템에 대한 전달 함수를 식 (4.13)을 이용하여 변환하면 다음과 같으며 3장에서 라플라스 변환을 통해 유도한 전달 함수와 동일하다.

$$G(s)=\begin{bmatrix}1 & 0\end{bmatrix}\begin{bmatrix}s & -1\\ \dfrac{k}{m} & s+\dfrac{c}{m}\end{bmatrix}^{-1}\begin{bmatrix}0\\ \dfrac{1}{m}\end{bmatrix}=\frac{1}{\left(s^2+\dfrac{c}{m}s+\dfrac{k}{m}\right)}\frac{1}{m}$$

$$=\frac{1}{ms^2+cs+k} \tag{4.14}$$

이때, 시스템 행렬 **A**의 고유치(Eigenvalues)는 결국 특성 방정식의 근(극점)과 같기 때문에 시스템 행렬 **A**의 고유치는 동적 시스템의 안정성을 결정한다.

4.3 선형 근사

상태 공간 모델뿐만 아니라 전달 함수를 이용하여 제어기를 설계할 경우 기본적으로 동적 시스템은 선형 시불변(LTI)이여야 한다. 라플라스 변환은 선형시스템에서만 유효하며 상태 공간 모델에서 사용하는 시스템 행렬 **A**의 요소는 숫자이여야 하므로 만약 비선형(Nonlinear) 동적 시스템이 제어 대상이면 선형 근사(Linear Approximation)를 실시하여 선형 시불변(LTI) 시스템으로 변경한다.

4.3.1 테일러 근사

제어 공학에서 비선형 시스템의 선형화를 위해 가장 많이 사용하는 방법은 테일러 근사법(Taylor Approximation)이다. 그림 4.4에 표시한 평형 점(Equilibrium Point, x_o)에서의 섭동(Perturbation, $x-x_o$)이 매우 작다면 테일러 급수의 첫번째 항을 제외하고 무시하면 새로운 변수 δx, δy로 이루어진 평면에서 선형적인 관계를 유도 할 있다.

$$y=g(x)=y_o+\left.\frac{dg}{dx}\right|_{x=x_o}(x-x_o)+\frac{1}{2!}\left.\frac{d^2g}{dx^2}\right|_{x=x_o}(x-x_o)^2+\ldots \tag{4.15}$$

$$\delta y=a\delta x \tag{4.16}$$

여기서, $\delta x = x - x_o, \delta y = y - y_o, a = \left.\frac{dg}{dx}\right|_{x=x_o}$

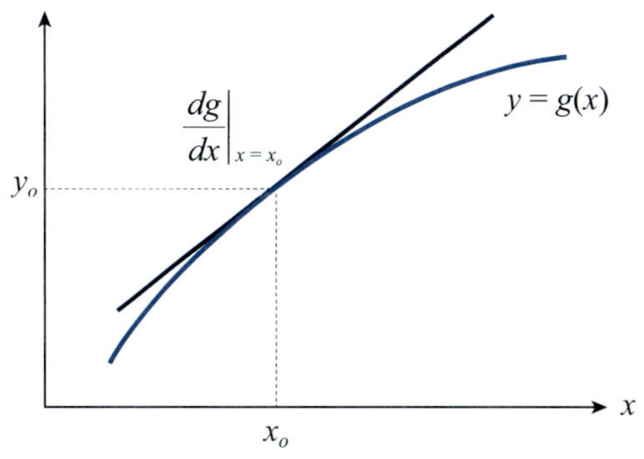

[그림 4.4] Taylor 근사법

예제 4-3

기계공학 분야에서의 대표적인 선형화 사례는 자동차 종 방향 동역학(Vehicle Longitudinal Dynamics) 모델이다[9].

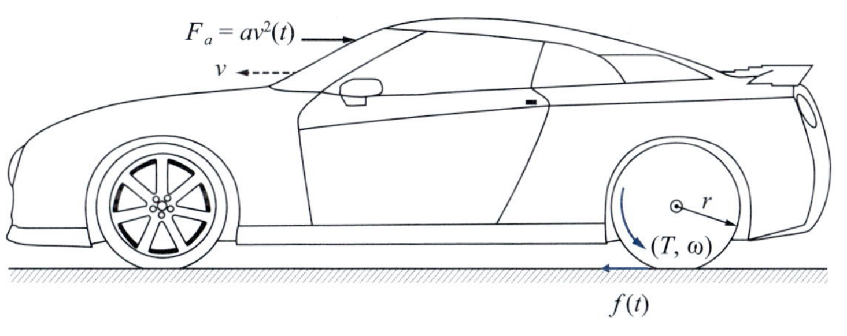

[그림 4.5] Vehicle 종 방향 동역학 모델

이 모델은 자동차 주행 속도의 자승에 비례하는 공기저항(Aerodynamic Drag)에 의한 주행 저항(Road Load) 때문에 비선형 시스템이다. 따라서 주행 속도를 일정하게 유지하는 순항 제어(Cruise Control) 같은 자동차 제어 시스템의 설계를 위해서는 선형화를 통해 선형 전달 함수를 유도해야 한다. 자동차의 종 방향 동역학을 다음과 같이 단순화한다.

$$\dot{v}(t) = -av^2(t) + f(t) = g(v(t)) + f(t) \tag{4.17}$$

Step 1: 선형 미분 계수를 구하기 위해서는 평형점이 필요하므로 정적(Static) 상태에서 평형 점(v_o, f_o)을 먼저 구한다. 즉, 정적 상태에서는 모든 미분 연산자가 0이 되어 대수 방정식이 되므로 쉽게 평형점을 구한다.

$$0 = -av_0^2 + f_0 \Rightarrow f_0 = av_0^2 \tag{4.18}$$

Step 2: 상태 변수인 $v(t)$와 제어 입력인 $f(t)$를 섭동(Perturbation) 시킨다.

$$\begin{aligned} v(t) &= v_0 + \delta v(t) \\ f(t) &= f_0 + \delta f(t) \end{aligned} \tag{4.19}$$

Step 3: 식 (4.19), (4.20)를 식 (4.17)에 대입하여 테일러 근사법을 적용한다.

$$g(v(t)) \approx g(v_0) + \left.\frac{dg}{dv}\right|_{v=v_0} \cdot \delta v(t) \tag{4.20}$$

$$\begin{aligned} \delta\dot{v}(t) &= -av_0^2 - 2av\big|_{v=v_0} \cdot \delta v(t) + f_0 + \delta f(t) \\ &= -av_0^2 - 2av_0\delta v(t) + av_0^2 + \delta f(t) \end{aligned} \tag{4.21}$$

식 (4.21)은 다음과 같은 선형 방정식으로 표현되며 라플라스 변환을 통해 1차 전달 함수를 유도할 수 있다.

$$\delta\dot{v}(t) + 2av_0\delta v(t) = \delta f(t) \tag{4.22}$$

$$\therefore G(s) = \frac{\delta v(s)}{\delta f(s)} = \frac{1}{s + 2av_0} \tag{4.23}$$

4.3.2 도립 진자 시스템

그림 4.6과 같은 도립 진자 시스템은 자연 상태에서 불안정한 동적 시스템이

다. 불안정성을 증명하기 위해 수학적 모델이 필요하며 오일러-라그랑지(Euler-Lagrange) 방정식을 이용하여 지배 방정식을 구할 수 있다.

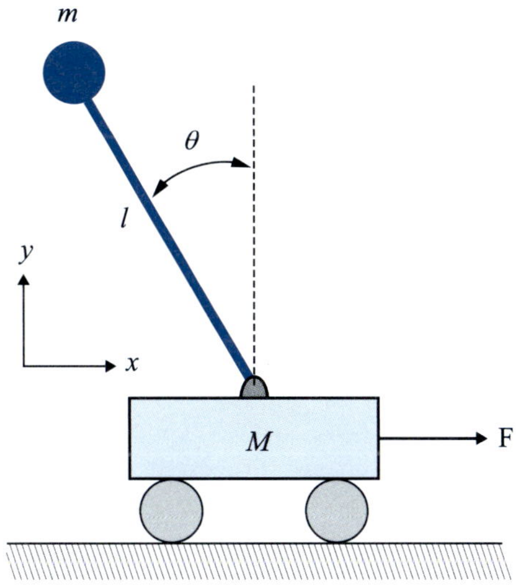

[그림 4.6] 도립 진자 시스템

먼저, 도립 진자 시스템의 운동 에너지(T)와 포텐셜 에너지(V)를 다음과 같이 정의한다.

$$T = \frac{1}{2}M\dot{x}^2 + \frac{1}{2}m\left\{(\dot{x} + l\cos\theta\dot{\theta})^2 + (-l\sin\theta)^2\right\} \tag{4.24}$$

$$V = mgl\cos\theta \tag{4.25}$$

운동 에너지(T)와 포텐셜 에너지(V)를 오일러-라그랑지 방정식에 대입하여 일반화 좌표(Generalized Coordinates)의 첫번째 변수인 x에 대해 구하면 다음과 같다.

$$x : \frac{d}{dt}\left(\frac{dT}{d\dot{x}}\right) - \frac{dT}{dx} + \frac{dV}{dx} = F(t) \tag{4.26}$$

$$(M+m)\ddot{x} - ml\sin\theta\dot{\theta}^2 + ml\cos\theta\ddot{\theta} = F(t) \tag{4.27}$$

두번째 변수인 θ에 대해 구하면 다음과 같다.

$$\theta : \frac{d}{dt}\left(\frac{dT}{d\dot{\theta}}\right) - \frac{dT}{d\theta} + \frac{dV}{d\theta} = 0 \tag{4.28}$$

$$m\ddot{x}\cos\theta + ml\ddot{\theta} - mg\sin\theta = 0 \tag{4.29}$$

지배 방정식이 비선형 방정식이므로 선형 제어를 위해 LTI 시스템으로 만들기 위해 평형 점(0,0)에서 작동 범위가 매우 작다는 가정하에 선형 근사를 실시하면 식 (4.27)와 (4.29)은 다음과 같은 운동 방정식으로 표현된다.

$$(M+m)\ddot{x} + ml\ddot{\theta} = F(t) \tag{4.30}$$

$$\ddot{x} = g\theta - l\ddot{\theta} \tag{4.31}$$

식 (4.30)에 식 (4.31)를 대입하면 1-DOF의 운동 방정식을 구할 수 있으며 Routh 안정성 판정법에 의해 불안정하다.

$$M\ell\ddot{\theta} - (M+m)g\theta = F(t) \tag{4.32}$$

시스템 행렬 A의 고유치(Eigenvalues)는 특성 방정식의 근(극점)과 같기 때문에 시스템 행렬 A의 고유치는 동적 시스템의 안정성을 결정하므로 전달 함수 대신 시스템 행렬을 이용해 보자. 상태 변수를 $\mathbf{x} = [\theta \quad \dot{\theta} \quad x \quad \dot{x}\,]^T$로 정의하면 운동 방정식을 다음과 같은 상대 공간 방정식으로 표현할 수 있다.

$$\begin{aligned}
\dot{x}_1 &= x_2 \\
\dot{x}_2 &= \ddot{\theta} = g\frac{M+m}{Ml}x_1 - \frac{1}{Ml}u \\
\dot{x}_3 &= x_4 \\
\dot{x}_4 &= \ddot{x} = \frac{-mg}{M}\theta + \frac{u}{M} = \frac{-mg}{M}x_1 + \frac{u}{M}
\end{aligned} \tag{4.33}$$

$$\dot{\mathbf{x}}(t)=\begin{bmatrix} 0 & 1 & 0 & 0 \\ \frac{M+m}{M\ell}g & 0 & 0 & 0 \\ 0 & 0 & 0 & 1 \\ -\frac{mg}{M} & 0 & 0 & 0 \end{bmatrix}\mathbf{x}(t)+\begin{bmatrix} 0 \\ \frac{1}{M\ell} \\ 0 \\ 0 \end{bmatrix}F(t) \tag{4.34}$$

$$\mathbf{y}(t)=\begin{bmatrix}0 & 0 & 1 & 0\end{bmatrix}\mathbf{x}(t)$$

시스템 행렬 $\mathbf{A}$의 고유치는 $|\mathbf{A}\lambda-I|=0$를 이용하여 다음과 같이 구할 수 있다.

$$\begin{vmatrix} -\lambda & 1 & 0 & 0 \\ \frac{M+m}{M\ell}g & -\lambda & 0 & 0 \\ 0 & 0 & -\lambda & 1 \\ -\frac{mg}{M} & 0 & 0 & -\lambda \end{vmatrix}=\lambda^4-\frac{M+m}{M\ell}g\lambda^2=0, \tag{4.35}$$

$$\lambda=0(double),\lambda=\pm\sqrt{\frac{M+m}{M\ell}g} \tag{4.36}$$

고유치중에서 한 개의 고유치가 양수이므로 한 개의 극점이 우반부(RHP)에 위치하여 개루프 제어 시스템은 항상 불안정하며 안정한 제어 성능을 위해 피드백 제어기가 반드시 필요하다.

4.3.3 자코비안 행렬

만약 상태 공간 모델이 유도되었다면 자코비안(Jacobian) 행렬을 사용하여 쉽게 테일러 선형 근사를 수행 할 수 있다. 비선형 함수 $f(x)\in\mathbb{R}^m$가 미분 가능하면 자코비안 행렬은 다음과 같다.

$$\mathbf{J}=\begin{bmatrix} \frac{\partial f_1}{\partial x_1} & \cdots & \frac{\partial f_1}{\partial x_n} \\ \vdots & \ddots & \vdots \\ \frac{\partial f_m}{\partial x_1} & \cdots & \frac{\partial f_m}{\partial x_n} \end{bmatrix} \tag{4.37}$$

예제 4-4

다음 비선형 미분 방정식을 선형화 하여라.

$$\ddot{x} + 0.6\dot{x} + 3x + x^2 = 0 \tag{4.38}$$

상태 공간 모델은 다음과 같다.

$$\begin{aligned} \dot{x}_1 &= x_2 \\ \dot{x}_2 &= -0.6x_2 - 3x_1 - x_1^2 \end{aligned} \tag{4.39}$$

평형 상태에서($\dot{x}_1 = \dot{x}_2 = 0$) 다음 연립 방정식으로부터 2개의 평형점을 (0, 0) & (−3, 0) 구한다.

$$\begin{aligned} 0 &= x_{20} \\ 0 &= -0.6x_{20} - 3x_{10} - x_{10}^2 \end{aligned} \tag{4.40}$$

식 (4.37)를 이용하여 자코비안 행렬을 구하면 선형화된 시스템 행렬은 다음과 같다.

$$\begin{aligned} \underline{\mathbf{A}} &= \begin{bmatrix} \dfrac{\partial f_1}{\partial x_1} & \dfrac{\partial f_1}{\partial x_2} \\ \dfrac{\partial f_2}{\partial x_1} & \dfrac{\partial f_2}{\partial x_2} \end{bmatrix} \\ &= \begin{bmatrix} 0 & 1 \\ -3-2x_1 & -0.6 \end{bmatrix} \end{aligned} \tag{4.41}$$

따라서 평형 점 (0, 0) & (−3, 0)에서의 시스템 행렬은 다음과 같이 2개이며 복수의 평형점을 나타내는 비선형 시스템의 특징이다.

$$\begin{aligned} \underline{\mathbf{A}}_1 &= \begin{bmatrix} 0 & 1 \\ -3 & -0.6 \end{bmatrix}, \\ \underline{\mathbf{A}}_2 &= \begin{bmatrix} 0 & 1 \\ -9 & -0.6 \end{bmatrix}, \end{aligned} \tag{4.42}$$

심화 문제

4.1 Quarter-Car Suspension 모델의 지배 방정식이 다음과 같을 때 2개의 상태 공간 모델에 대한 단위 계단 응답이 동일 함을 보여라.

$$A : \mathbf{x} = \begin{bmatrix} z_s & \dot{z}_s & z_u & \dot{z}_u \end{bmatrix}^T, \mathbf{w} = z_0,$$

$$B : \mathbf{x} = \begin{bmatrix} z_u & \dot{z}_u & z_s - z_u & \dot{z}_s \end{bmatrix}^T, \mathbf{w} = z_o$$

$$\begin{aligned} & m_s \ddot{z}_s + c_s \left(\dot{z}_s - \dot{z}_{us} \right) + k_s \left(z_s - z_{us} \right) = -f \\ & m_{us} \ddot{z}_{us} + c_s \left(\dot{z}_{us} - \dot{z}_s \right) + k_s \left(z_{us} - z_s \right) + c_{us} \left(\dot{z}_{us} - \dot{z}_0 \right) + k_{us} \left(z_{us} - z_0 \right) = f \\ & y = z_u \end{aligned} \tag{4.43}$$

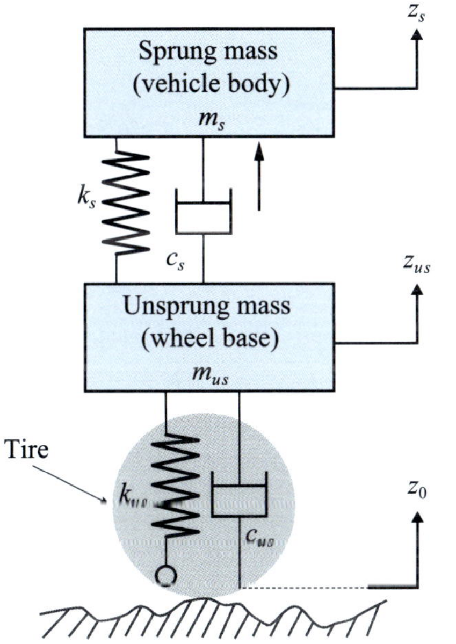

[그림 4.7] Quarter-Car Suspension 모델

4.2 자기 부상(Magnetic Levitation) 시스템을 선형화 하시오.

$$m\ddot{x} = mg - F_m(i,x) = mg - C\left(\frac{i}{x}\right)^2 \tag{4.44}$$

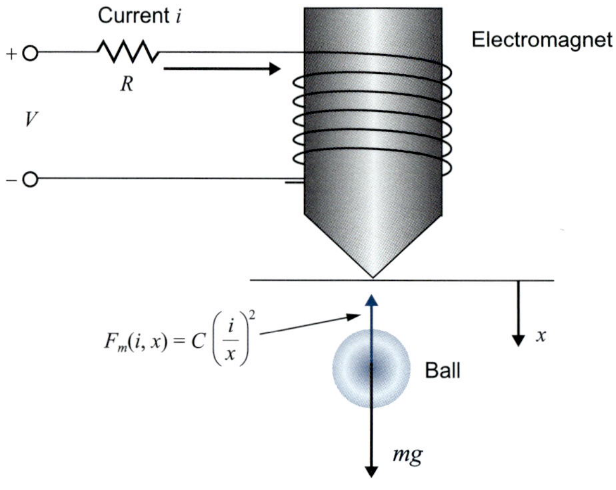

[그림 4.8] 비선형 자기 부상 시스템 모델 [10]

4.3 다음과 같이 오리피스(Orifice, R_s), 어큐뮬레이터(Accumulator, C_p), 서보 밸브(Servo Valve) 및 유압 모터(Hydrualic Pump)로 구성된 유압 제어 시스템(Fluid Power Control System)을 선형화 한 후 상태 변수 $\mathbf{x} = [x_v \quad \dot{x}_v \quad P_1 \quad \omega]$를 정의하여 상태 공간 방정식을 구하시오. 이때 서보 밸브의 사각형(Rectangular)형상 오리피스에 대한 유량 지배 방정식은 다음과 같다.

$$Q = C_d W x_v \sqrt{\frac{2\Delta P}{\rho}} \tag{4.45}$$

여기서 $\Delta P = P_1 - P_a$ or $P_1 - P_s$이다. 유압 모터는 다음과 같은 선형 관계를 나타낸다.

$$T_m = D_p \Delta P, \quad Q_m = D_p \omega \tag{4.46}$$

여기서, T_m은 모터 토크, ω은 회전 속도이다.

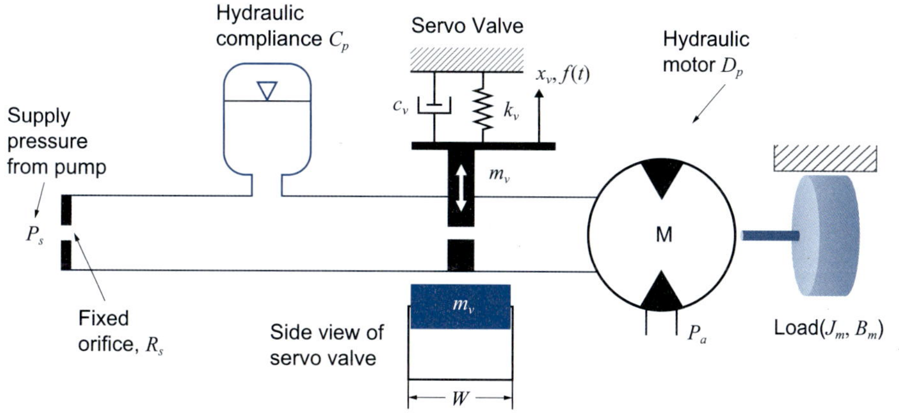

[그림 4.9] Fluid Power Control System

CHAPTER

5

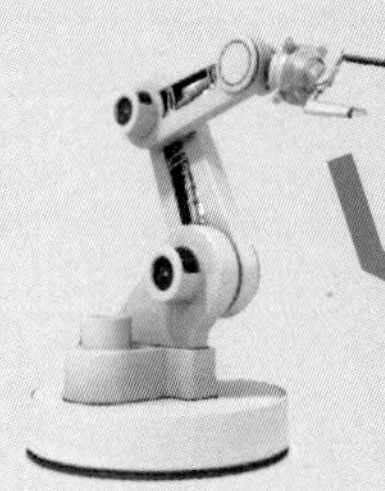

과도 응답 해석

5.1 과도 시간 응답

5.1.1 개요

기본적으로 제어 시스템은 동적 시스템이므로 3장에서 구한 동적 모델을 이용하여 시간역에서 응답 시간과 같은 제어 성능을 미리 파악하는 것이 필요하다. 시스템이 안정하면 시험 입력(Test Input)에 대한 시간 응답(Time Response)을 가지고 제어기의 응답 시간(Response Time)를 평가 할 수 있다. 자연계에서 과도 시간 응답을 자연스럽게 확인할 수 있는 거의 유일한 동적 시스템은 번지 점프(Bungee Jump) 게임이다. 로프의 점탄성(Viscoelasticity)으로 인해 질량-스프링-댐퍼 시스템으로 근사 모델링 할 수 있으며 중력에 의해 외부 입력이 가해 질 때 그림 5.1과 같은 과도 응답 진동이 발생하며 힘의 평형 상태에 도달하면 정상 상태(Steady-State)에 이른다.

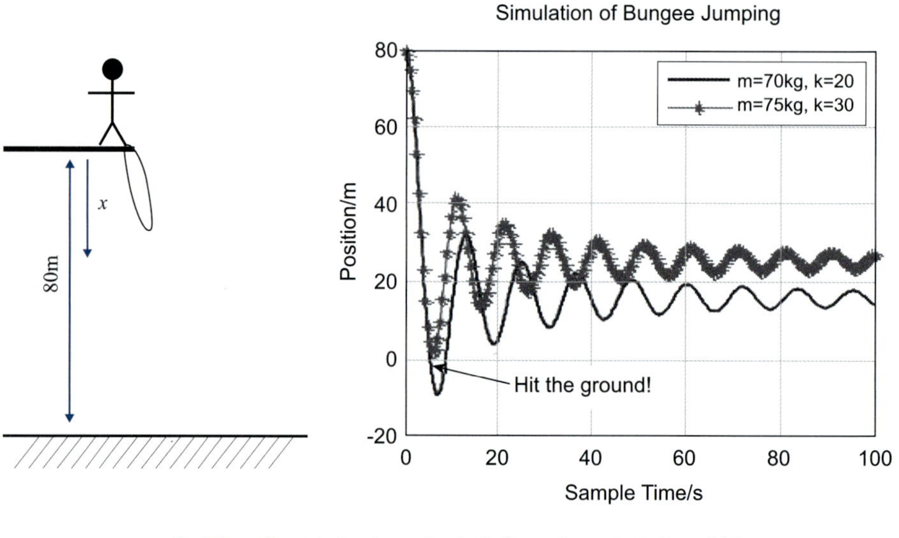

[그림 5.1] 번지 점프 시 발생하는 과도 시간 응답 [11]

수학적으로 중첩의 원리(Superposition Principle)에 의해 시스템의 시간 응답(일반 해, General Solution)을 과도 응답(Transient Response)과 정상 상태 응답

(Steady-State Response)의 합으로 표현할 수 있다.

$$y(t) = y_{tr}(t) + y_{ss}(t) \tag{5.1}$$

과도 응답은 자연(Natural), 제차(Homogenous), 영-입력(Zero Input) 응답이라고 불리며 시스템의 극점에 의해 결정되며 시스템의 고유 특성이다. 이런 점에서 과도 응답이 제어 성능의 평가 주안점인것이다. 정상상태 응답은 강제(Forced), 특수(Particular), 영-상태(Zero State) 응답이라고 불리며 시험 입력 때문에 발생한다. 이때 시스템의 극점과 영점의 위치에 따라 시간 응답의 크기 및 정상상태 값도 결정된다.

5.1.2 시험 입력

과도 시간 응답을 얻기 위해 사용하는 표준 시험 입력(Test Input) 신호는 그림 5.2와 같이 일반적으로 3 종류가 사용된다. 단위 임펄스(Unit Impulse) 입력은 다음과 같은 Dirac-Delta 함수를 사용하며 상응하는 전달 함수는 $G(s) = 1$이기 때문에 시스템 출력이 입력과 같아지게 되므로 시스템 특성을 평가하기 위해 광범위 하게 사용되지만(예: Impulse Hammer Test) 물리적으로 완벽한 임펄스 함수는 존재할 수 없으므로 진폭이 크고 작용 시간이 매우 짧은 펄스를 가하는 근사적인 임펄스 신호를 사용한다. 이론적으로 임펄스 응답은 0으로 수렴하여 응답 시간보다는 안정성 평가에 주로 사용된다.

$$\delta(t) = \begin{cases} 0 \ , \ t \neq 0 \\ \int_{0}^{\varepsilon} \delta(\lambda) d\lambda = 1 \ , \ \varepsilon > 0 \end{cases} \tag{5.2}$$

단위 계단(Unit Step) 입력은 다음과 같은 함수를 사용하며 응답 시간을 측정하기에 적합하므로 과도 응답 해석에 가장 많이 사용하며 전달 함수는 $G(s) = \dfrac{1}{s}$ 이다.

$$u(t) = \begin{cases} 1 \ , \ t \geq 0 \\ 0 \ , \ t < 0 \end{cases} \tag{5.3}$$

마지막으로 다음과 같은 램프(Ramp) 입력을 사용 할 수 있으며 전달 함수는 $G(s)=\frac{1}{s^2}$ 이다.

$$r(t)=\begin{cases} t \ , \ t \ge 0 \\ 0 \ , \ t < 0 \end{cases} \tag{5.4}$$

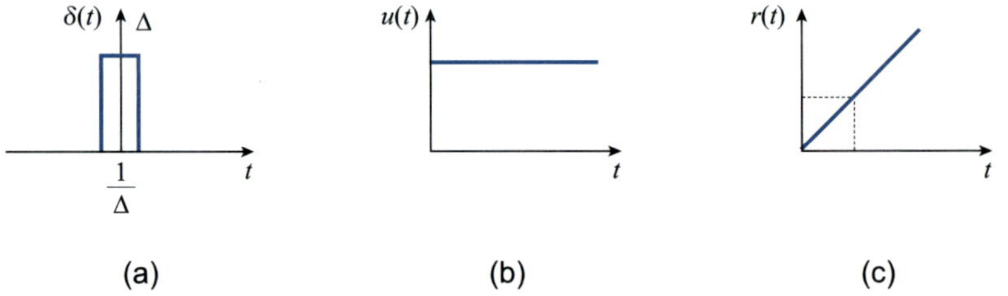

[그림 5.2] 시험 입력(Test Input)의 종류: (a) 임펄스, (b) 계단, (c) 램프

5.2 단위 계단 응답

5.2.1 1차 시스템

1차 시스템 $G(s)=\frac{a}{(s+a)}$ 에 단위 계단 입력이 주어지면 출력은 식 (5.6)과 같이 나타난다.

$$C(s)=R(s)G(s)=\frac{a}{s(s+a)}=\frac{1}{s}-\frac{1}{s+a} \tag{5.5}$$

$$c(t)=1-e^{-at} \tag{5.6}$$

이때 정상 상태 최종 출력의 63%에 도달하는 시간을 시상수(Time Constant), $\tau=\frac{1}{a}$ 라고 정의하며 1차 시스템의 응답 속도를 결정하는 중요한 상수이다.

$$c(t)\Big|_{t=1/a}=1-e^{-at}\Big|_{t=1/a}=1-0.37=0.63 \tag{5.7}$$

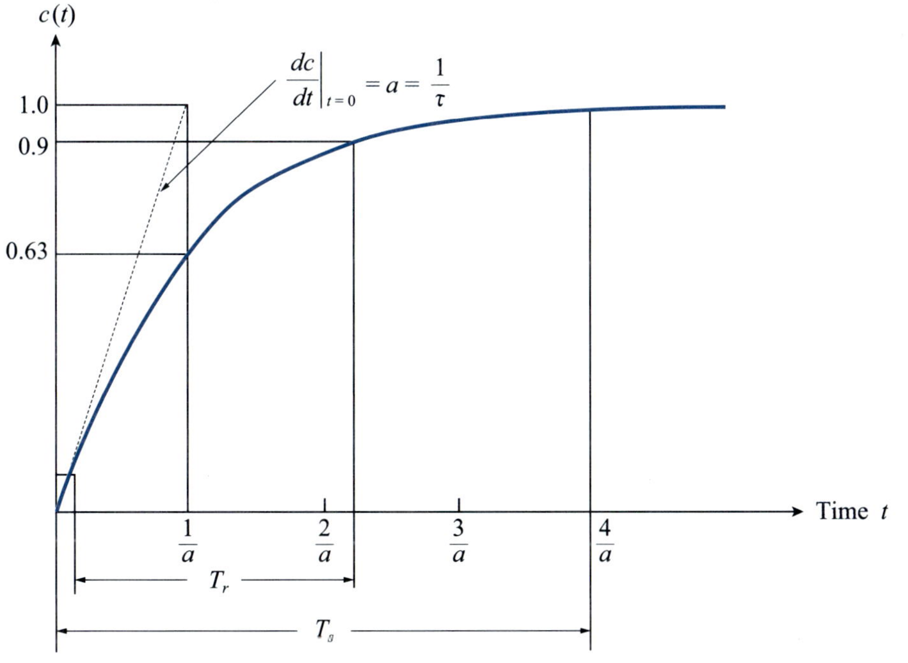

[그림 5.3] 1차 시스템의 단위 계단 응답 곡선

5.2.2 2차 시스템

2차 시스템의 과도 응답을 해석하기 위해서는 제어 및 진동 문제의 대부분을 차지하는 부족 감쇠(Underdamped), $0 < \zeta < 1$인 경우만 해석한다. 이때, 주어진 2차 시스템의 전달 함수를 고유 진동수(Natural Frequency, ω_n)과 감쇠비(Damping Ratio, ζ[zeta])로 표현한 표준형을 사용하는 것이 일반적이다. 다음과 같은 일반적인 2차 시스템의 전달 함수가 주어질 때

$$G(s) = \frac{b}{s^2 + as + b} \tag{5.8}$$

고유 진동수는 감쇠가 없고($as = 0$), 극점이 허수축에 위치한 경우($s^2 + b\,|_{s=j\omega} = 0$)이므로 다음식으로부터 계수 b를 유도 할 수 있다.

$$-\omega_n^2 + b = 0 \Rightarrow b = \omega_n^2 \tag{5.9}$$

2차 시스템의 감쇠비는 고유 진동수와 포락선(Envelope Curve)이 지수적으로 감소하는 주파수(엄밀하게 주파수 보다는 상수)의 비율로 정의한다. 감쇠 특성은 극점의 실수부 σ에 의해 결정되며 특성 방정식의 해($s = \frac{-a \pm \sqrt{a^2 - 4b}}{2}$)의 실수부($-a/2$)와 같아야 하므로 $a = 2\zeta\omega_n$를 유도할 수 있다.

$$\zeta = \frac{Exponential\ decay\ frequency}{Natural\ frequency(rad/\sec.)} = \frac{|\sigma|}{\omega_n} = \frac{a/2}{\omega_n} \tag{5.10}$$

따라서, 고유 진동수와 감쇠비로 표현되는 표준 2차 시스템을 유도할 수 있다.

$$\therefore G(s) = \frac{\omega_n^2}{s^2 + 2\zeta\omega_n s + \omega_n^2}, \qquad s_{1,2} = -\zeta\omega_n \pm \omega_n\sqrt{\zeta^2 - 1} \tag{5.11}$$

이러한 표준 2차 시스템에 단위 계단 입력이 작용하면 다음 식과 같다.

$$C(s) = \frac{\omega_n^2}{s(s^2 + 2\zeta\omega_n s + \omega_n^2)} = \frac{K_1}{s} + \frac{K_2 s + K_3}{s^2 + 2\zeta\omega_n s + \omega_n^2} \tag{5.12}$$

부분 분수 분해법으로 계수 K_1, K_2, K_3를 구한 후 역라플라스 변환을 통해 시간 응답(일반해)을 다음과 같이 구할 수 있다.

$$\begin{aligned} c(t) &= 1 - e^{-\zeta\omega_n t}\left(\cos\omega_n\sqrt{1-\zeta^2}\,t + \frac{\zeta}{\sqrt{1-\zeta^2}}\sin\omega_n\sqrt{1-\zeta^2}\,t\right) \\ &= 1 - \frac{e^{-\zeta\omega_n t}}{\sqrt{1-\zeta^2}}\cos\left(\omega_n\sqrt{1-\zeta^2}\,t - \phi\right) = 1 - \frac{\omega_n}{\omega_d}e^{-\zeta\omega_n t}\cos(\omega_d t - \phi), \\ & \qquad where\ \phi = \tan^{-1}\left(\frac{\zeta}{\sqrt{1-\zeta^2}}\right) \\ &= 1 - \frac{e^{-\zeta\omega_n t}}{\sqrt{1-\zeta^2}}\sin(\omega_d t + \beta) \end{aligned} \tag{5.13}$$

- **상승 시간**(Rise Time, T_r): 과감쇠(Overdamped)의 경우 정상 상태의 10%에서 90%에 도달하는 시간 부족 감쇠의 경우에는 정상 상태의 0%에서 100%에 도달하는 시간으로 정의되며 식 (5.14)에서 $\sin(\omega_d t_r + \beta) = 0$ 또는 $\omega_d t_r + \beta = n\pi$이 만족되어야 하며 $n = 1$인 경우 상승 시간은 식 (5.15)와 같이 유도 된다.

$$y(t)\Big|_{t=T_r} = 1 = 1 - \frac{e^{-\zeta\omega_n T_r}}{\sqrt{1-\zeta^2}}\sin\left(\omega_d T_r + \beta\right) \tag{5.14}$$

$$T_r = \frac{\pi - \beta}{\omega_d} \tag{5.15}$$

여기서 $\beta = \cos^{-1}\zeta$, $\omega_d = \omega_n\sqrt{1-\zeta^2}$

- **피크 시간**(Peak Time, T_p): 최고점에서의 비분치가 0인 점을 이용하여 유도할 수 있다.

$$\frac{dy(t)}{dt}\bigg|_{t=T_p} = 0 \quad \Rightarrow \quad \sin\omega_d T_p = 0 \quad , \quad \omega_d T_p = n\pi \tag{5.16}$$

$$\therefore T_p = \frac{\pi}{\omega_d} = \frac{\pi}{\omega_n\sqrt{1-\zeta^2}} \tag{5.17}$$

- **정착 시간**(Settling Time, T_s): 정상 상태의 ±2%에 도달하고 체류(Stay)하기 시작하는 시간으로 정의되며 다음 식으로부터 근사식 (5.19)를 유도할 수 있다.

$$\frac{e^{-\zeta\omega_n t}}{\sqrt{1-\zeta^2}} = 0.02 \tag{5.18}$$

$$T_s = \frac{-\ln\left(0.02\sqrt{1-\zeta^2}\right)}{\zeta\omega_n} = \frac{3.91 \sim 4.74}{\zeta\omega_n}, \ (0 < \zeta < 0.9) \approx \frac{4}{\zeta\omega_n} \tag{5.19}$$

■ 최대 오버 슈트(m.o. or Mp): 과도 응답이 계단 입력을 초과한 양으로 정의되며 단위 계단 입력인 경우(c_{final} = 1) 다음 식으로 계산된다.

$$M_p = e^{-\pi\zeta/\sqrt{1-\zeta^2}} \tag{5.20}$$

■ 퍼센트 오버 슈트(p.o. or %OS): 단위 계단 입력 아닌 경우($c_{final} \neq 1$) 다음 식으로 계산된다.

$$\begin{aligned} \%OS &= \frac{c_{\max} - c_{final}}{c_{final}} \times 100 \\ &= e^{-\pi\zeta/\sqrt{1-\zeta^2}} \times 100 \end{aligned} \tag{5.21}$$

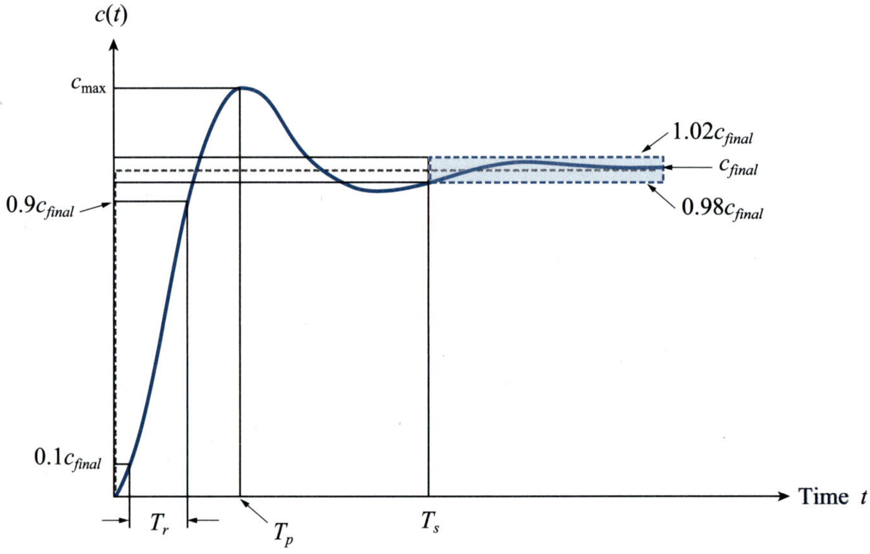

[그림 5.4] 2차 시스템의 단위 계단 응답 곡선

복소수 평면에서 2차 시스템의 고유 진동수(ω_n)는 원점에서 극점까지의 거리(반지름)이며, 사이각(β)은 감쇠비의 함수임을 알 수 있다.

$$OA^2 = \omega_d^2 + (\zeta\omega_n)^2 = \omega_n^2(1-\zeta^2) + \zeta^2\omega_n^2 = \omega_n^2$$
$$\therefore\ OA = \omega_n \tag{5.22}$$

$$\cos\beta = \frac{\zeta\omega_n}{\omega_n} = \zeta \tag{5.23}$$

$$\beta = \cos^{-1}\zeta \tag{5.24}$$

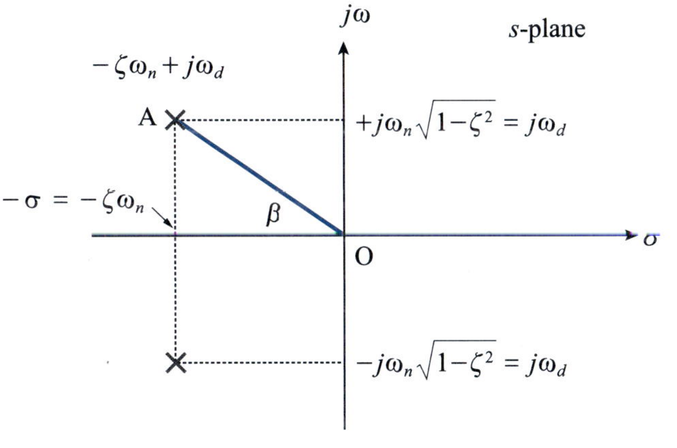

[그림 5.5] 부속 감쇠(Underdamped) 2차 시스템

예제 5-1

NASA에서 개발한 허블 망원경(Hubble Telescope)은 천체 사진을 촬영하기 위해 망원경을 특정 위치로 이동 및 고정 시키는 제어(Pointing Control)가 필요하지만 우주 공간에서는 물리적 감쇠(Damping)가 힘드므로 속도 피드백(Velocity Feedback)을 수행하여 인공적인 감쇠를 이용한다(그림 5.6). 이때 피크 시간 t_p = 2, 최대 오버 슈트가 25%가 되도록 K, k를 설계하라.

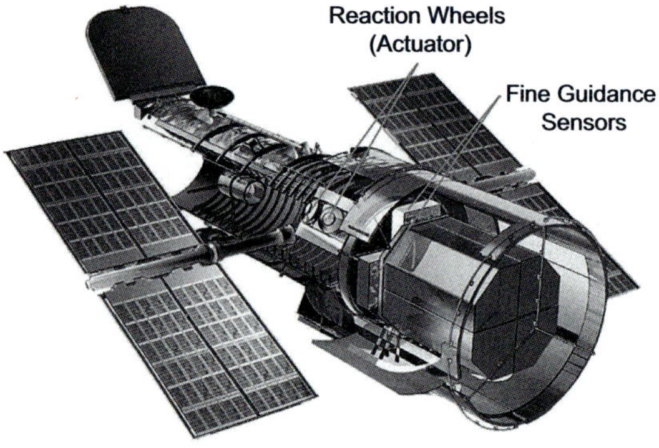

(a)

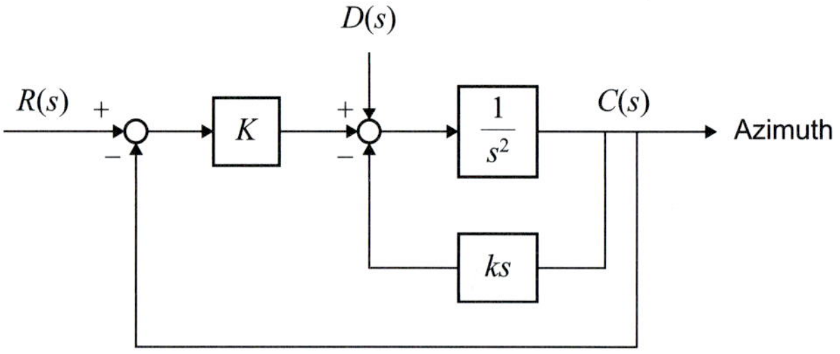

(b)

[그림 5.6] (a) Hubble Telescope(b) Pointing 제어 시스템의 블록 선도

속도 피드백 루프(Inner-loop)를 표준 폐루프 전달 함수로 줄이면 다음과 같다.

$$G_c(s) = \frac{G(s)}{1+G(s)H(s)} = \frac{1/s^2}{1+\dfrac{ks}{s^2}} = \frac{1}{s^2+ks} \tag{5.25}$$

비례 제어 게인(K)을 곱한 새로운 개루프 전달 함수는 다음과 같다.

$$G_o(s) = \frac{K}{s^2+ks} \tag{5.26}$$

피드백 루프(Outer-loop)을 다시 표준 폐루프 전달 함수로 줄이면 다음과 같은 전달 함수를 구한다.

$$G_c(s) = \frac{G(s)}{1+G(s)H(s)} = \frac{\dfrac{K}{s^2+ks}}{1+\dfrac{K}{s^2+ks}\cdot 1} = \frac{K}{s^2+ks+K} \tag{5.27}$$

먼저, 최대 오버슈트로부터 감쇠비 $\zeta = 0.404$를 구한다.

$$M_p = e^{-\zeta\pi/\sqrt{1-\zeta^2}} = 0.25 \tag{5.28}$$

계단 응답에 대한 피크 시간 조건으로부터 $\omega_d = 1.57$를 구한다.

$$t_p = \frac{\pi}{\omega_d} = 2 \tag{5.29}$$

따라서 고유 진동수는 $\omega_n = \omega_d \Big/ \sqrt{1-\zeta^2} = 1.72$ 이다. 식 (5.27)의 분모를 표준형 2차 시스템(식 (5.11))과 계수를 비교하면

$$\therefore \quad K = \omega_n^2 = 1.72^2 = 2.95 \tag{5.30}$$

$$k = 2\zeta\omega_n = 2\times 0.404\times 1.72 = 1.39 \tag{5.31}$$

그림 5.7에 나타낸 개루프 및 폐루프 전달 함수의 계단 응답을 살펴보면 속도 피드백 제어 덕분에 인공적인 감쇠 현상이 발생하여 포인팅 제어가 가능해진다.

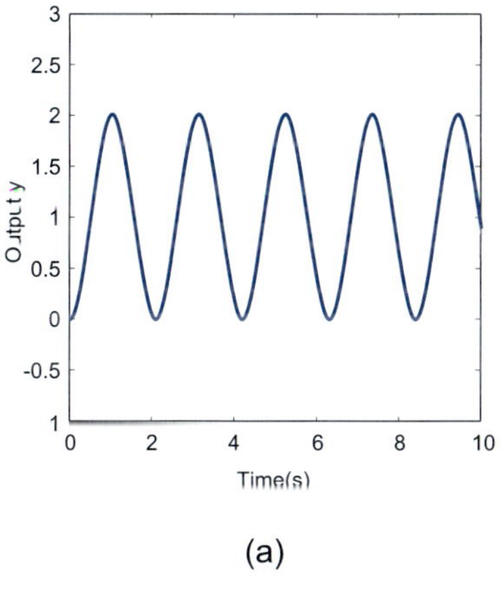

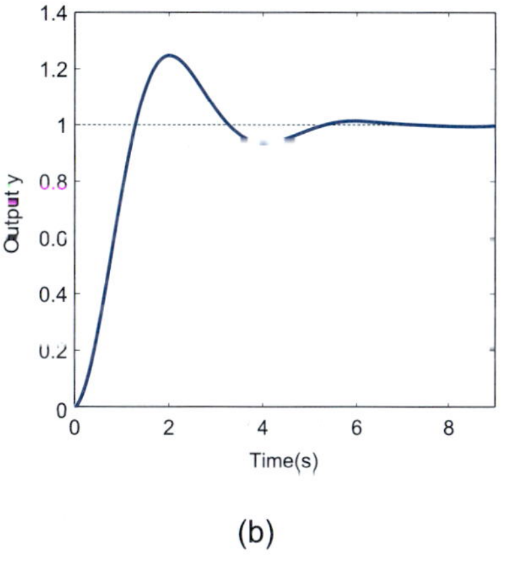

그림 5.7 (a) 개루프 제어(b) 속도 피드백 제어

5.3 극점/영점 추가 시스템의 과도 응답

5.3.1 극점 추가 효과

만약 2차 시스템에 세번째 극점($s = -p$)이 추가 되면, 단위 계단 응답에서 세번째 과도 응답 항이 추가 된다.

$$G(s)=\frac{\omega_n^2 \cdot p_3}{\left(s^2+2\zeta\omega_n s+\omega_n^2\right)\left(s+p_3\right)} \tag{5.32}$$

$$y(t)=1+a_1 e^{-\zeta\omega_n t}\sin\left(\omega_d t+\beta\right)+a_2 e^{-p_3 t} \tag{5.33}$$

이때 추가된 극점이 원래 2차 시스템의 지배(Dominant) 극점에 비해 좌측으로 멀리 위치하여 다음 조건을 만족하면 추가된 극점을 영향은 무시하여 2차 시스템으로 근사할 수 있다.

$$\alpha=\left|\frac{p_3}{\zeta\omega_n}\right|\geq 5 \tag{5.34}$$

예제 5-2

다음과 같은 2차 시스템에 $p_3 = -20$이 추가되었다면

$$G(s)=\frac{s+3}{\left(s^2+s+1\right)\left(s+20\right)} \tag{5.35}$$

근사 조건이 만족하므로($a = |20/0.5| = 40 >> 5$) 2차 시스템으로 근사할 수 있다. 3차 시스템의 정상상태 값(3)을 비교하기 위해 2차 시스템에 게인(20)을 곱한 단위 계단 응답과 비교해 보면 차이가 거의 없다.

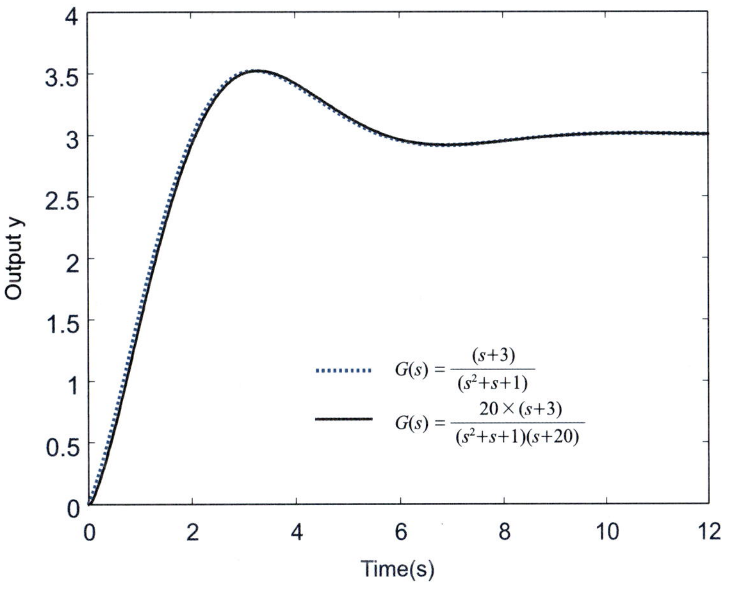

[그림 5.8] 2차 시스템과 극점이 추가된 3차 시스템의 계단 응답 비교

5.3.2 영점 추가 효과

만약 2차 동적 시스템에 영점($s = -a$)이 추가 되면 미분과 스케일 효과가 추가 된다.

$$(s+a)C(s) = sC(s) + aC(s) \tag{5.36}$$

따라서 영점이 좌반면(LHP)에 위치할 경우에는 오버 슈트의 크기에만 영향을 미치며, 우반면(RHP)에 위치할 경우(비최소 위상 시스템)에도 안정성과 상관없이 언다 슈트(Undershoot)만 발생한다.

예제 5-3

2개의 안정한 극점을 지닌 2차 시스템에 RHP에 위치한 영점($s = 3$)이 추가되면 빠른 1차 모델과 느린 1차 모델의 시간 응답이 중첩이 되고 빠른 시스템의 영향이 더 커서 언다 슈트가 발생한다.

$$G(s) = \frac{3-s}{(s+1)(s+5)} = \frac{1}{s+1} - \frac{2}{s+5} \tag{5.37}$$

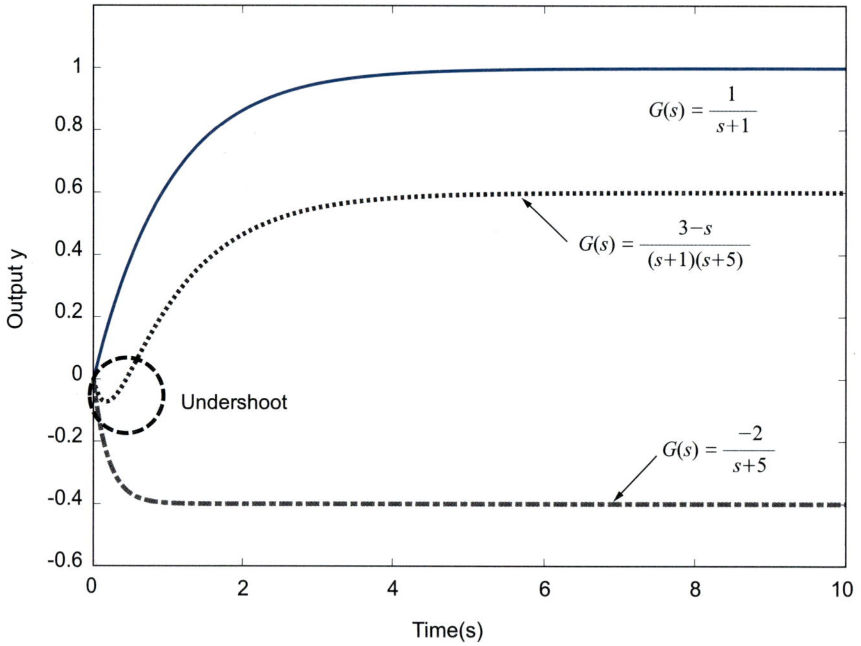

[그림 5.9] 비최소 위상 시스템의 단위 계단 응답

일반적으로 RHP에 위치한 영점을 상쇄시키는 극점을 설계하는 기법을 극점-영점 상쇄(Cancellation)라고 한다. 마찬가지로 불안정 극점도 영점을 설계하여 상쇄시킬 수 있다. 그러나 일반적으로 모델 불확실성으로 완벽하게 상쇄하기 어렵기 때문에 신중하게 접근해야 한다. 이와 같은 비최소 위상 시스템의 특성은 비행기, 유연 로봇 매니퓰레이터(Flexible Robot Manipulators) 등에서 나타나며 주변 실생활에서 쉽게 찾을 수 있는 시스템은 자전거(Bicycle)이다[12].

$$G(s) = \frac{avs + v^2}{bs} \tag{5.38}$$

후진(Reverse, $v < 0$)할 경우의 속도 응답을 살펴 보면 언더 슈트로 인해 일반적으로 전진보다 후진이 더 어렵다.

$$y(t) = -\frac{av_o}{b} + \frac{v_o^2 t}{b} \text{ for } v_o < 0 \tag{5.39}$$

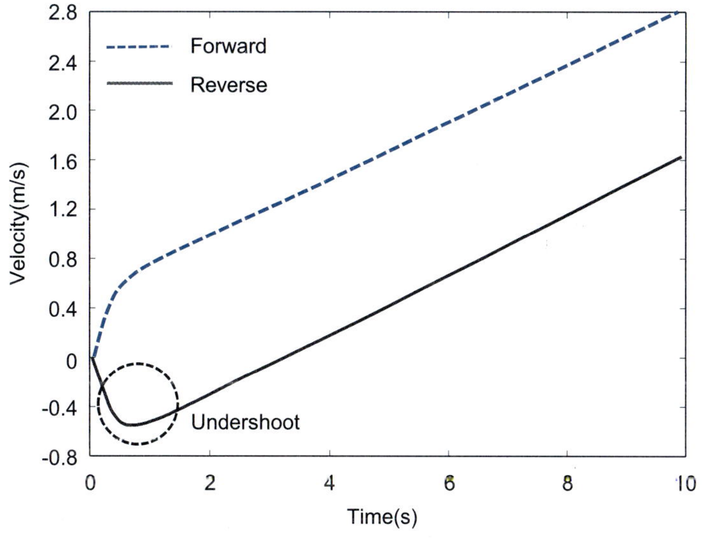

[그림 5.10] 자전거의 속도 응답 선도

5.4 단위 임펄스/램프 응답

5.4.1 단위 임펄스 응답

1차 동적 시스템의 단위 임펄스 응답은 최종 값 정리에 의해 0으로 수렴하는 사실을 알 수 있다.

$$Y(s) = \frac{1}{1+Ts} \cdot 1 = \frac{1}{T} \frac{1}{\left(s + \frac{1}{T}\right)} \tag{5.40}$$

$$\therefore y(t) = \frac{1}{T} e^{\frac{-t}{T}} \tag{5.41}$$

예제 5-4

다음과 같은 2차 동적 시스템의 단위 임펄스 응답을 구하라.

$$G(s) = \frac{1}{s^2 + 0.2s + 1} \tag{5.42}$$

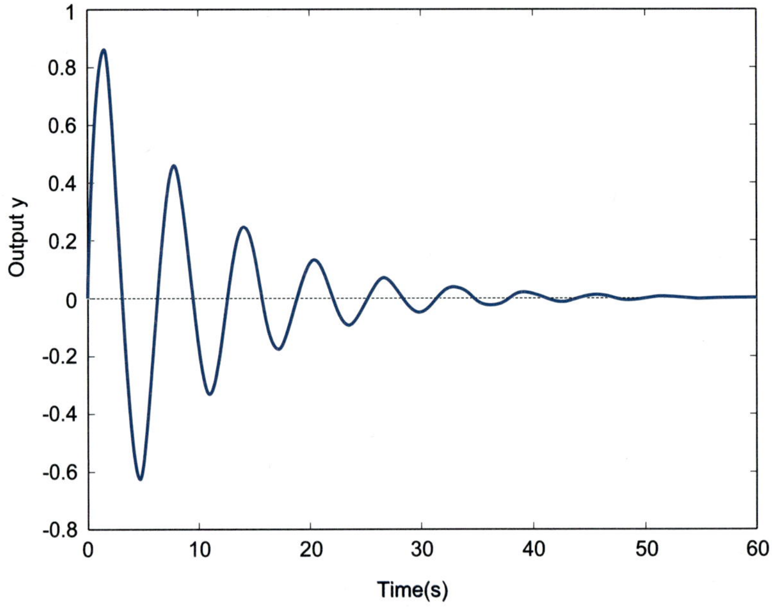

[그림 5.11] 식 (5.42) 시스템의 단위 임펄스 응답

5.4.1 램프 응답

1차 동적 시스템의 램프 응답에서 정상 상태 오차는 최종 값 정리에 의해 시상수이다.

$$Y(s) = \frac{1}{1+Ts} \cdot \frac{1}{s^2} = -\frac{T}{s} + \frac{1}{s^2} + \frac{T^2}{1+Ts} \tag{5.43}$$

$$y(t) = -T + t + Te^{\frac{-t}{T}} \tag{5.44}$$

$$\therefore \lim_{t\to\infty} e(t) = \lim_{t\to\infty}\left(t - (-T + t + Te^{\frac{-t}{T}})\right) = T \tag{5.45}$$

예제 5-5

다음과 같은 2차 시스템의 램프 응답을 구하라.

$$Y(s) = \frac{1}{s^2+s+1}\cdot\frac{1}{s^2} = \frac{1}{[s^2+s+1]s}\cdot\frac{1}{s} = \frac{1}{s^3+s^2+s}\cdot\frac{1}{s} \tag{5.46}$$

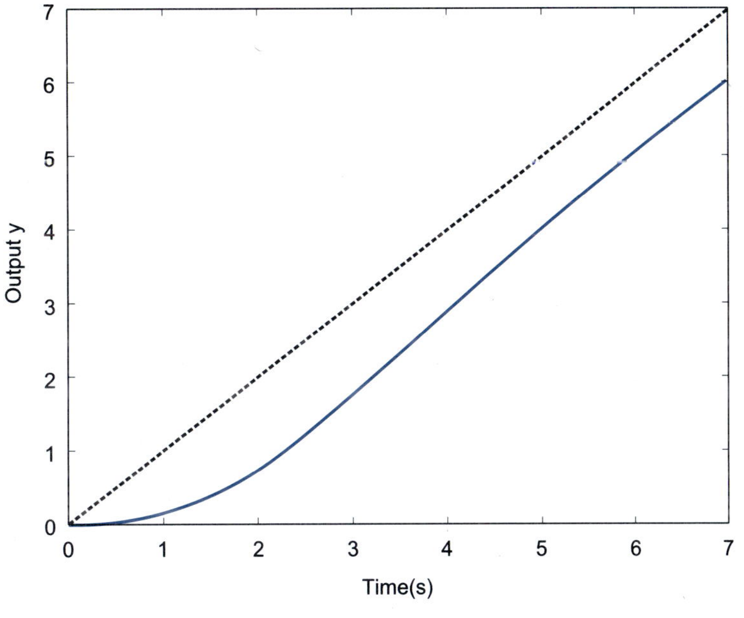

[그림 5.12] 2차 시스템(부족 감쇠)의 램프 응답

MATLAB을 사용할 경우 램프 응답을 구하는 명령어가 없으므로 $R(s) = \frac{1}{s^2}$를 2개의 단일 적분기로 분리하여 원점 극점을 추가한 후 계단 응답을 이용한다. 이때 시스템 모델의 차수가 추가된 원점으로 인해 증가되는 점을 조심해야 한다.

5.5 비선형 응답

선형 제어 시스템에 비선형성(Nonlinearity)이 포함되어 시간 응답에 어떠한 영향을 미치는지 해석할 수 있는 방법은 기술 함수(Describing Function)을 이용하는 방법 외에 매우 제한적이며 어렵기 대문에 학부 과정에 적합하지 않다. 따라서 만약 선형 제어 시스템에 비선형 요소가 포함이 되면 비선형 미분 방정식을 수치 적분(Numerical Integration)하여 푸는 비선형 시뮬레이션(Nonlinear Simulation)이 유용하다. 이를 통해 비선형 요소가 과도 응답에 영향을 미치는 효과를 정성적으로 파악 할 수 있다. MATLAB/Simulink는 매우 다양한 비선형 요소를 라이브러리에서 제공하고 있으며 다양한 수치 적분 알고리즘을 Solve 로 제공하고 있기 때문에 적절하게 선택하여 비선형 응답을 구 할수 있다[13].

5.5.1 포화

포화(Saturation)는 전기 모터의 최대 토크와 같이 물리적으로 제한 될 수 밖에 없는 상황에서 발생하는 매우 흔한 비선형 요소로 개루프 제어 응답을 살펴보면 출력의 크기가 저하되어 매우 큰 정상 상태 오차를 발생 시킨다. 일반적으로 제어 입력이 포화되면 오버 슈트가 발생하고 정착 시간도 길어지며 적분 제어를 수행하면 오차의 적분값도 계속 커지는 현상(Drift)도 발생되며 오차가 일시적으로 감소하여도 누적 오차가 매우 큰 상태이기 때문에 여전히 큰 제어 입력을 계산하여 제어기가 정상적인 작동 범위로 복원되는 것을 방해하는 적분기 와인드업(Wind-Up) 현상도 발생한다.

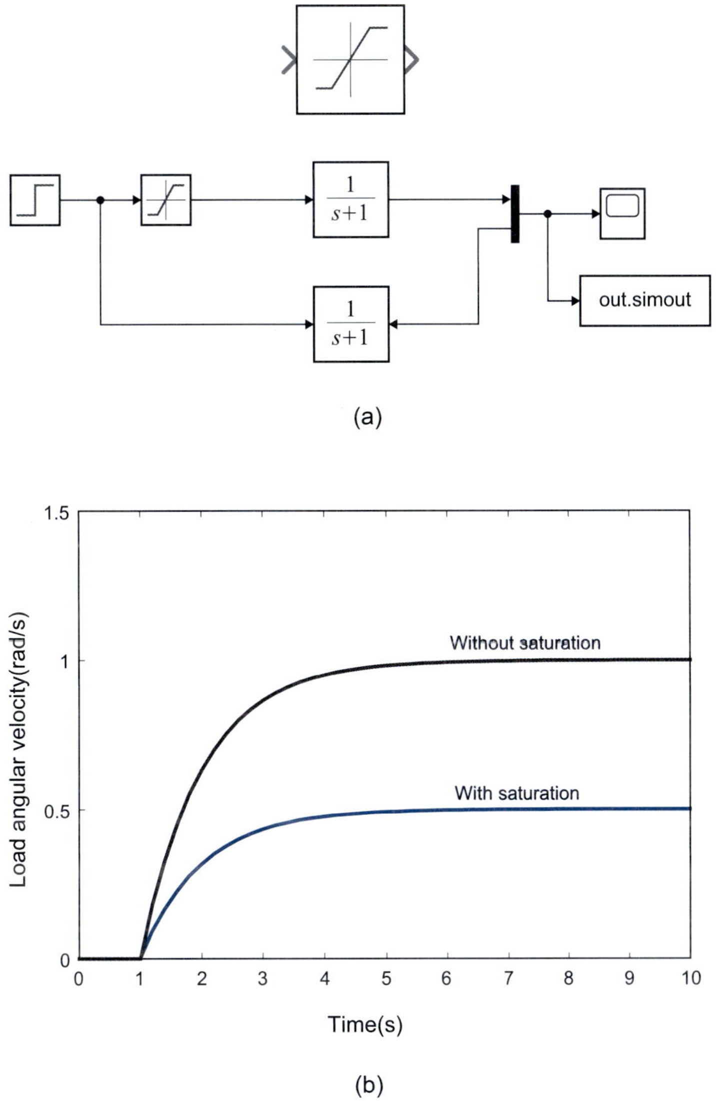

[그림 5.13] 포화 비선형 요소와 비선형 응답

5.5.2 데드존

데드존(Dead Zone)은 제어 입력을 인가하였음에도 불구하고 출력이 발생하지 않는 비선형 요소이다. 상대 운동을 하는 물체 사이에서 발생하는 마찰(Friction)은 여러 복합적인 요인으로 인해 데드존과 같은 비선형성을 나타낼 수 있으며

저속에서 전기 모터의 성능에 영향을 미치는 중요한 비선형 요소이다.

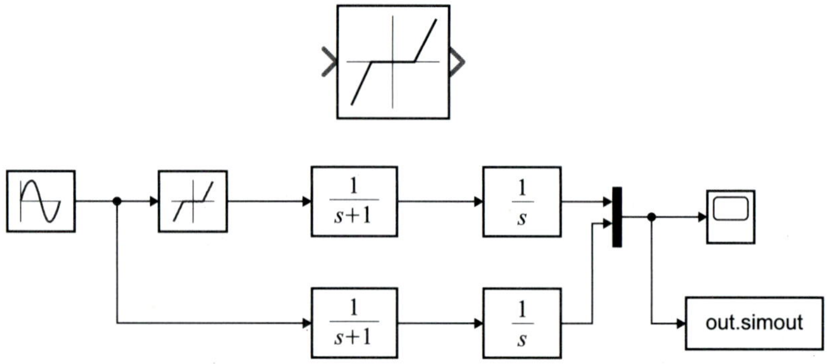

(a)

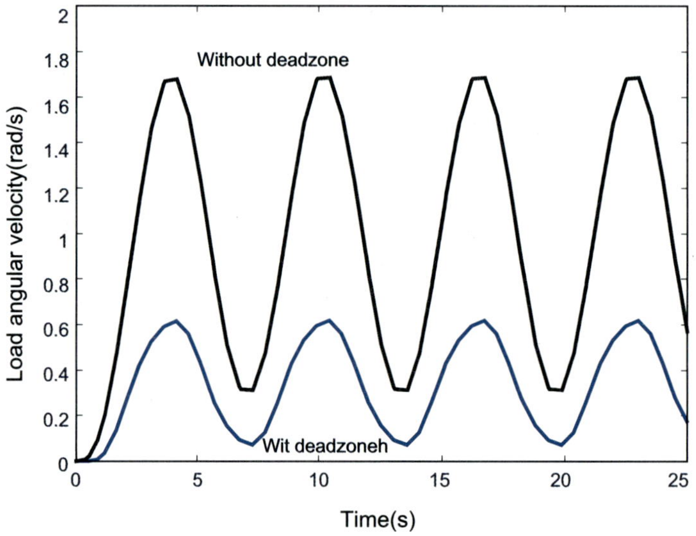

(b)

[그림 5.14] 데드존 비선형 요소와 비선형 주파수 응답

5.5.3 이력

이력(Hysteresis)은 물리학과 공학에서 널리 사용되는 용어로 어떤 시스템이 주기(Load ↔ Unload)를 가지고 운동을 할 때 출발 지점으로 돌아오지 못하

고 다른 값으로 떨어지는 현상을 말한다. 대표적으로 예로 에너지 소산(Energy Dissipation)이 발생하는 댐퍼, 영구 자석, 기어 백래쉬(Backlash)등이다. 이러한 백래쉬가 포함된 제어 시스템의 출력을 살펴보면 그림 5.15와 같이 잘린 형태가 출력된다.

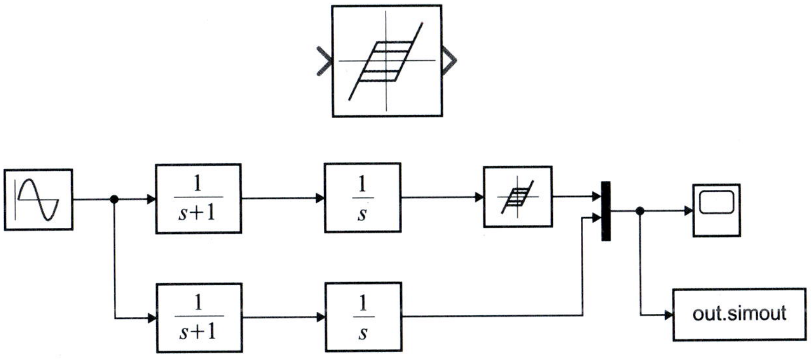

(a)

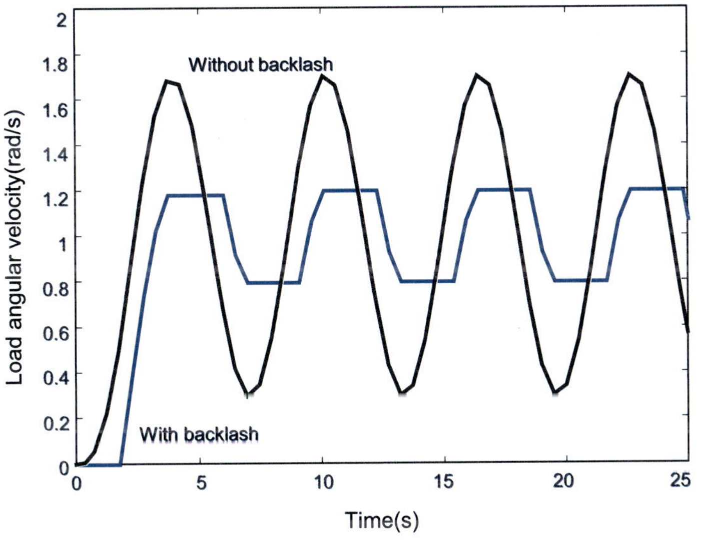

(b)

[그림 5.15] 히스테리시스 비선형 요소의 비선형 주파수 응답

5.5.4 릴레이

만약 제어 시스템에 릴레이(Relay)와 같은 비선형 요소가 포함되면 리미트 사이클(Limit Cycle)과 같은 비선형 진동이 발생된다. 기술 함수(Describing Function)법 등을 사용하여 이론적 해석이 가능하지만 학부 과정에서는 비선형 시뮬레이션을 통한 시간 응답으로 해석한다. 그림 5.16에 나타낸 리미트 사이클 응답에서 발생하는 진동 주파수는 $\omega = \sqrt{3} = 1.7$rad/s이다.

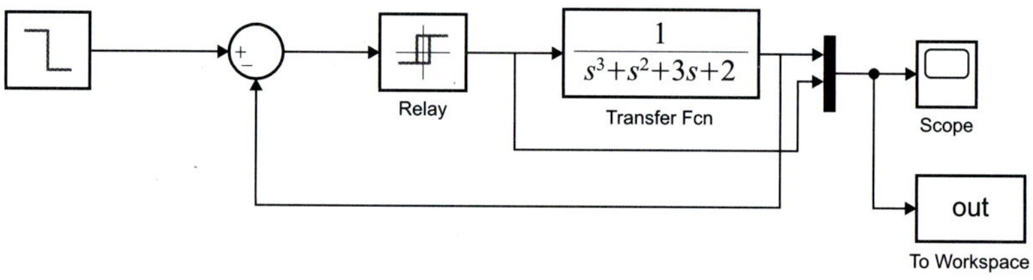

(a)

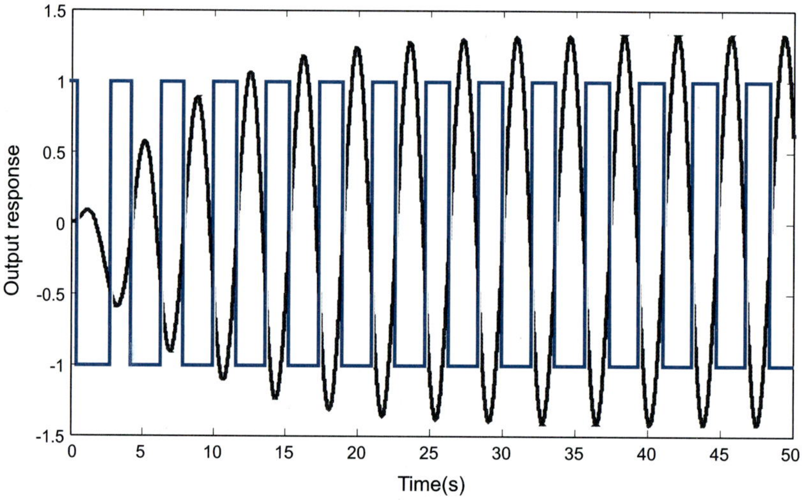

(b)

[그림 5.16] 릴레이 비선형 요소와 비선형 단위 계단 응답

심화 문제

5.1 다음과 같이 시험 입력을 가한 후 출력 응답으로부터 시스템 모델을 구하는 방법을 시스템 식별(System Identification)이라고 부르며 모델링의 역 과정이다. 시스템의 시간 응답을 오실로스코프(Oscilloscope)를 이용하여 다음과 같이 측정하였을 때 시스템 식별 결과를 토론하라.

$M_P = 0.5$, $t_P = 3.45\text{sec}$, $t_s = 30\text{sec}$

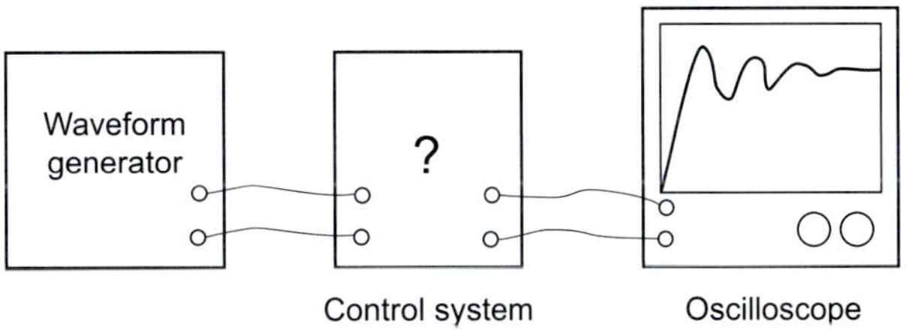

[그림 5.17] 시스템 식별 실험

5.2 물탱크의 수위(Level)를 일정하게 유지하는 단순화된 수위 제어 시스템이 주어질 때

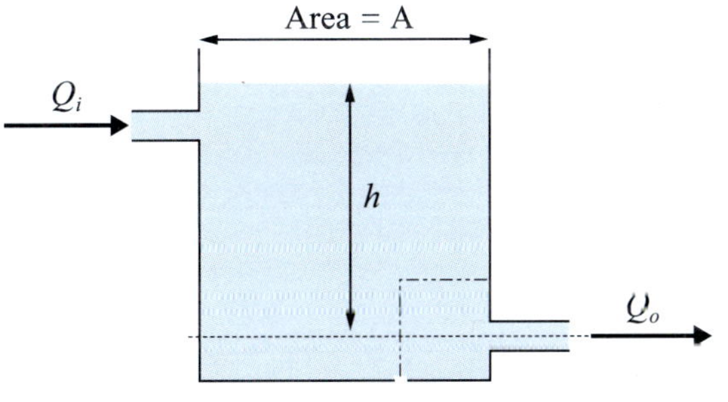

[그림 5.18] Water Tank Level 제어 시스템

$$A\dot{h} = Q_i - Q_o \tag{5.47}$$

여기서, $Q_o = c\sqrt{h}$는 Tank Outlet에 설치된 Orifice 밸브의 유량 방정식, Q_i는 제어 입력, h는 제어 해야할 변수인 수위(높이)이다.

[1] 출구의 Orifice 밸브가 비선형 요소이므로 선형화하여 Open-loop 전달함수를 구하고 만약 $A = 1$, $c = 100$, $h_o = 25$일 때 시상수(Time Constant)를 계산 하시오.

[2] 비례 제어기($G(s) = K$)를 설계하여 폐루프 제어 시스템을 구성할 때 개루프 제어 시스템에 비해 시간 상수(Time Constant)가 4배 빨라지게 만드는 게인 K를 구하시오.

[3] 제어기를 $G(s) = \dfrac{K}{s+1}$ 로 변경 설계할 때 감쇠비 $\zeta = 0.318$이 되도록 비례제어 게인 K를 구하시오.

5.3 그림 4.6에 나타낸 도립 진자 시스템의 운동 방정식은 다음과 같다.

$$M\ell\ddot{\theta}(t) - (M+m)g\theta(t) = f(t) \tag{5.48}$$

여기서, $f(t)$는 제어 입력, M은 카트의 질량(50kg), m은 도립 진자의 질량(10kg), g는 중력 상수(9.8), l은 진자 길이(30m).

[1] 특성 방정식을 구하시오.

[2] 불안정한 개루프 제어 시스템을 안정화 시키기 위해 폐루프 제어 시스템(PD 제어기, $G(s) = K_p + K_d s$)를 설계 시 감쇠비 $\zeta = 0.707$, 정착 시간 $t_s = \dfrac{4}{\xi\omega_n} = 10\,s$ 을 동시에 만족시키는 K_p, K_d를 설계하라.

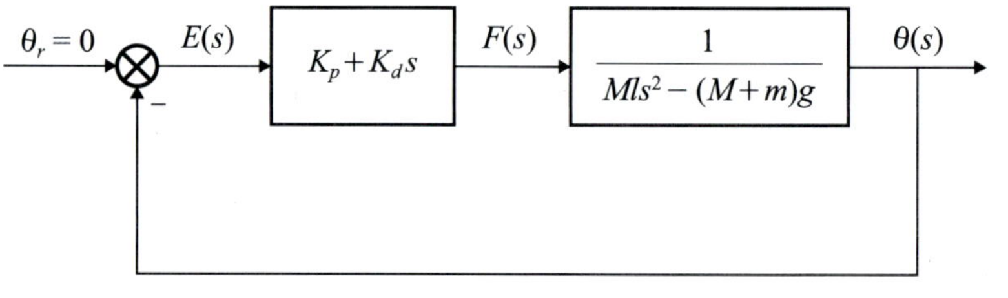

[그림 5.19] 도립 진자 제어 시스템

5.4 원하는 층수(Floor)에서 정지하는 간단한 엘리베이터 위치(Positioning) 제어 시스템이 주어질 때

$$J\dot{\omega} = T = Ki \tag{5.49}$$

여기서, 제어 입력은 전류 i이다. 부족한 Damping을 추가 하여 오버 슈트를를 줄이기 위해 감쇠비 $\zeta = 0.6$이 되도록 각속도 피드백 제어 게인 k를 구하라(이때 $K/J = 4$).

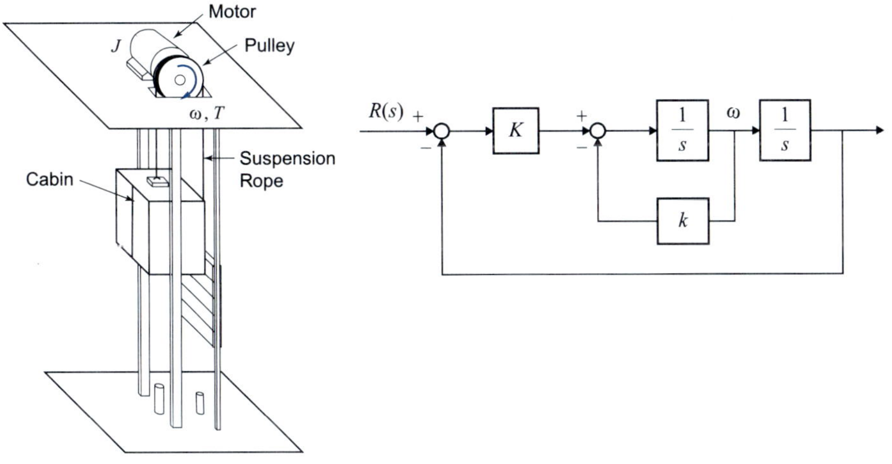

[그림 5.20] 엘리베이터 위치 제어 시스템

CHAPTER

6

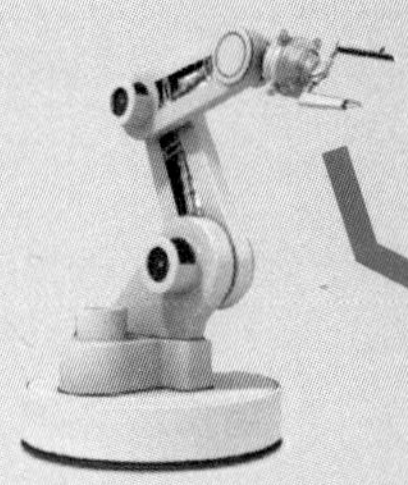

안정성 해석

6.1 안정성

안정성 해석(Stability Analysis)은 제어 공학 뿐만 아니라 다른 공학 분야에서도 매우 중요한 개념이다. 재료(고체) 역학 및 동역학 분야에서는 좌굴(Buckling), 수퍼 코일링(Super Coiling), 및 쌍안정(Bistable, Snap Through) 현상 등이 구조 안정성과 밀접한 연관이 있으며 비선형 동역학에서도 안정성 해석은 매우 어렵지만 필수적이다[2, 14].

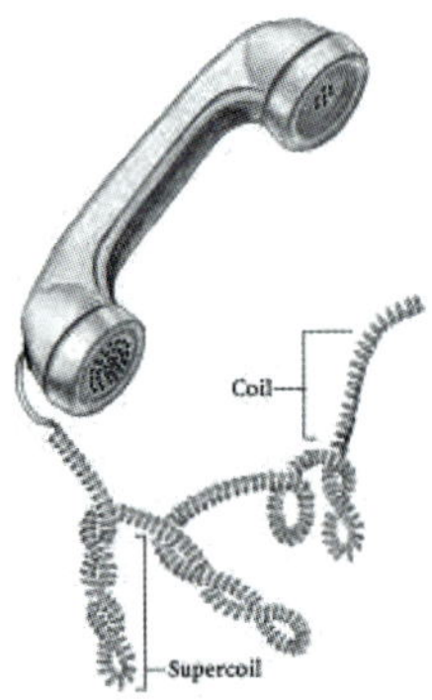

(a) Supercoiling

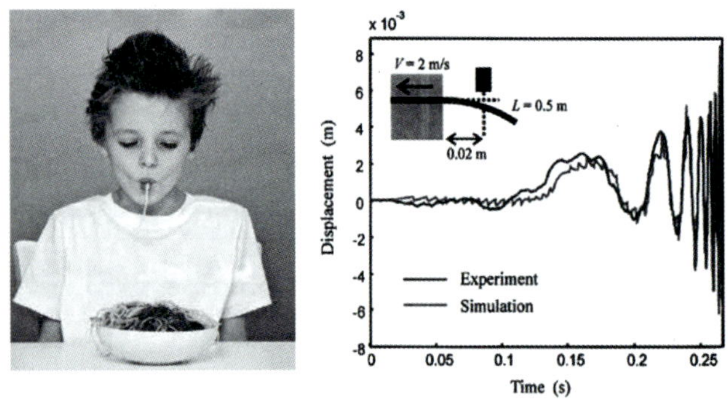

(b) Carrier, G. F., 1949, "The Spaghetti Problem," Am. Math. 56, pp.669-672.

(c) Buckling (Bistable, "Snap Through")

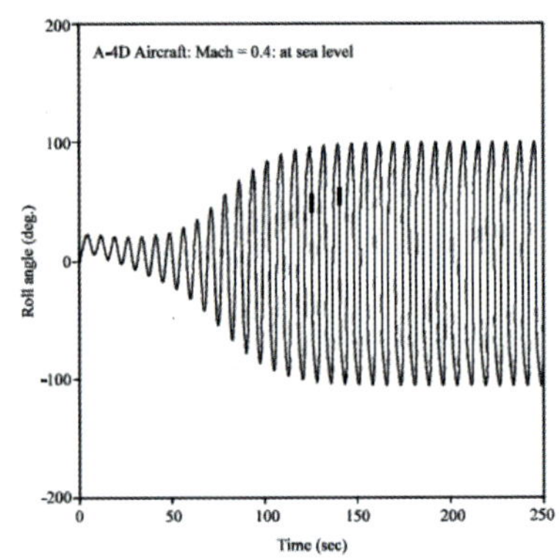

(d) Limit Cycle Oscillation

[그림 6.1] 다양한 안정성 해석 분야

제어 공학에서 정의하는 안정성은 제어 대상인 동적 시스템의 고유한 수학적 특성이며 기준 입력과는 무관하지만 제어 입력을 통해 변하게 할 수 있다. 즉, 도립 진자와 같이 원래 불안정한 동적 시스템은 안정하도록, 안정한 시스템은 좀 더 안정(More Stable) 하도록 제어기를 설계해야 한다. 안정(Stable)이라는 용어가 매우 일반적으로 사용되고 있으므로 그림 5.1(d)와 같이 진동하는 출력 신호를 보고 시스템이 불안정하다고 섣불리 판단하는 초보적인 실수를 저지르기 쉽다. 이러한 진동 현상이 시스템의 공진(Resonance) 또는 비선형성(Nonlinearity) 때문이 아니라 시스템의 고유한 수학적 특성때문인지를 알기 위해서는 제어기 설계 전에 먼저 개루프 제어를 통해 제어시스템의 고유한 안정성을 파악해야 한다. 또한, 동적 제어 시스템의 안정성은 다음과 같이 구분하여 해석할 수 있다.

- **절대 안정**(Absolute Stability): 안정 한지 불안정한지에 대한 여부, LTI 제어 시스템의 전달함수 극점(즉, 특성방정식의 근)이 s-평면 좌반면(Left Half Plane, LHP)에 위치
- **상대 안정**(Relative Stability): 안정하다면 얼마나 안정한가의 척도로 안정성의 정도를 나타내며 주파수 응답 곡선으로부터 이득 마진(Gain Margin), 위상 여우(Phase Margin)등으로 판단한다.

제어 시스템의 절대 안정을 판정하기 위한 이론으로는 과도 응답을 통해 안정성을 보장하는 조건($\mathrm{Re}(p_i) < 0$)을 해석하는 Routh-Hurwitz 안정성 이론이 가장 보편적이며 기본적인 안정성 이론으로 알려져 있으며 이외에도 제어 시스템이 유한한 크기의 입력에 대해 유한한 크기의 출력을 발생하면 안정하다고 판별하는 Bounded-Input-Bounded-Output(BIBO) 안정성과 주로 비선형 제어 시스템의 안정성 해석에 유용한 리아푸노프(Lyapunov) 안정성 이론이 있지만 학부 과정에서는 Routh-Hurwitz 안정성 이론만 다룬다.

제어 시스템의 안정성을 판정하기 위해서는 다음과 같은 전달 함수가 필요하다.

$$G(s) = \frac{N(s)}{D(s)} = \frac{K(s - z_1)\cdots(s - z_m)}{(s - p_1)\cdots(s - p_n)} \tag{6.2}$$

이때 안정성은 제어 입력을 가한 후 역 라플라스 변환을 통해 응답 해(응답)를 구해 보면 분모 다항식 $D(s)$를 0으로 한 특성 방정식의 근(Roots) 즉, 시스템의 극점 $p_i(i = 1, 2, 3, \cdots, n)$의 부호($s$-평면에서의 위치)가 안정성을 결정한다. 이 사실을 간단하게 증명하기 위해 구체적으로 단위 계단 입력($R(s) = \frac{1}{s}$)을 가했을 때 출력을 생각해 보자

$$y(s) = \frac{K(s - z_1)\cdots(s - z_m)}{s(s - p_1)\cdots(s - p_n)} \tag{6.2}$$

출력을 구하기 위해 식 (6.2)를 부분 분수 분해를 하면

$$y(s) = \frac{c_0}{s} + \frac{c_1}{s - p_1} + \frac{c_2}{s - p_2} + \cdots + \frac{c_n}{s - p_n} \tag{6.3}$$

이때 안정성 해석을 위해서는 분자의 모든 유수(Residues)를 구할 필요는 없다. 이 식을 역라플라스 변환을 하면

$$y(t) = c_0 + c_1 e^{p_1 t} + c_2 e^{p_2 t} + \cdots + c_n e^{p_n t} \tag{6.4}$$

첫째 항은 입력에 의한 정상 상태로 안정성과 상관없으며 둘째 항 이하의 $c_i e^{p_i t}(i = 1, 2, 3, \cdots, n)$는 과도 응답으로 안정성과 밀접한 연관이 있다. 만일 p_i의 실수부 σ_i가 음수이면 과도 응답은 항상 감쇠가 되어 안정하며, σ_i가 양수이면 발산하여 불안정하게 된다. 만약 근이 복소수인 경우에도 켤레 복소수가 존재하므로 $A_i e^{\sigma_i t}\sin(\omega_i t + \phi_i)$의 과도 응답이 나타난다. 마찬가지로 σ_i가 음수이면 과도 응답은 항상 감쇠가 되어 안정하다. 결론적으로 극점 p_i는 특성 방정식의 근(Roots)이므로 근의 실수부 σ_i가 모두 음수이면 과도 응답은 감쇠 되어 일정한 값으로 수렴하며 이때 시스템은 안정하다고 말한다. 또한 근의 실수부가 하나라도 양수 이면 응답은 발산하여 불안정하게 된다. 이러한 과도 응답을 통해 안정성을 보장하는 조건($\mathrm{Re}(p_i) < 0$)을 구할 수 있으며 Routh-Hurwitz가 제안하였기 때문에 특정 방정식의 근을 조사하여 안정성을 해석하는 방법을 Routh-Hurwitz 관점에서 안정성(In the Sense of Routh-Hurwitz Stability)을 판정하였다고 하며

동적 제어 시스템의 안정성을 해석하기 위한 기초 이론이다.

다양한 전달 함수를 사용하여 Routh-Hurwitz 안정성 이론을 적용해 보면 그림 6.2(a) 와 같이 극점의 실수부가 0이여서 극점이 허수축(Imaginary Axis)에 있는 경우 계단 응답은 일정한 크기로 진동하며 마진(임계) 안정(Marginally Stable) 상태이다. 그림 6.2(b)의 경우 극점이 음수로 좌반면(Left Half Plane, LHP)에 위치할 경우 해가 수렴하여 안정한 상태이다. 이때 0으로 수렴하는 상태를 좀 더 구체적으로 점근적 안정(Asymptotically Stable)이라고 한다. 그림 6.2(c), (d)의 경우처럼 극점의 실수부가 한 개라도 양수이면 우반면(Right Half Plane, RHP)에 위치하면 발산하여 불안정(Unstable)한 상태임을 알 수 있다. 그림 6.2(e) 의 경우처럼 시스템 극점이 원점에 위치할 경우에는 비록 허수축에 위치하여도 발산하며 시스템과 결합할 경우 안정할 수도 있으므로 반드시 시뮬레이션을 한 후 판단을 할 필요가 있다.

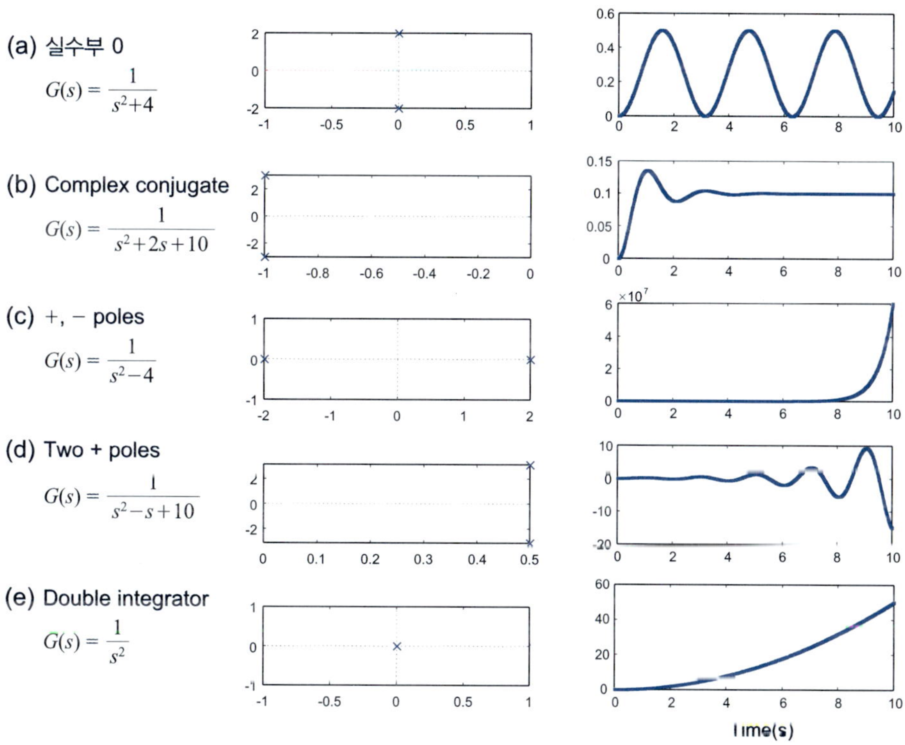

[그림 6.2] 전달 함수에 따른 단위 계단 응답(극점 ×)

6.2 Routh-Hurwitz(RH) 안정성 판정법

6.1장에서 설명했듯이 제어 시스템의 안정성을 시간역에서 판단하기 위해서는 다음과 같은 특성 방정식의 근을 직접 구하여 근의 실수부가 모두 음수인지 확인해야 한다.

$$\Delta(s): a_n s^n + a_{n-1} s^{n-1} + \ldots + a_1 s + a_0 = 0 \tag{6.5}$$

그러나 2차, 3차 방정식을 제외한 고차 방정식인 경우 해석해(Closed-form Solution)를 구하기가 사실상 불가능하므로 Newton-Raphson 법과 같은 수치해석(Numerical Analysis)을 이용한 근사 해를 구해야 한다. Routh(1831~1907)는 이러한 수치해석을 수행할 PC나 소프트웨어가 그 당시 없었기 때문에 근을 직접 푸는 대신 근의 부호만은 알아내어 제어 시스템의 절대 안정성을 판별하는 방법을 고안하였다.

따라서 Routh-Hurwitz 안정성 판정법(Criterion) 은 근을 찾는 방법이 아니라 근의 부호(Sign) 만을 알아내는 간단한 알고리즘의 일종이며 모든 근의 실수부가 음수(절대 안정)이기 위해서는 우선 다음과 같은 조건이 필요하다. 첫번째 조건은 필요 조건이지 필요 충분조건이 아니므로 이 조건을 만족한다고 반드시 절대안정하다는 것은 아니므로 추가로 충분 조건이 필요하다.

- **필요(Necessary) 조건:** 특성 방정식의 모든 계수가 양수이여야 함(같은 부호)
- **충분(Sufficient) 조건:** Routh Array(Table)의 첫번째 컬럼의 부호(Sign)가 모두 같아야 하며 이때 불안정 극점의 수는 부호 변화의 수와 동일하다.

이때 Routh Array(Table)를 완성하는 절차는 다음과 같다.

$$\begin{array}{c|ccccc} s^n & a_n & a_{n-2} & a_{n-4} & a_{n-6} & \cdots \\ s^{n-1} & a_{n-1} & a_{n-3} & a_{n-5} & a_{n-7} & \cdots \\ s^{n-2} & b_1 & b_2 & b_3 & b_4 & \cdots \\ s^{n-3} & c_1 & c_2 & c_3 & c_4 & \cdots \\ \vdots & \vdots & \vdots & & & \\ s^2 & d_1 & d_2 & & & \\ s^1 & e_1 & & & & \\ s^0 & f_1 & & & & \end{array} \tag{6.6}$$

Step 1: 특성 방정식의 계수(a_n, a_{n-1}, a_{n-2}, …, a_0)를 첫번째, 두번째 열(Row)에 배치

Step 2: b_1, b_2, …, b_n를 계산

$$\begin{aligned} b_1 &= -\frac{1}{a_{n-1}}\begin{vmatrix} a_n & a_{n-2} \\ a_{n-1} & a_{n-3} \end{vmatrix} = \frac{a_{n-1}a_{n-2} - a_n a_{n-3}}{a_{n-1}} \\ b_2 &= -\frac{1}{a_{n-1}}\begin{vmatrix} a_n & a_{n-4} \\ a_{n-1} & a_{n-5} \end{vmatrix} = \frac{a_{n-1}a_{n-4} - a_n a_{n-5}}{a_{n-1}} \\ &\vdots \\ b_m &= -\frac{1}{a_{n-1}}\begin{vmatrix} a_n & a_{n-2m} \\ a_{n-1} & a_{n-2m-1} \end{vmatrix} = \frac{a_{n-1}a_{n-2m} - a_n a_{n-2m-1}}{a_{n-1}} \end{aligned} \tag{6.7}$$

Step 3: s^{n-3}, …, s^0까지 반복 계산

예제 6-1

Mass-Spring-Damper 시스템의 안정성을 Routh 안정성 판정법을 이용하여 해석하면 전달 함수는 식 (5.5)와 같으며 이때 Routh Array의 첫번째 컬럼에서 계산된 m, c, k로 모두 시스템 파라미터로 물리적으로 양수이므로 Routh 안정성 판정법의 2개 조건을 만족하므로 시스템의 절대 안정성이 보장된다.

$$G(s) = \frac{1}{ms^2 + cs + k} \tag{6.8}$$

- Routh Array

$$
\begin{array}{c|cc}
s^2 & m & k \\
s^1 & c & 0 \\
s^0 & k &
\end{array}
$$

일반적으로 RH 방법을 5가지 경우로 구분하여 적용 할 수 있다.

Case 1 첫번째 컬럼에 0 이 없는 경우

- **예제 6-2** 특성 방정식: $s^4 + 2s^3 + 3s^2 + 8s + 2 = 0$
- Routh Array

$$
\begin{array}{c|ccc}
s^4 & 1 & 3 & 2 \\
s^3 & 2 & 8 & 0 \\
s^2 & -1 & 2 & 0 \\
s^1 & 12 & 0 & \\
s^0 & 2 & 0 &
\end{array}
$$

첫번째 컬럼에서 두번의 부호 변화($2 \rightarrow -1$, $-1 \rightarrow 12$)가 발생하여 2개의 불안정 극점이 예상된다.

Case 2 첫번째 컬럼에 0이 있는 경우

- **예제 6-3** 특성 방정식: $s^3 + 0 \cdot s^2 + 3s + 2 = 0$
- Routh Array

$$
\begin{array}{c|cc}
s^3 & 1 & 3 \\
s^2 & 0 \approx \varepsilon & 2 \\
s^1 & 3 - \dfrac{2}{\varepsilon} & \\
s^0 & 2 &
\end{array}
$$

Routh 배열을 만드는 과정에서 어떤 행의 첫 번째 요소가 0이 되면, 이때 0을 매우 작은 양의 수 ε으로 대치한 후 나머지 배열을 만든다. 이때 $3-2/\varepsilon$은 음수가 되어 첫번째 컬럼에서 두번의 부호 변화가 발생되므로 2개의 불안정 극점이 예상되며 실제로 구한 근의 실수부에 2개의 양수가 포함되어 불안정한 시스템이다.

Case 3 열(Row)에 0 이 있는 경우

- **예제 6-4** 특성 방정식: $s^6 + s^5 - 2s^4 - 3s^3 - 7s^2 - 4s - 4 = 0$
- Routh Array

s^6	1	−2	−7	−4
s^5	1	−3	−4	
s^4	1	−3	−4	
s^3	0	0	0	

⇒

s^6	1	−2	−7	−4
s^5	1	−3	−4	
s^4	1	−3	−4	
s^3	4	−6		
s^2	−1.5	−4		
s^1	−16.7			
s^0	−4			

모는 계수가 같은 부호가 아니므로 필요 소선에 의해 불안정한 시스템으로 예상되며 충분조건으로 불안정 극점의 개수를 알 수 있다. 이때 마지막 열(Row)의 모든 요소가 0인 경우 바로 이전 열의 다항식을 s에 대하여 미분하여 새로운 열을 구성한다. 한번의 부호 변화가 있으므로 1개의 불안정 극점이 존재한다.

$$P(s) = s^4 - 3s^2 - 4 \Rightarrow \frac{dP}{ds} = 4s^3 - 6s \tag{6.9}$$

Case 4 허수축에 복수의 극점이 있는 경우 [15]

- **예제 6-5** 특성 방정식: $q(s) = s^5 + s^4 + 8s^3 + 8s^2 + 16s + 16$
- Routh Array

s^5	1	8	16
s^4	1	8	16
s^3	1	4	
s^2	1	4	
s^1			
s^0			

Routh Array의 첫번째 컬럼에서 부호 변화가 없으므로 안정할 것으로 해석되지만 실제 시간 응답을 살펴보면 극점이 허수축 상에 있어서 ($s = \pm j2$) 불안정 한 사실을 알 수 있으며 Routh 판정법으로 안정성을 해석 할 수 없다.

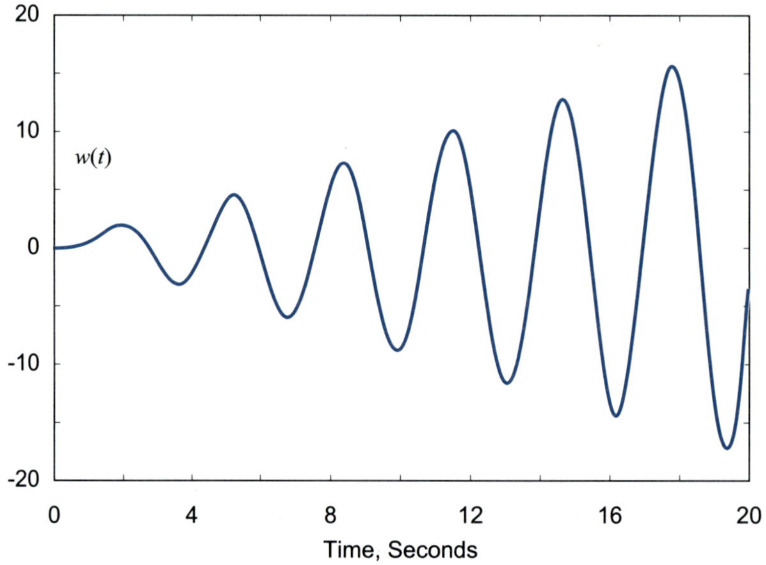

[그림 6.3] 허수축에 복수의 극점이 있는 시스템의 시간 응답 [15]

Case 5 상대 안정성 해석

일반적으로 RH 안정성 판정법으로는 절대 안정성만 판별이 가능하지만 축 이동(Axis Shift) 을 이용하여 대략적인 상대 안정성을 판정할 수 있다.

예제 6-6

다음 특성 방정식의 상태 안정성을 판정하라.

$$\Delta(s) = s^3 + 4s^2 + 6s + 4 = 0 \tag{6.10}$$

이 특성 방정식을 RH 안정성 판정법으로 해석하면 안정하다.

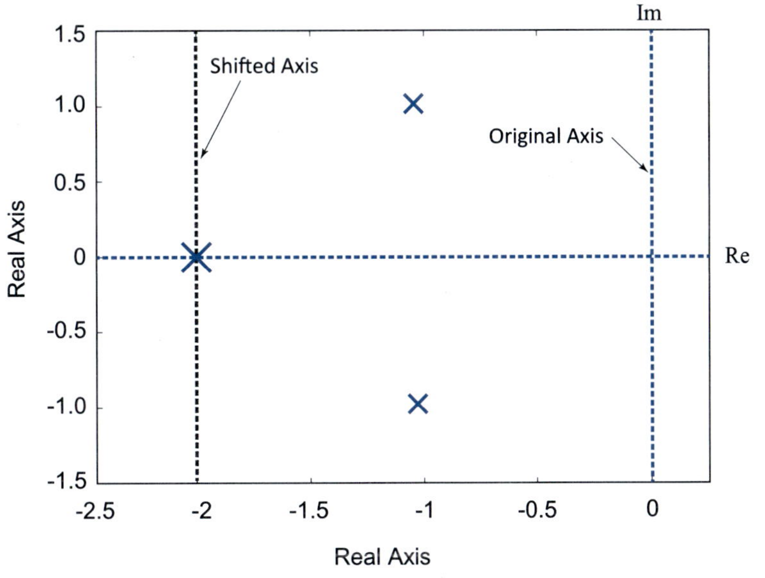

[그림 6.4] 축 이동(Axis Shift)를 이용한 상대 안정성 판정

이때, 왼쪽으로 2만큼 축 이동 후의 새로운 특성 방정식은 다음과 같다.

$$(s_n - 2)^3 + 4(s_n - 2)^2 + 6(s_n - 2) + 4 = s_n^3 - 2s_n^2 + 2s_n \tag{6.11}$$

이 특성 방정식은 Routh 안정성 판정법에 의해 우반면(RHP)에 2개의 불안정 극점을 가지므로 극점의 대략적인 위치($-2 \le p \le 0$)를 예상 할 수 있으며 반복을 통해 보다 정확한 위치(절대 안정성)를 알 수 있다. 만약 허수축을 왼쪽으로 1 만큼 이동하면 불안정 극점이 없으므로 결국 모든 극점의 실수부가 –1보다 작거나 같은 사실을 해석할 수 있다.

6.3 RH 판정법을 이용한 제어기 설계

Routh-Hurwitz 안정성 판정법이 지금도 제어 공학에서 사용되는 가장 큰 이유는 절대 안정을 보장하는 비례 제어기(Proportional Controller)를 쉽게 설계할 수 있기 때문이다.

예제 6-7

다음 비례 제어 시스템의 안정한 비례 게인(Proportional Gain)의 범위를 구하라.

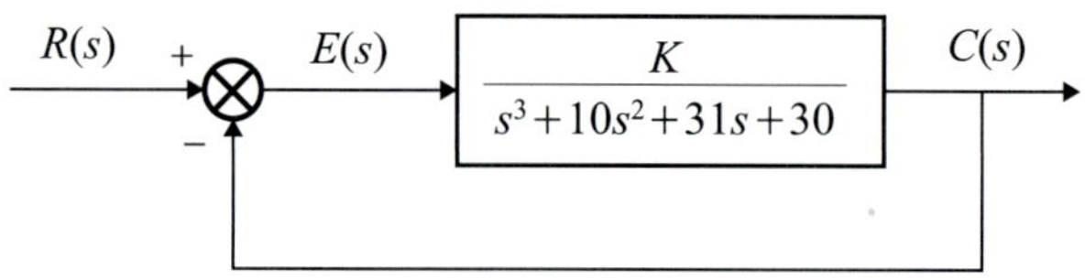

[그림 6.5] 폐루프 비례 제어 시스템

폐루프 제어 시스템의 특성 방정식은 $s^3 + 10s^2 + 31s + 30 + K = 0$이며 계산된 Routh Array와 판정법으로부터 2개의 부등식 $280-K > 0$, $K + 30 > 0$을 구할 수 있으며 이로부터 안정한 비례 제어 게인의 범위를 $-30 < \mathrm{K} < 280$로 구할 수 있다. 비례 게인을 변화시켜가며 단위 계단 응답을 살펴 본 결과 해석 결과와 매우 잘 일치하는 사실을 알 수 있다.

$$
\begin{array}{c|cc}
s^3 & 1 & 31 \\
s^2 & 10 & K+30 \\
s^1 & \dfrac{280-K}{10} & 0 \\
s^0 & K+30 & 0
\end{array}
$$

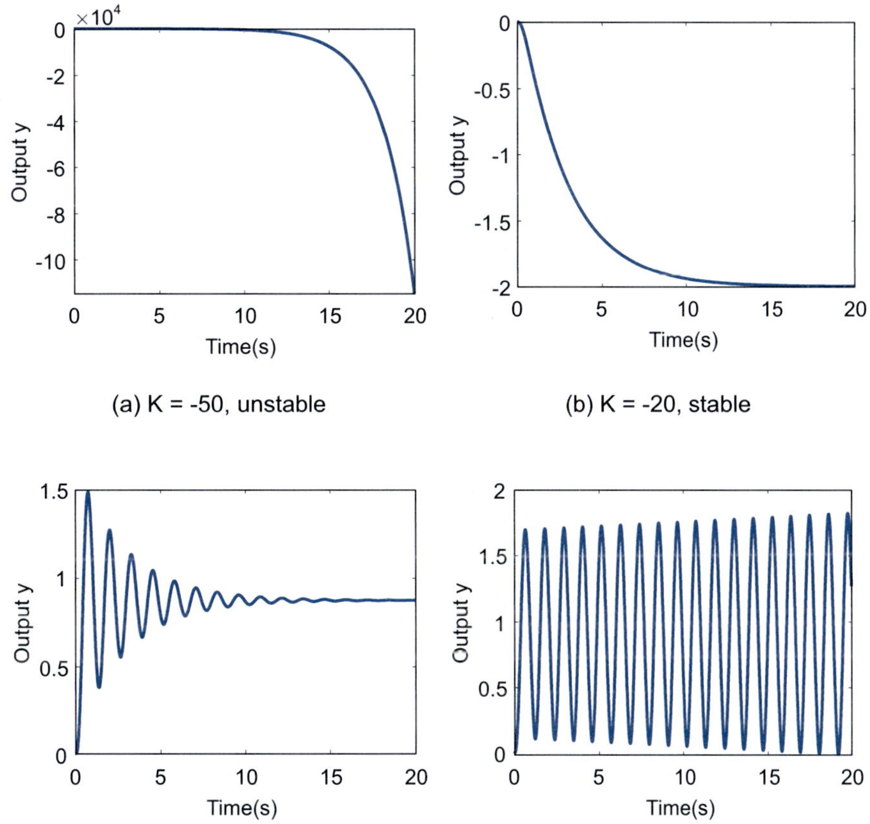

(a) K = -50, unstable

(b) K = -20, stable

(c) K =2 00, stable

(d) K = -282, unstable

[그림 6.6] 비례제어게인의 변화에 따른 시간 응답

6.3.1 제임스 와트의 증기 기관

제임스 와트가 발명한 증기 기관(Steam Engine)은 인류 최초의 현대식 자동제어 시스템으로 알려져 있지만 작동 초기에는 안정성에 대한 이해와 개념이 부족하여 불안정한 조건에서 오작동 및 파손되는 사례가 많이 발생하였다. 맥스웰은 비선형 지배 방정식을 선형화를 한 후 Routh-Hurwitz 안정성 해석을 통해 불안정해지는 조건을 처음으로 제시하였다.

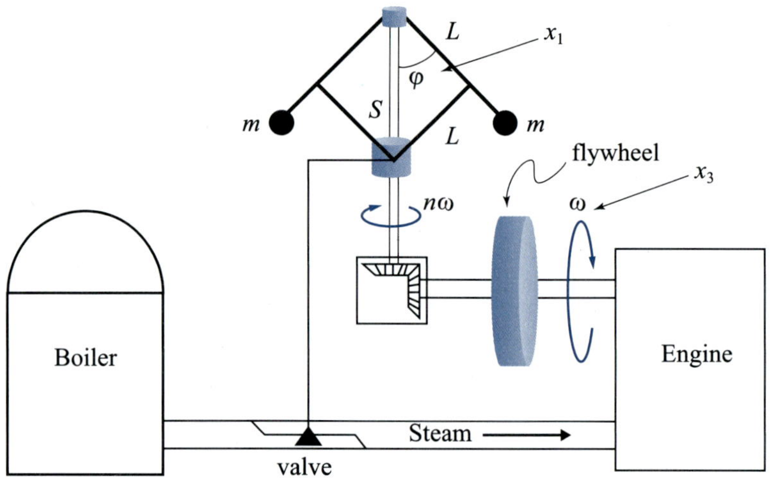

[그림 6.7] Schematic of James Watt's Steam Engine [16]

스팀 엔진의 지배 방정식(동적 모델)은 다음 식과 같다.

$$\begin{aligned} \dot{x}_1 &= x_2 \\ \dot{x}_2 &= x_3^2(\sin x_1 \cos x_1) - \sin x_1 - \gamma x_2 \\ \dot{x}_3 &= k(\cos x_1 - \rho) \end{aligned} \tag{6.12}$$

평형점은 다음 연립 방정식을 풀면 $x_{30} = \pm\sqrt{\dfrac{1}{\rho}}$ 이다.

$$\begin{aligned} 0 &= x_{20} \\ 0 &= x_{30}^2(\sin x_{10} \cos x_{10}) - \sin x_{10} - \gamma x_{20} \\ 0 &= k(\cos x_{10} - \rho) \end{aligned} \tag{6.13}$$

선형화를 위해 자코비안 행렬을 이용하면 평형점에서의 자코비안 행렬(새로운 시스템 행렬)은 다음과 같다.

$$J = \begin{bmatrix} 0 & 1 & 0 \\ \rho - \dfrac{1}{\rho} & -\gamma & 2\sqrt{(1-\rho^2)\rho} \\ -k\sqrt{1-\rho^2} & 0 & 0 \end{bmatrix} \tag{6.14}$$

이때 특성 방정식은 다음과 같으며

$$\Delta(s) = s^3 + \gamma s^2 + \left(\frac{1-\rho^2}{\rho}\right)s + 2k\sqrt{\rho}(1-\rho^2) = 0 \tag{6.15}$$

이 특성 방정식에 RH 안정성 판정법을 적용하면 시스템의 안정성을 판정하는 임계 조건은 $\gamma_C = 2k\rho^{\frac{3}{2}}$ 이다.

6.3.2 로켓 자세 제어 시스템

로켓 자세 제어 시스템(그림 6.8)은 매우 복잡하지만 다음과 같이 도립 진자 시스템과 같이 간단한 시스템으로 가정하여 모델링할 경우 불안정 극점(s = 1)으로 인해 개루프 제어 시스템은 항상 불안정하다.

따라서 안정하게 하기 위해서 반드시 폐루프 제어기가 필요하다. 원점에 극점이 있고 2개의 영점으로 구성된 제어기를 설계하였다(PID 제어기이지만 설계 방법을 몰라도 상관없음). 이때 폐루프 전달 함수 및 특성 방정식은 다음과 같다.

$$G_c(s) - \frac{G(s)}{1+G(s)H(s)} - \frac{K(s+3)(s+2)}{s(s^2-1)+K(s+3)(s+2)} \tag{6.16}$$

$$\Delta(S) = s^3 + Ks^2 + [5K-1]s + 6K = 0 \tag{6.17}$$

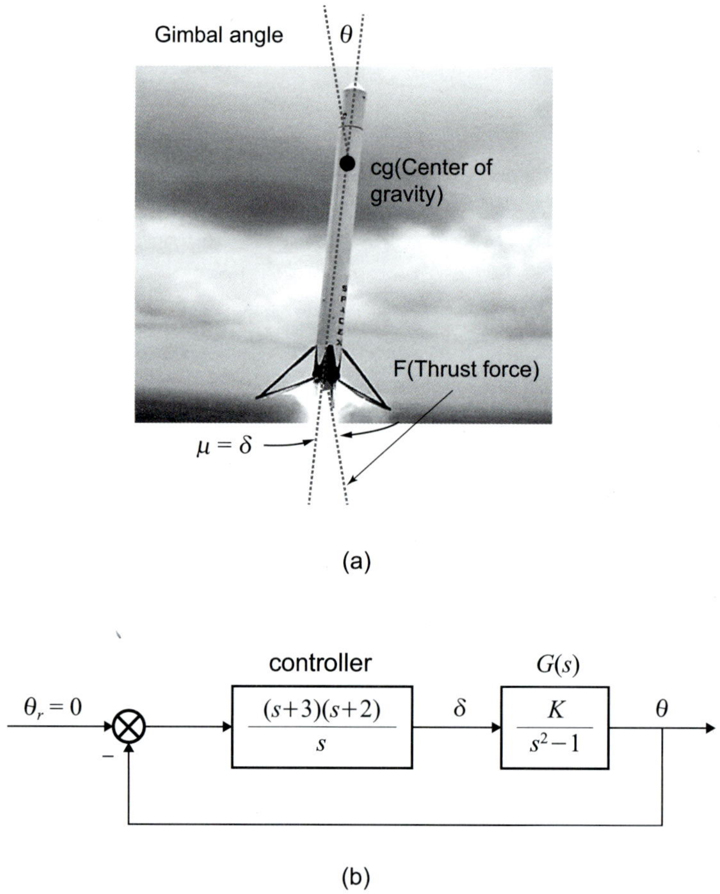

[그림 6.8] 로켓 자세 제어 시스템

RH 안정성 판정법을 사용하여 Routh Array를 구성하여 안정한 범위를 구하면 $K > 1.4$이며 단위 계단 응답에서도 확인할 수 있다.

$$
\begin{array}{c|cc}
s^3 & 1 & 5K-1 \\
s^2 & K & 6K \\
s^1 & 5(K-\frac{7}{5}) & 0 \\
s^0 & - & 0
\end{array}
$$

심화 문제

6.1 도립 진자 시스템(불안정)을 안정화 하기 위해 다음과 같은 제어기를 설계할 경우 비례 제어 게인 K의 범위를 구하라.

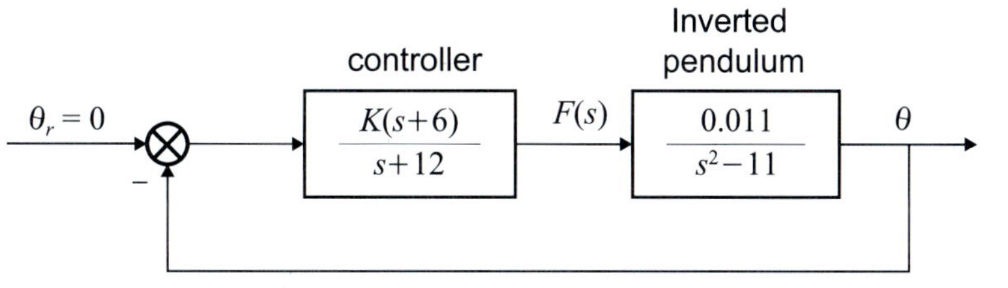

[그림 6.9] 도립 진자 제어 시스템

6.2 압력 조절 밸브 시스템의 안정성을 보장하는 조건을 유도하라.

$$G(s) = \frac{X(s)}{Q(s)} = \frac{A}{\frac{V_o M}{\beta}s^3 + \left(\frac{V_o C}{\beta} + C_t M\right)s^2 + \left(\frac{V_o k}{\beta} + C_t C + A^2\right)s + C_t K} \tag{6.18}$$

6.3 그림 6.10과 같은 마찰 클러치 시스템에서 불안정한 극점으로 인한 셔더(Shudder) 진동이 발생하는 조건을 유도하라.

$$J\ddot{\theta} + c\dot{\theta} + k\theta = T_t \tag{6.19}$$

여기서, $T_t = \mu(v)FR$는 전달 토크로 F는 클러치에 작용하는 작동력, R은 플레이트 유효 반경(Effective Radius), $\mu(v) = \mu_o + \frac{\partial \mu}{\partial v}v$는 슬립(Slip) 상대 속도의 함수인 마찰계수이다. 이때, $v = -R\dot{\theta}$ 인 관계를 이용하면 주어진 운동방정식은 다음과 같다.

$$J\ddot{\theta} + c\dot{\theta} + k\theta = (\mu_o - mR\dot{\theta})FR \tag{6.20}$$

이때 $m=\dfrac{\partial \mu}{\partial v}$ 은 마찰 선도의 기울기이다.

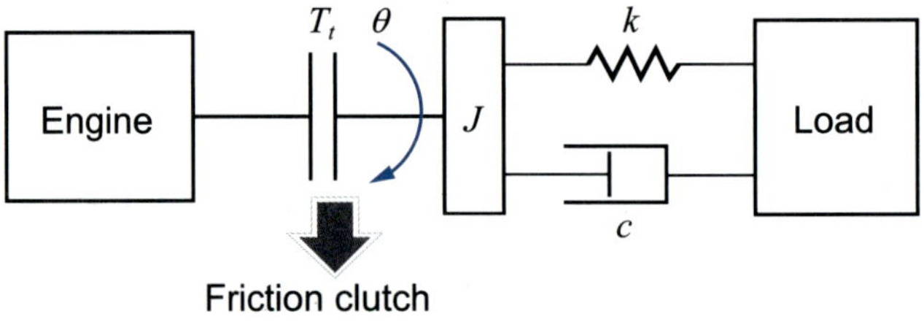

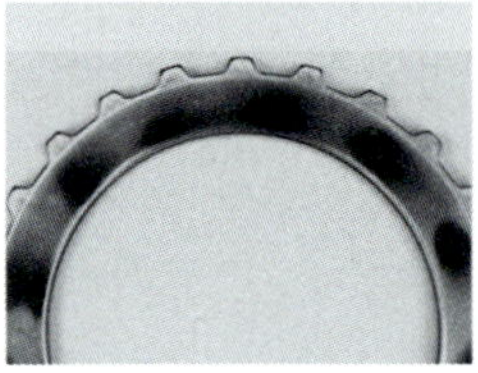

[그림 6.10] 마찰 클러치 시스템과 셔더 진동 현상

6.4 그림 6.8에 나타낸 발사추진체인 로켓의 재사용을 위해 Space-X 사에 의해 개발되고 있는 로켓의 착륙(Self-landing) 제어 시스템을 다음과 같이 단순하게 모델링 하였다[20].

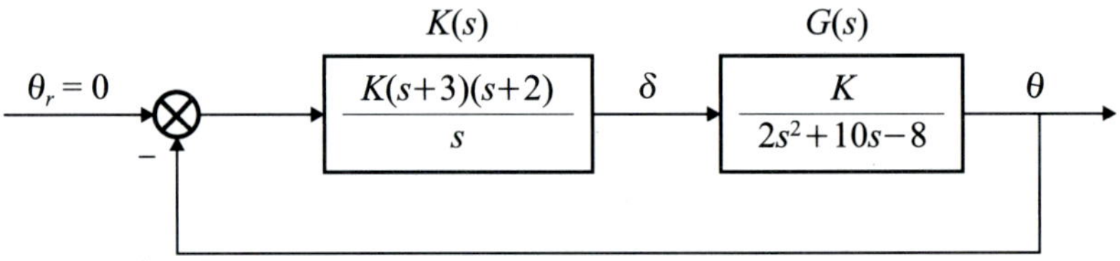

[그림 6.11] 로켓 착륙(Sef–landing) 제어 시스템

[1] 임계 안정성을 보장하는 페루프 제어기의 비례 제어 게인의 범위를 설계하라.

[2] 다음과 같은 페루프 제어기를 설계할 때 안정성을 보장하는 K와 m의 범위를 구하시오.

$$G_c(s) = \frac{K(s+2)(s+m)}{s} \tag{6.21}$$

6.5 다음과 같은 자기 부상 시스템(심화 문제 4.2)에서 다음과 같은 제어기를 설계할 때 시스템을 안정하게 만드는 극점과 영점과의 관계식을 유도하라.

$$K(s) = \frac{K(s+z)}{(s+p)} \tag{6.22}$$

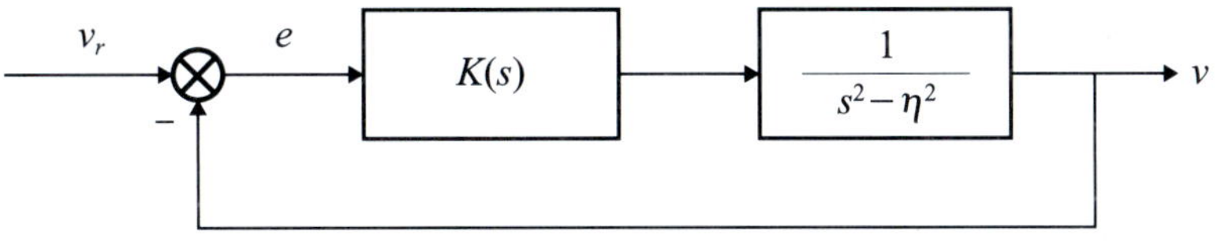

[그림 6.12] 자기 부상 제어 시스템

6.6 도립 진자 제어 시스템(심화 문제 5.3)에서 질량 m이 가변 될 경우 RH 안정성 판별법을 사용하여 안정 조건을 구하라.(Hint: 질량 m을 비례제어 게인으로 설정)

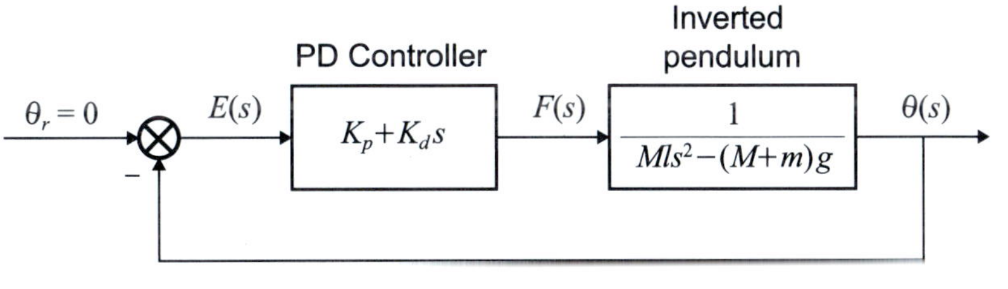

[그림 6.13] 도립 진지 제어 시스템

CHAPTER 7

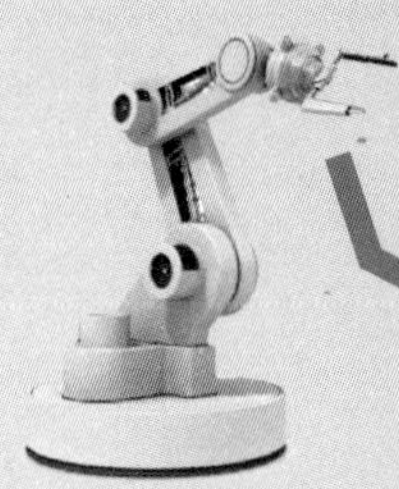

정상 상태 오차 해석

7.1 정상 상태 오차

제어 시스템의 성능을 시간역영역에서 해석할 때 5, 6장에서 설명한 응답 속도 및 안정성 뿐만 아니라 정상 상태 오차(Steady-state Error)도 해석해야 한다. 왜냐 하면 시스템의 응답 속도가 만족스럽고 안정하여 오버 슈트가 적절 해도 정상 상태에서 출력의 오차가 크다면 우수한 제어 시스템으로 말할 수 없기 때문이다. 정밀한 위치 제어가 필요한 3D 프린팅, 로봇 매니퓰레이터의 성능은 결국 이 오차와 상관이 있는 정확성(Accuracy)에 의존한다. 정상 상태 오차를 파악하기 위해서는 안정성과 밀접한 관계가 있는 정상 상태 값을 알아야 하며 정상 상태 오차를 정의하여 최종 값 정리를 사용하여 해석한다.

$$e_{ss} = \lim_{t\to\infty} e(t) = \lim_{t\to\infty} (r(t) - c(t)) = \lim_{s\to 0} sE(s) \tag{7.1}$$

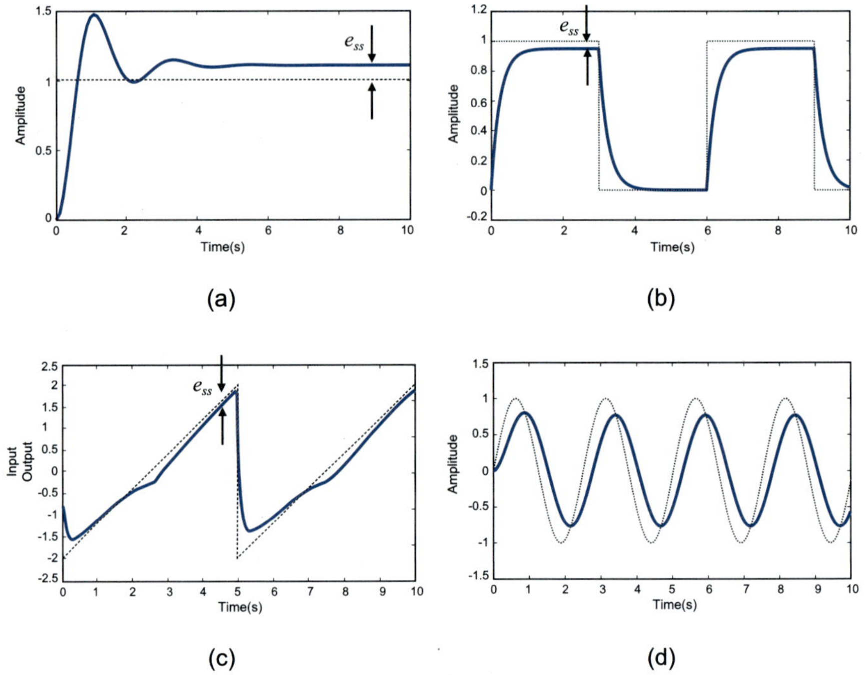

[그림 7.1] 정상 상태 응답(a) 계단, (b) 펄스, (c) 램프, (d) 정현파

정상 상태는 상미분 방정식에서 모든 미분 연산자가 0인 상태이며 입력 형상과 동일한 형상이 되므로 정적(Static) 상태와는 구별해야 한다. 그림 7.1에서 계단 응답은 정상 상태가 정적 상태가 되지만 램프와 정현파 입력(Sinusoidal Input)은 정상 상태임에도 불구하고 여전히 동적(Dynamic) 신호임을 유의해야 한다. 또한, 램프 입력인 경우 정상 상태 오차는 수직축(Vertical Axis)과 평행한 수직선을 사용하여 오차를 계산해야 한다.

예제 7-1

$G(s) = \dfrac{1}{s^2 + s + 1}$ 의 램프 응답에 의한 정상 상태 오차를 구하라.

$$\lim_{s\to 0} sE(s) = \lim_{s\to 0} s\left(\frac{1}{s^2} - \frac{1}{s^2+s+1}\frac{1}{s^2}\right) = \lim_{s\to 0}\left(\frac{s+1}{s^2+s+1}\right) = 1 \tag{7.2}$$

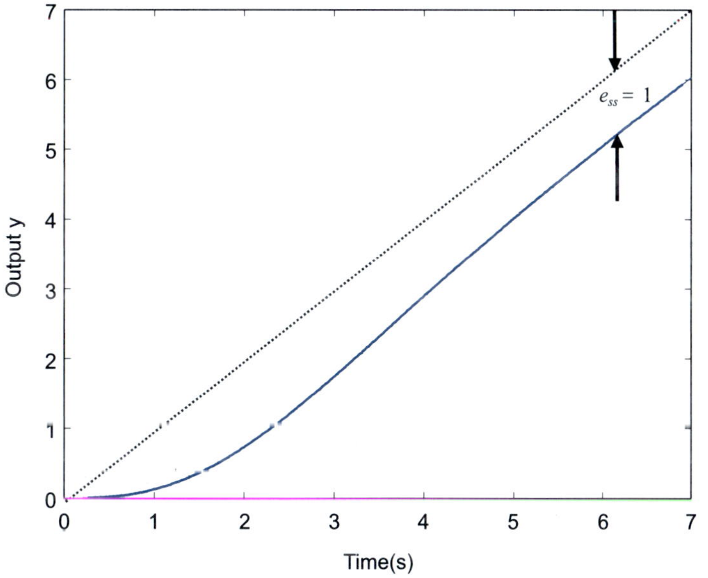

[그림 7.2] 단위 램프 입력에 의한 정상 상태 오차

7.2 폐루프 제어 시스템의 정상 상태 오차

폐루프 제어 시스템의 정상 상태 오차 e_{ss}를 계산하기 위해서는 우선 정상 상태 오차를 유도해야 하며 폐루프 전달 함수 또는 개루프 전달 함수 로부터 정의 할 수 있다. 폐루프 전달 함수가 구해져 있다면 다음식으로부터 정상 상태 오차 e_{ss}를 구할 수 있다.

$$E(s) = R(s) - C(s) = R(s) - R(s)G_c(s) = R(s)[1 - G_c(s)] \tag{7.3}$$

$$e_{ss} = e(\infty) = \lim_{t\to\infty} e(t) = \lim_{s\to 0} sE(s) = \lim_{s\to 0} sR(s)[1 - G_c(s)] \tag{7.4}$$

만약 그림 7.3(b)와 같이 단위 폐루프 제어 시스템($H(s) = 1$)이 주어지고 개루프 전달 함수를 블록 선도에서 쉽게 구할 수 있다면 우리는 폐루프 전달 함수를 구하지 않고 다음 공식을 이용하여 직접 정상 상태 오차를 구할 수 있다.

$$E(s) = R(s) - C(s) = R(s) - E(s)G_o(s) \tag{7.5}$$

$$E(s) = \frac{R(s)}{1 + G_o(s)} \tag{7.6}$$

$$e_{ss} = e(\infty) = \lim_{t\to\infty} e(t) = \lim_{s\to 0} sE(s) = \lim_{s\to 0} s\frac{R(s)}{1 + G_o(s)} \tag{7.7}$$

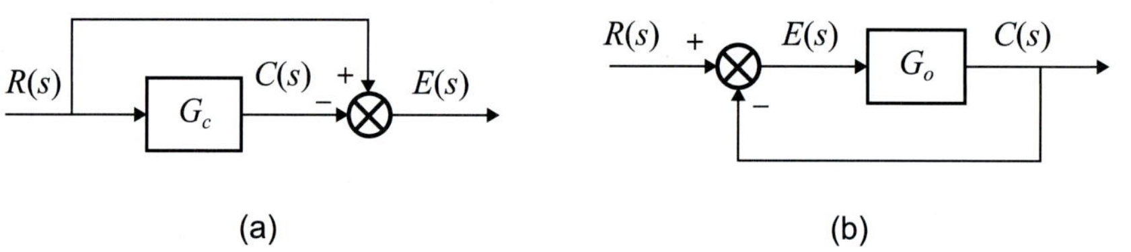

[그림 7.3] (a) 폐루프 전달 함수 이용 (b) 개루프 전달 함수 이용

7.2.1 단위 계단 입력

계단 입력에 대한 정상 상태 오차는 다음과 같은 식을 사용하여 구할 수 있다.

$$
\begin{aligned}
e(\infty) &= \lim_{s\to 0}\frac{s(1/s)}{1+G_o(s)} \\
&= \frac{1}{1+\lim_{s\to 0}G_o(s)} = \frac{1}{1+G_o(0)} = \frac{1}{1+K_p}
\end{aligned}
\tag{7.8}
$$

여기서 K_p는 위치(Position) 오차상수이다. 즉, 개루프 전달 함수의 DC 게인만 구하면 된다. 식 (7.8)로부터 알 수 있듯이 정상 상태 오차의 크기는 개루프 전달 함수의 형태에 따라 결정된다. 개루프 전달 함수의 일반적인 형태를 다음과 같이 정의할 때

$$
G_o(s) = \frac{(s+z_1)(s+z_2)\cdots}{s^n(s+p_1)(s+p_2)\cdots} \tag{7.9}
$$

최종 값 정리에 의해 s가 0으로 접근함에 따라 정상 상태 오차는 적분기(Integrator, $\frac{1}{s^n}$)의 차수 n에 의해 결정된다. 이와 같이 적분기의 차수 n은 정상 상태 오차 해석뿐만 아니라 제어 시스템(전달 함수)을 분류하는데 사용하고 있다. 예를 들면 개루프 전달 함수가 1개 이상의 적분기를 가질 경우($n \geq 1$) 계단 입력에 대한 정상 상태 오차는 항상 0이다. 따라서 정상 상태 오차를 제거하는 가장 효과적인 방법은 적분기를 추가하는 것이며 PID 제어기의 미분(Derivative) 제어기의 역할이 정상 상태 오차를 제거하는 것이다.

7.2.2 단위 램프 입력

램프 입력에 대한 정상 상태 오차는 다음 식을 사용할 수 있다.

$$
e(\infty) = \lim_{s\to 0}\frac{s(1/s^2)}{1+G(s)} = \frac{1}{\lim_{s\to 0}s+sG(s)} = \frac{1}{\lim_{s\to 0}sG(s)} = \frac{1}{K_v} \tag{7.10}
$$

여기서 K_v는 속도(Velocity) 오차상수이다. 계단 입력과 마찬가지로 개루프 전달 함수가 2개 이상의 적분기를 가질 경우($n \geq 2$) 램프 입력에 대한 정상 상태 오차는 0이다.

7.2.3 단위 파라볼릭(Parabolic) 입력

단위 파라볼릭 입력에 대한 정상 상태 오차는 다음과 같다.

$$e(\infty) = \lim_{s \to 0} \frac{s(1/s^3)}{1+G(s)} = \frac{1}{\lim\limits_{s \to 0} s^2 + s^2 G(s)} = \frac{1}{\lim\limits_{s \to 0} s^2 G(s)} = \frac{1}{K_a} \qquad (7.11)$$

여기서 K_a는 가속도(Acceleration) 오차상수이다. 개루프 전달 함수가 3개 이상의 적분기를 가질 경우($n \geq 3$) 파라볼릭 입력에 대한 정상 상태 오차는 0이다. 지금까지 설명한 3개의 시험 입력이 주어질 때 시스템 형태에 따라 결정되는 정상 상태 오차를 표 7.1에 정리하였다.

| 표 7.1 | 시스템 형태에 대한 정상 상태 오차 요약

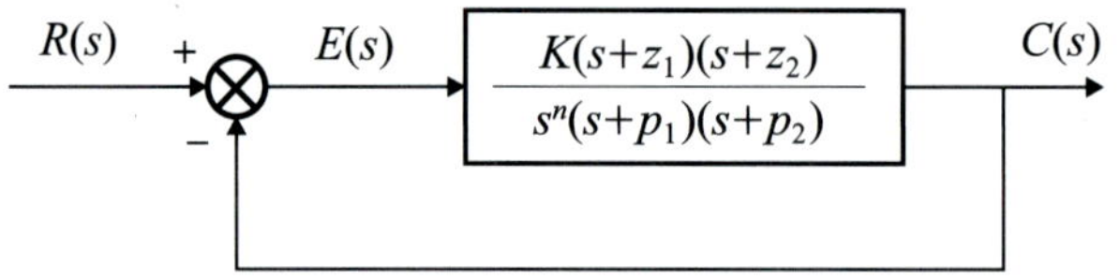

입력(Input)	정상 상태 오차식	Type 0(n = 0) No Integrator	Type 0(n = 1) Single Integrator	Type 2(n = 2) Double Integrator
계단(Step)	$\frac{1}{1+\lim\limits_{s \to 0} G_o(s)}$	$\frac{1}{1+K_p}$	0	0
램프(Ramp)	$\frac{1}{\lim\limits_{s \to 0} sG(s)}$	∞	$\frac{1}{1+K_v}$	0
파라볼릭 (Parabolic)	$\frac{1}{\lim\limits_{s \to 0} s^2 G(s)}$	∞	∞	$\frac{1}{1+K_a}$

7.2.4 외란(Disturbance) 입력

만약 시스템에 외란이 입력된다면 정상 상태 오차에 영향을 미치게 된다. 외란에 의한 정상 상태 오차를 구하기 위해 기준 입력 $R(s) = 0$으로 가정하면 식 (7.13)과 같이 계산 할 수 있다.

$$e(\infty) = \lim_{s\to 0} sE(s) = \lim_{s\to 0} \frac{s}{1+G_1(s)G_2(s)} R(s) - \lim_{s\to 0} \frac{sG_2(s)}{1+G_1(s)G_2(s)} D(s) \quad (7.12)$$

$$e_D(\infty) = \frac{1}{\lim_{s\to 0} \frac{1}{G_2(s)} + \lim_{s\to 0} G_1(s)} \quad (7.13)$$

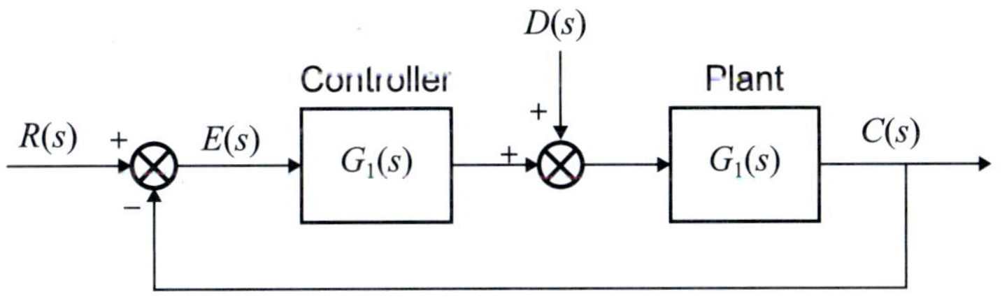

[그림 7.4] 외란 $D(s)$이 입력되는 폐루프 제어 시스템

7.3 정상 상태 오차 설계

제어기 설계 시 일반적으로 정상 상태 오차를 결정하는 비례상수를 먼저 정한 후 나머지 제어 게인등을 결정한다.

예제 7-2

다음과 같은 폐루프 제어 시스템의 경우 계단 응답으로부터 적분기(Integrator)가 없는 시스템($n = 0$)의 경우 계단 입력 $R(s) = \frac{5}{s}$에 대해 정상 상태 오차 $\frac{1}{1+K_p}$

를 나타내지만 적분기를 추가($n = 1$)할 때 정상 상태 오차는 0이 되는 사실을 확인할 수 있다.

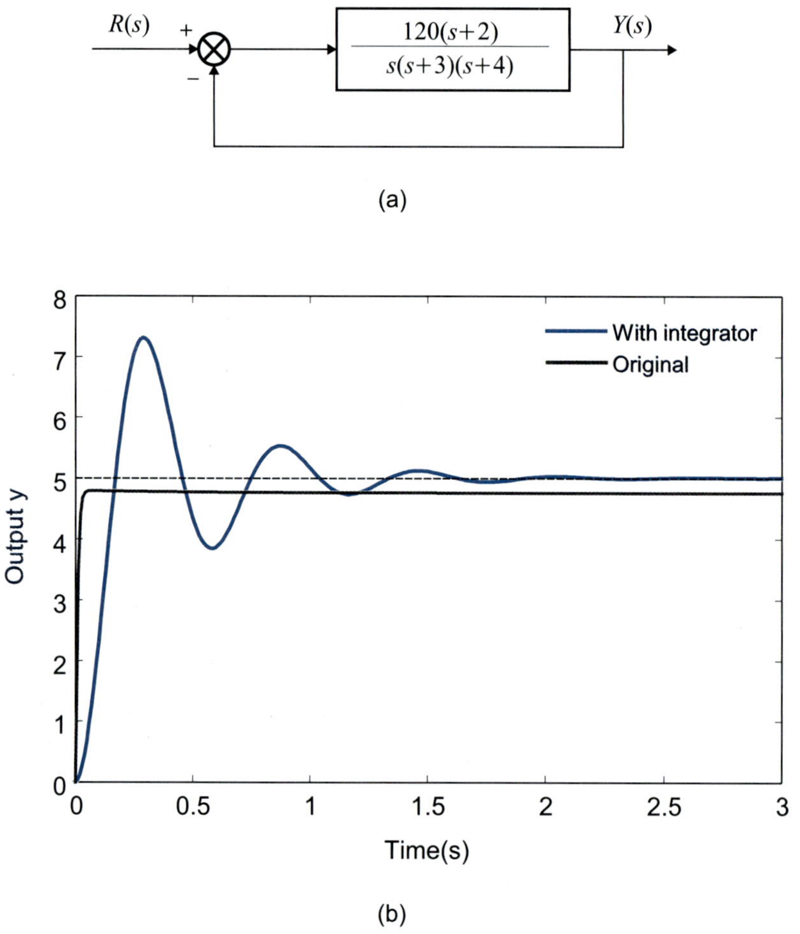

[그림 7.5] (a) 적분기가 있는 폐루프 제어 시스템, (b) 계단 응답

예제 7-3

그림 7.6(a)에 나타낸 비-단위 폐루프 제어 시스템의 정상 상태 오차가 0이 되도록 비례 제어 게인 K을 설계하라.

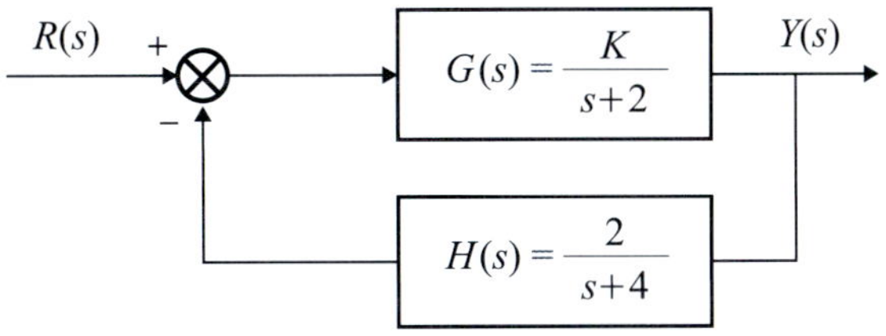

(a)

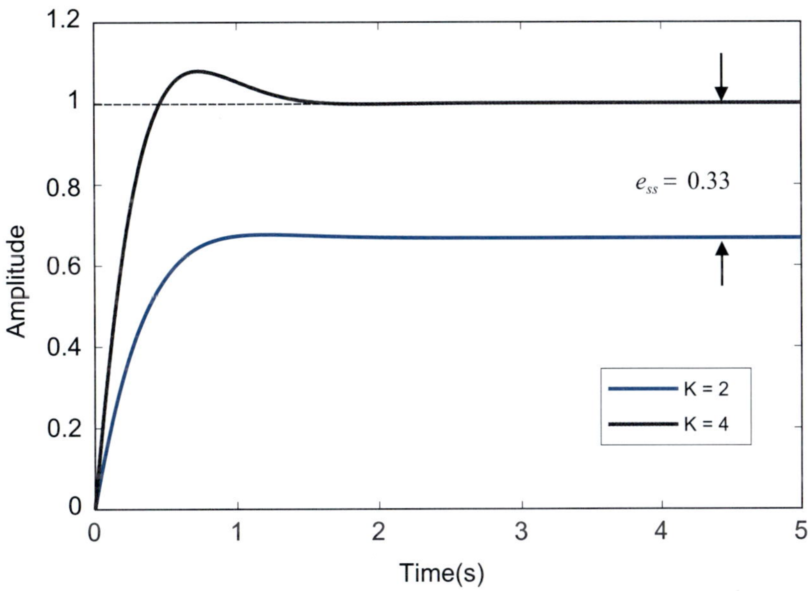

(b)

[그림 7.6] 비례 게인 K 변화에 대한 계단 응답

폐루프 전달 함수를 유도하면 다음과 같다.

$$G_c(s) = \frac{G(s)}{1+G(s)H(s)} = \frac{K(s+4)}{(s+2)(s+4)+2K} \tag{7.14}$$

정상 상태 오차를 구하는 식으로부터 $K=4$를 구할 수 있다.

$$e_{ss} = [1 - G_c(0)] = \left[1 - \frac{4K}{8+2K}\right] = 0 \tag{7.15}$$

만약 개루프 전달 함수를 이용하면 비-단위 폐루프 제어 시스템의 개루프 전달 함수는 다음과 같이 변형된다[13].

$$G_o(s) = \frac{G(s)}{1 + G(s)H(s) - G(s)} = \frac{K(s+4)}{s^2 + 6s - Ks + 8 - 2K} \tag{7.16}$$

표 7.1의 위치 상수를 계산 한 후 정상 상태 오차를 계산하면 K = 4로 위에서 구한 값과 동일하다.

$$\begin{aligned} K_p &= \lim_{s\to 0} G_o(s) = \frac{4K}{8-2K} \\ e_{ss} &= \frac{1}{1+K_p} = \frac{1}{1+\left(\frac{4K}{8-2K}\right)} = \frac{8-2K}{8+2K} = 0 \\ \therefore K &= 4 \end{aligned} \tag{7.17}$$

만약 K = 2이면 정상 상태 오차(e_{ss} = 1−0.667 = 0.33)가 발생된다.

심화 문제

7.1 평지를 주행하는 자동차의 순항 제어(Cruise Control) 시스템에서 만일 $D(s) = \frac{d}{s}$, $v_r = \frac{30}{s}$ 일 때 차가 정상 상태에서 정지하게 되는 외란의 임계치 d의 값을 구하라. 이때, $T_v = 20s$, $T_1 = 10s$, $K_vK_1 \gg 1$, $K_g/K_1 = 2$.

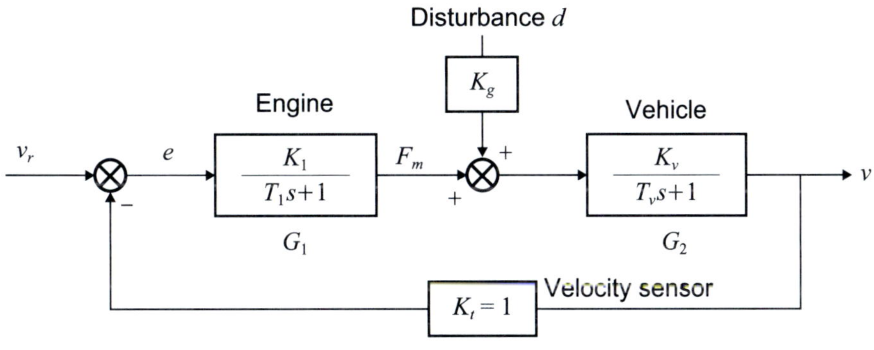

[그림 7.7] 자동차 순항 제어 시스템의 블록 선도

7.2 다음과 같은 단위 폐루프 제어 시스템에 11장에서 배울 비례-미분 제어기를 설계하였다(PD 제어기 설계에 대해 몰라도 상관없음). 램프 입력에 대한 정상 상태 오차를 0.02로 유지하도록 우선 비례 게인 k_p의 값을 설계한 후 폐루프 전달 함수의 감쇠비가 0.5가 되도록 미분 게인 k_d의 값을 설계하여라.

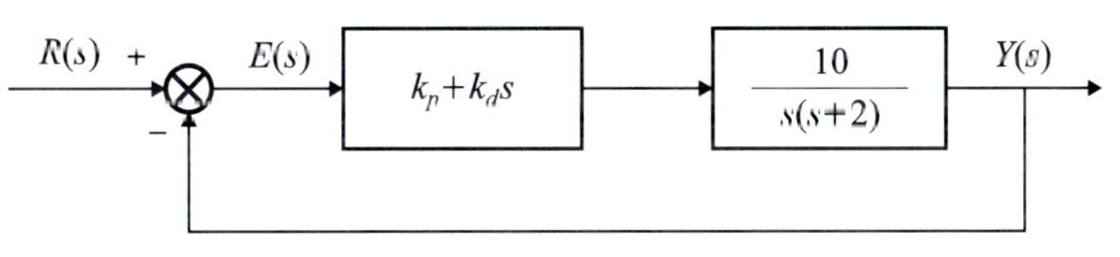

[그림 7.8] 폐루프 PD 제어 시스템

7.3 다음과 같이 센서 동역학을 가진 페루프 속도 제어 시스템에서 비례-적분 제어기를(PI 제어기 설계에 대해 몰라도 상관없음) 설계 시 단위 계단 입력에 대한 정상 상태 오차를 구하라.

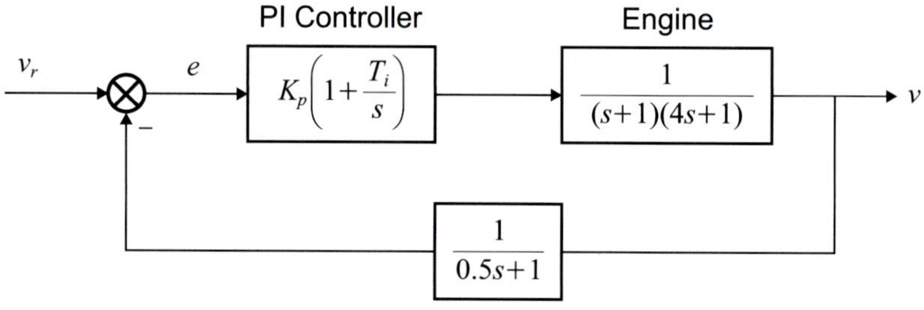

[그림 7.9] 회전속도 제어 시스템

CHAPTER

8

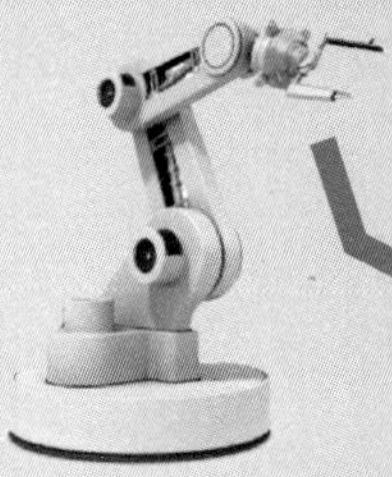

근궤적법

8.1 근궤적 개념

근궤적(Root Locus)법은 개루프 전달 함수의 극점과 영점을 s- 평면에 작도 한 후 게인 또는 시스템 파라미터 값의 변화에 따른 폐루프 극점의 위치를 알아내는 시각적인 방법이다. 다음과 같은 개루프 전달 함수(s = 0, −10)가 주어질 때 폐루프 전달 함수와 특성 방정식의 근(극점)을 구할 수 있으며 폐루프 제어 시스템의 극점은 비례 게인 K에 따라 변한다는 사실을 알 수 있다. 이때 K의 증분 을 작게 하여 연속적으로 직접 그리면 그림 8.1(b)와 같은 근궤적이 된다.

$$G_c(s) = \frac{K}{s^2 + 10s + K} \tag{8.1}$$

$$s = -5 \pm \sqrt{5^2 - K} \tag{8.2}$$

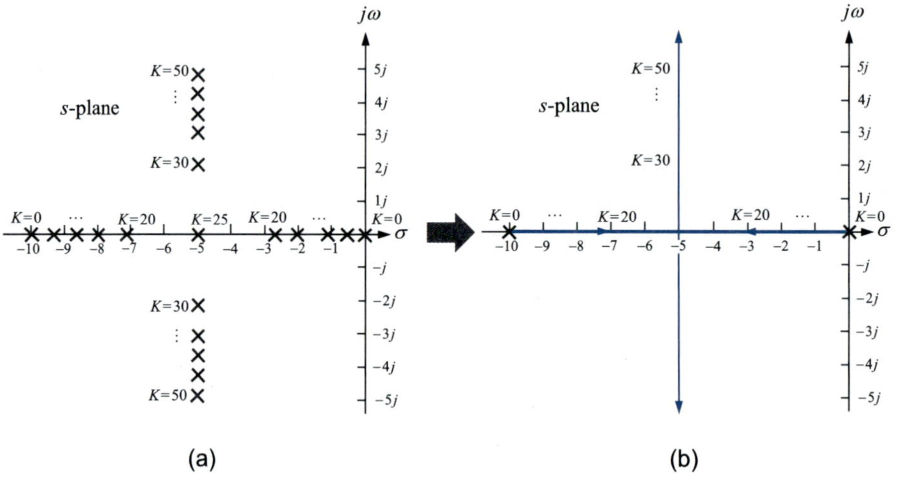

[그림 8.1] 근궤적의 개념(a) K = 0:5:50 (b) K = 0:0.0000001:50

이 방법은 근 궤적의 정의를 직접 이용하여 그려 매우 직관적이지만 근을 모두 풀고 반복해야 하므로 많은 계산량을 요구한다. 특히, 3차 이상의 차수를 지닌 다항식을 풀기 위해서는 Newton-Raphson법과 같은 수치 해석(Numerical Analysis) 기법도 필요하지만 1940년대에는 현대식 컴퓨터가 개발되기 훨씬 이전이었다. 1948년에 W. R Evans는 특성 방정식을 직접 푸는 방식 대신 복소수의 수학적 특성을 이용하여 근궤적을 근사하게 스케치(Sketch)하는 간접적인 방법을 소개하였으며 이후 제어 시스템 해석 및 설계에 광범위하게 사용되고 있다. 근궤적을 그리고 이해하기 위해서는 복소수를 벡터(또는 극좌표)로 표현하는 것이 도움이 된다. 전달 함수(복소 함수)가 주어질 때 전달 함수의 극점 및 영점에서 시작하고 s-평면의 한점에서 끝나는 복소수(벡터)를 정의할 수 있다.

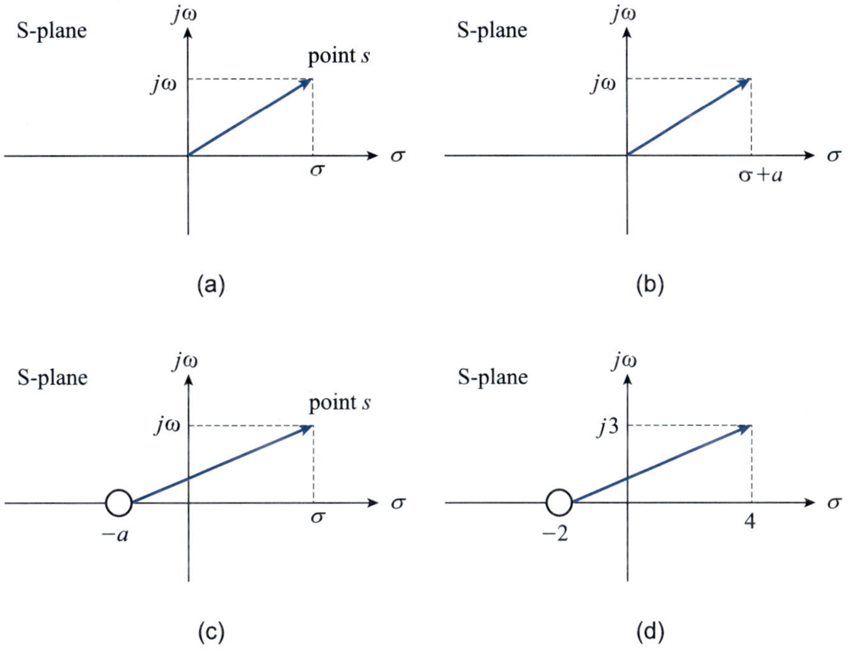

[그림 8.2] 복소수의 벡터 표현 (a) $s = \sigma + j\omega$ (b) $F(s) = (s+a)$, (c) $(s+a)$의 다른 표현(축 이동), (d) $(s+2)|_{s\to 4+j3}$

폐루프 제어 시스템이 주어질 때 근궤적을 그리기 위해서는 다음과 같은 일반적인 형태의 단위 개루프 전달 함수를 정의한다.

$$G(s) = K\frac{(s-z_1)(s-z_2)\cdots(s-z_m)}{(s-p_1)(s-p_2)\cdots(s-p_n)} = K\frac{N(s)}{D(s)}, K > 0 \tag{8.3}$$

여기서 K는 비례 게인(또는 근궤적 파라미터)이다. 개루프 전달 함수를 이용하여 폐루프 제어 시스템의 성능을 해석하는 이 개념은 제어 공학에서 매우 중요하며 근궤적법, 보드 선도, 나이퀴스트 선도에서도 사용한다. 폐루프 전달 함수의 분모를 0으로 하는 특성 방정식($1 + G(s) = 0$)이 주어질 때 이 방정식을 만족하는 개루프 전달 함수를 다음과 같은 벡터(또는 극좌표)로 표시 할 수 있다.

$$G(s) = -1 = 1\angle(2k+1)180^{\circ}, k = 0, \pm 1 \cdots \tag{8.4}$$

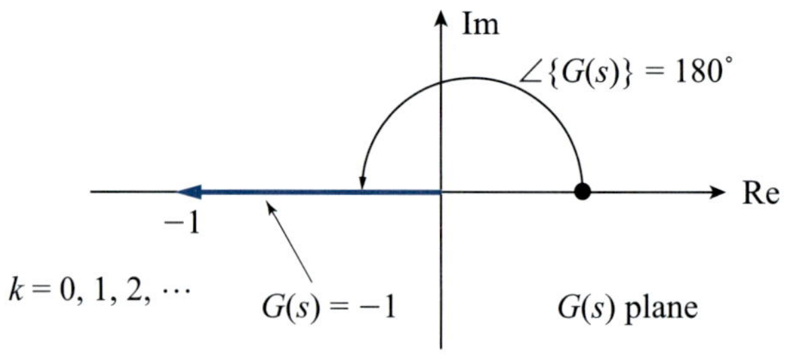

[그림 8.3] 폐루프 제어 시스템의 벡터(극좌표) 표시

만일 s-평면의 한점 s가 개루프 전달 함수의 크기 및 편각을 만족한다면 폐루프 전달 함수의 근(극점)이 되는 것이다. 이와 같은 방법으로 근궤적 파라미터 K를 0에서 무한대(∞)까지 변화시켜 가며 구한 특성 방정식의 근을 s-평면상에 그리면 근궤적이 된다.

예제 8-1

다음과 같은 개루프 전달 함수가 주어질 때

$$G(s) = \frac{K}{s(s+2)} \tag{8.5}$$

$s = -1+j$는 근궤적상 위에 위치하므로 폐루프 제어 시스템의 근(극점)이며 식 8.5의 크기 및 편각 조건을 만족한다. 따라서 크기 조건으로부터 이 점에 해당하는 게인 $K = 2$를 구할 수 있다.

$$|G(s)| = \left|\frac{K}{s(s+2)}\right|_{s=-1+j1} = 1 \tag{8.6}$$

이때 구한 $K = 2$를 이용하여 $s = -1+j$를 개루프 전달 함수에 대입하면 식 (8.4)가 된다. 근궤적상의 임의의 점 p에서 편각 조건도 항상 만족하는 사실을 알 수 있다.

$$G(s) = \left.\frac{K}{s(s+2)}\right|_{s=-1+j} = \frac{2}{(-1+j)(-1+j+2)} = -1 \tag{8.7}$$

$$-\angle p - \angle(p+2) = -\theta_1 - \theta_2 = -180° \tag{8.8}$$

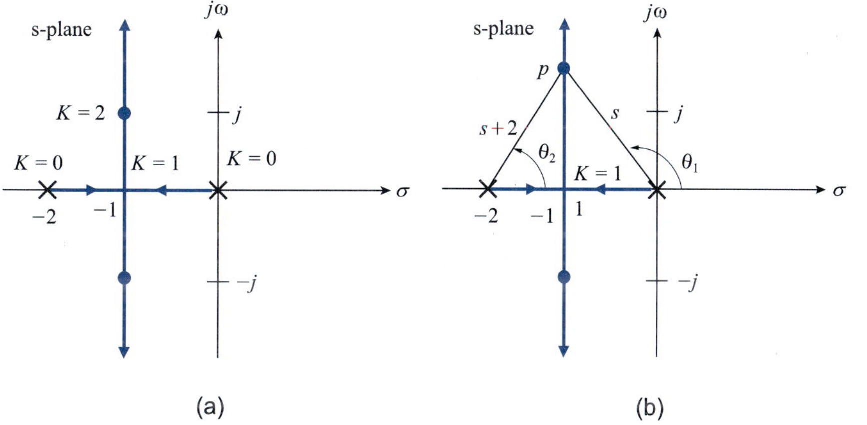

[그림 8.4] 개루프 전달함수 $G(s) = \frac{K}{s(s+2)}$ 의 근궤적

8.2 근궤적 작도법

앞 장에서 정의한 근궤적을 정밀하게 구하기 위해서 폐루프 전달 함수의 특성 방정식을 직접 풀거나 K를 변화시켜 가면서 개루프 전달 함수의 크기 및 편각을 만족하는 s를 모두 구해야 할 경우 많은 계산량이 필요하다. 많은 공학 문제에서 이러한 정밀해가 필요하지 않으며 근사해로도 충분하므로 정밀해를 구하지 않고 수학적 특성을 이용하여 근궤적을 신속하게 작도하여 제어 시스템 설계에 사용할 수 있다. 작도를 하기 위해서는 개루프 전달 함수가 필요하므로 만약 폐루프 전달 함수의 특성 방정식이 주어지면 다음과 같이 근궤적법의 일반 형태로 표시해야 한다. 특성 방정식에서 K가 포함되어 있는 항을 분자에, K가 포함되지 않은 항을 분모에 위치 시킨다. 만약 개루프 전달 함수가 주어지면 이 절차는 필요 없다.

$$1+K\frac{(s-z_1)(s-z_2)\cdots(s-z_m)}{(s-p_1)(s-p_2)\cdots(s-p_m)}=0 \tag{8.9}$$

예제 8-2

특성 방정식 $s^3+2s^2+Ks+2s+1=0$이 주어지면 $1+\frac{Ks}{s^3+2s^2+2s+1}=0$로 수정하며 이때 개루프 전달 함수 $G(s)=\frac{Ks}{s^3+2s^2+2s+1}$이다. 근궤적을 스케치하기 위해 다음과 같은 9개 정도의 규칙(Rule)을 사용하면 비교적 정확한 근사적인 형태의 근궤적의 스케치가 가능하다.

- Rule 1 **근궤적의 수**: 근궤적의 수는 개루프 전달함수의 극점 수와 같다.
- Rule 2 **근궤적의 모양**: 특성 방정식의 근은 켤레근이므로 근궤적은 실수 축(수평축)에 대하여 항상 대칭이다.
- Rule 3 **근궤적의 시작점과 종착점**: 식 8.4에서 폐루프 전달 함수의 특성 방정

식 $1+G(s) = 0$를 $KN(s) + D(s) = 0$로 나타낼 수 있으므로 시작점($K = 0$)은 $D(s) = 0$인 경우이므로 개루프 전달 함수의 극점이다. 종착점($K = \infty$)은 $N(s) = 0$인 경우이므로 개루프 전달 함수의 영점이다. 이때, 극점과 영점 수의 차이(상태 차수)만큼의 무한대 영점이 존재한다. 다음과 같은 예제를 보면, 개루프 전달 함수를 블록 선도로부터 직접 구할 수 있기 때문에 식 (8.9)로 변환할 필요가 없으며 개루프 전달 함수의 영점(종착점, $s = -1, -2$)과 극점(시작점, $s = -3, -4$)을 쉽게 결정할 수 있다. 근궤적은 실수축에 대칭이기 때문에 만약 분기점만 알 수 있다면 비교적 정확한 근궤적 스케치가 가능하다.

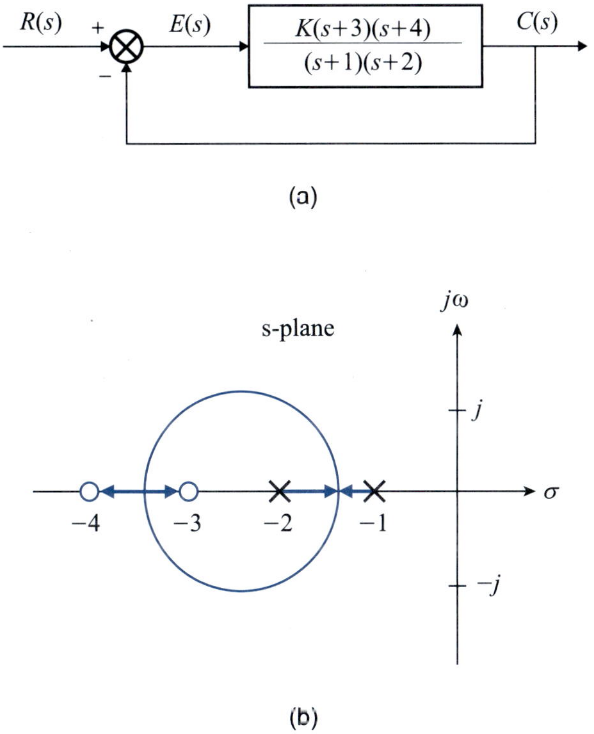

[그림 8.5] 폐루프 제어 시스템의 근궤적

- **Rule 4 실수축 상의 근궤적:** 개루프 전달 함수의 영점과 극점이 실수축 상에 위치할 경우 근궤적은 임의의 구간에서 우측에 있는 극점과 영점의 합한 개수가 홀수일 경우 존재하고 짝수인 경우 존재하지 않는다.

예제 8-3

아래 근궤적에 이 규칙을 적용해보면 $p_2 < s_1 < z_1$ 구간에서는 우측에 위치한 극점(p_1)과 영점(z_1)을 합한 개수가 짝수인 2이므로 근궤적이 존재하지 않는다.

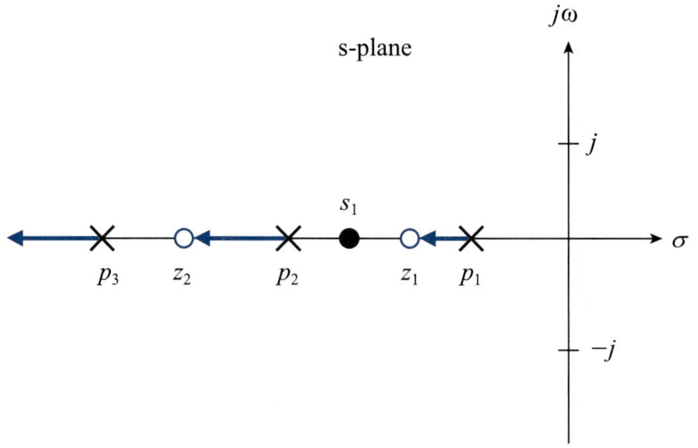

[그림 8.6] 실수축상의 근궤적

- Rule 5 **점근선**(Asymptote): 근궤적이 점근선을 따라 무한대 영점으로 접근할 때 점근선에 대한 정보(중심, 각도)는 다음 식으로 결정한다.

$$A_c = \frac{\sum_{i=1}^{n} p_i - \sum_{j=1}^{m} z_j}{n-m}, \quad \alpha = \frac{\pm(2k+1)180^\circ}{n-m}, k = 0, 1, 2, \cdots \tag{8.10}$$

예제 8-4

개루프 전달 함수 $G(s) = \dfrac{K}{s(s+2)}$ 의 상태 차수는 $n-m = 2$이므로 점근선의 각도 $\alpha = \pm 90^\circ$, 중심 $A_c(-1, 0)$을 계산 할 수 있으며 그림 8.7과 같은 근궤적을 스케치 할 수 있다. 근궤적이 단순하여 비록 스케치이지만 정밀해와 동일하며 폐루프 제어 시스템의 극점(근궤적)이 s-평면에서 좌반부(LHP)에만 존재하므로 항상 안정하다.

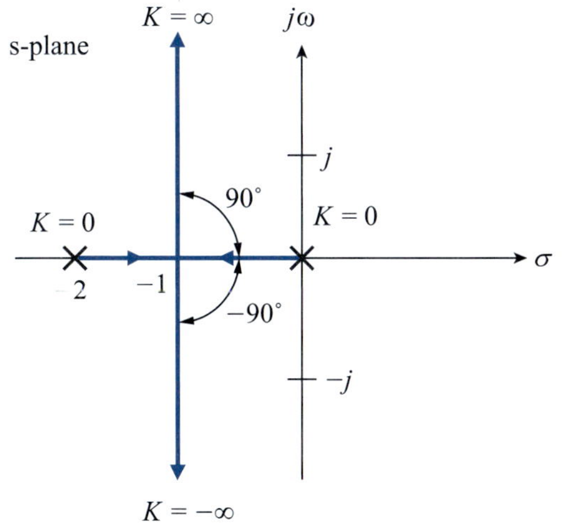

[그림 8.7] $G(s)=\dfrac{K}{s(s+2)}$ 에 대한 근궤적 선도

- **Rule 6 분기점**(Branch Point): 두 근궤적이 실수 축을 떠나는 점(Break-away)과 복귀하는(Break-in)점을 분기점이라고 하며 분기점에서의 K 값은 실수축상에서 극점이 되므로 특성 방정식을 식으로 변형 한 다음 s에 대하여 미분한 식을 0으로 하는 방정식의 근으로부터 분기점을 구할 수 있다.

$$\frac{dK}{ds}=0 \tag{8.11}$$

예제 8-5

예제 8-4에서 특성 방정식은 $s^2+2s+K=0$이므로 $K=-s^2-2s$로 변형되며 미분하면 $-2s-2=0$이다. 따라서 이 방정식의 해인 분기점은 $s=-1$이며 이 예제에서는 점근선의 중심점과 일치한다.

- **Rule 7 허수축 통과점**(Imaginary-axis Crossing Point): 폐루프 제어 시스템도 비례 게인의 증가에 따라 불안정해 질 수 있으므로 허수축을 통과하는 시점을 알아야 근궤적을 그리고 안정한 범위를 구할 수 있다. 허수축상에 위치하면 응답은 일정한 크기를 가지고 진동(Marginally Stable)하며 이때 진동 주파

수는 시스템의 고유 진동수이다. 임계 근궤적 파라미터를 구하기 위해서 허수축($\sigma = 0$)에 위치한 근궤적의 극점 $s = j\omega$(개루프 극점과 구별하기 위해 +로 표시)을 특성 방정식에 대입하여 구한다.

예제 8-6

다음과 같은 개루프 전달 함수의 근궤적을 그려라.

$$G(s) = \frac{K}{s(s+3)(s+5)} \tag{8.12}$$

폐루프 전달 함수의 분모를 0으로 하는 특성 방정식은 $s^3 + 8s^2 + 15s + K = 0$이다. 특성 방정식에 $s = j\omega$를 대입하면 다음과 같이 실수부와 허수부로 나눠진다.

$$(j\omega)^3 + 8(j\omega)^2 + 15(j\omega) + K = (K - 8\omega^2) + j\omega(15 - \omega^2) = 0 \tag{8.13}$$

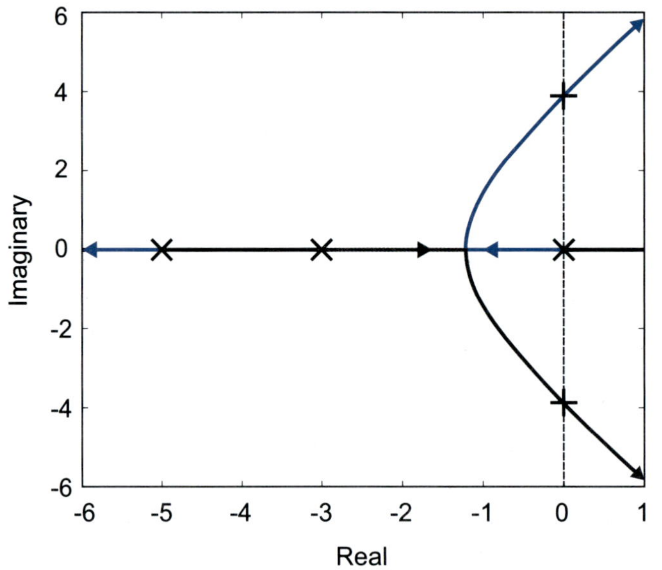

[그림 8.8] $G(s) = \frac{K}{s(s+3)(s+5)}$에 대한 근궤적 선도

이 식이 0가 되기 위해서는 다음 조건이 만족해야 하며 두번째 조건으로부터 ω = 3.85를 구하여 첫번째 조건에 대입하여 임계(Critical) 근궤적 파라미터(K = 120)를 구한다.

$$\begin{aligned} &\mathrm{Re}:(K-8\omega^2)=0 \\ &\mathrm{Im}:\omega(15-\omega^2)=0 \end{aligned} \tag{8.14}$$

따라서 극점이 두개인 2차 시스템에 적분기와 같은 원점 극점이 한 개 추가되면 항상 안정한 시스템의 상대 안정성이 작아져서 불안정해 질 수 있다.

- **Rule 8 켤레 극점에서 시작하는 각도:** 편각 조건식으로부터 켤레 극점에서 시작하는 각도를 쉽게 결정 할 수 있다.

$$\sum All\ angles = \theta_z - \theta_p \quad \theta = \pm(2k+1)\pi, \quad \theta_z - \theta_p - \theta = \pm(2k+1)\pi \tag{8.15}$$

$$\therefore \theta = \pi - \sum\theta_p + \sum\theta_z \tag{8.16}$$

이때 θ_p, θ_z는 1사분면의 수평선에서 반시계방향으로 계산한다. 그러나 이 규칙은 극점이 겹쳐져 있는 경우에는 적용되지 않으니 주의해야 한다.

예제 8-7

다음과 같은 개루프 전달 함수의 근궤적을 그려라.

$$G(s)=\frac{K(s+2)}{s^2+2s+2} \tag{8.17}$$

시작점과에서의 출발 각도는 θ = 180° − θ_p + θ_z = 135°이다.

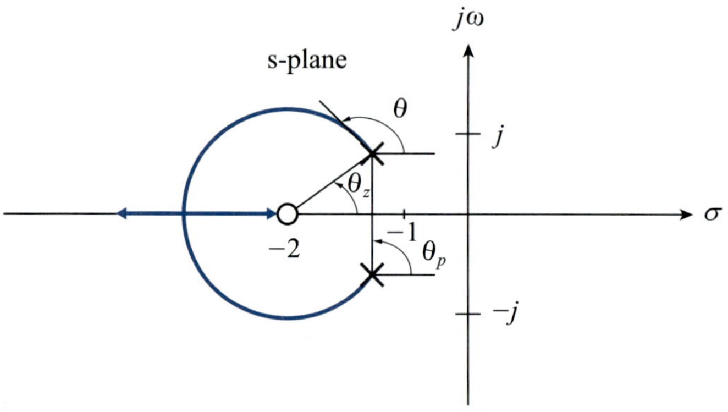

[그림 8.9] $G(s)=\dfrac{K(s+2)}{s^2+2s+2}$ 에 대한 근궤적 선도

- Rule 9 Source and Sink Analogy: 극점은 소스(Source)에 대응되며 영점은 싱크(Sink)에 대응된다. 그림 8.7에 나타낸 시스템에 극점이 좌측에 추가되면 근궤적을 밀어내어 오른쪽으로 휘어져 그림 8.8과 같이 변한다.

예제 8-8

다음 개루프 전달 함수의 근궤적을 그려라.

$$G(s)=\frac{K}{s(s+1)(s+2)} \tag{8.18}$$

근궤적을 위한 일반 형태로 변경한다. 개루프 전달 함수가 주어졌기 때문에 바로 구할 수 있다.

$$1+K\frac{1}{s(s+1)(s+2)} \tag{8.19}$$

개루프 전달 함수의 극점과 영점을 표시한다. 3개의 무한대 영점이 예상되며 점근선을 구한다(그림 8.10).

$$\alpha = \frac{\pm(2k+1)180°}{n-m} = \frac{\pm 180°}{3} = \pm 60^{\circ},\ A_c = \frac{\sum_{i=1}^{n} p_i - \sum_{j=1}^{m} z_j}{n-m} = \frac{-3}{3} = -1 \qquad (8.20)$$

분기점은 다음과 같이 구한다(그림 8.10(c)).

$$K = -s(s+1)(s+2) \qquad (8.21)$$

$$dK/ds = 0 \rightarrow s = -0.423 \qquad (8.22)$$

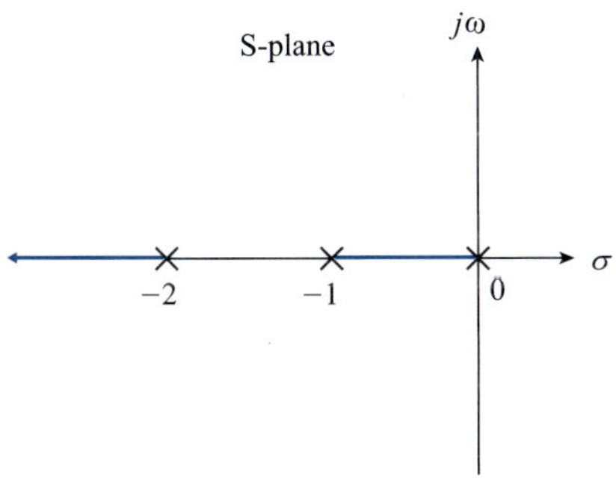

(a)

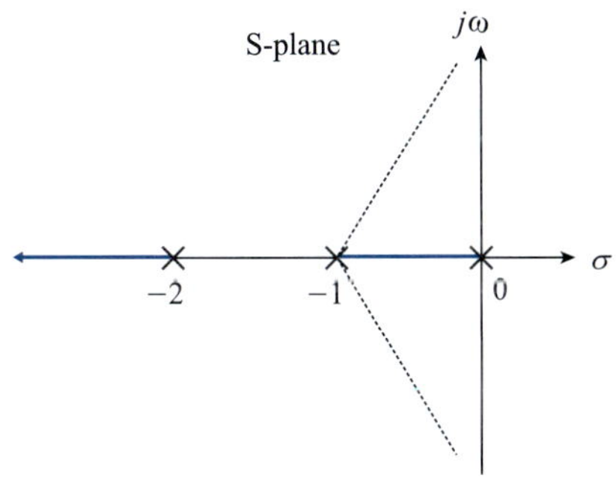

(b)

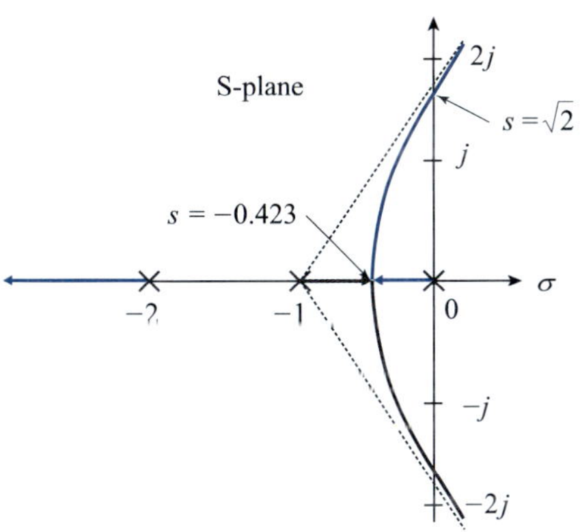

(a)

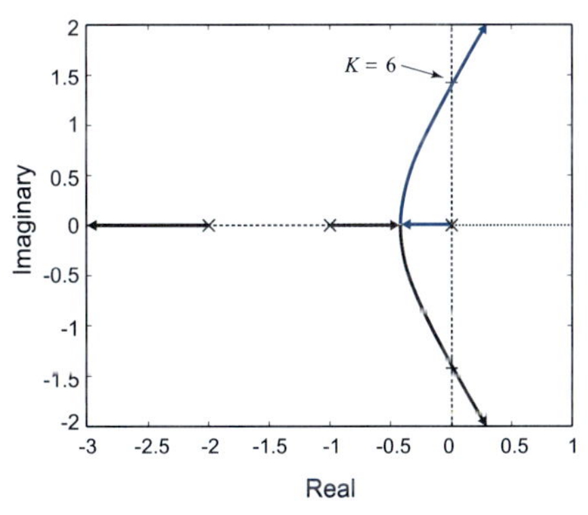

(b)

[그림 8.10] $G(s) = \frac{K}{s(s+1)(s+2)}$ 에 대한 근궤적 작도 순서

허수축을 지나는 점은 $s = j\omega$를 특성 방정식에 대입하여 식 (8.24)의 2개 미지수 $\omega = \sqrt{2}$, $K = 6$을 구한다. MATLAB(Default $K = 1$)으로 그린 근궤적(그림 8.10(d))과 일치함을 알 수 있다.

$$(K - 3\omega^2) + j(2\omega - \omega^3) = 0 \tag{8.23}$$

$$\begin{cases} 2\omega - \omega^3 = 0 \\ K - 3\omega^2 = 0 \end{cases} \tag{8.24}$$

8.3 근궤적을 이용한 제어 시스템 설계

근궤적법이 아직도 제어 공학에서 광범위하게 사용되는 이유 중 하나는 근궤적법을 통해 비례 제어 시스템의 과도 응답 특성의 설계가 가능하기 때문이다. s-평면에서 고유 진동수(ω_n)는 원점에서 폐루프 전달 함수의 극점까지 거리이므로 반지름으로 표현이 가능하며 감쇠비(ζ)는 사선으로 표현이 가능하다. 따라서 제어 설계자가 원하는 고유 진동수 및 감쇠비를 그린 후 근궤적과의 교점에 해당하는 비례 제어 게인 K를 구할 수 있다. 예를 들면 다음과 같은 개루프 전달 함수가 $\zeta = 0.5$를 갖도록 K를 설계하려면 각도 $\varphi = \cos^{-1}(0.5) = 60°$를 지닌 사선을 그린 후 근궤적과의 교점을 구하여 특성 방정식에 대입하면 된다. 이때 교점을 구하기 위해서는 MATLAB의 rlocfind 를 사용하여 직접 구하거나 교점을 $s = a + (\tan^{-1} 60°)\omega j$ 로 가정하여 특성 방정식에 대입하여 구한다.

$$G(s) = \frac{K}{s(s^2 + 4s + 5)} \tag{8.25}$$

이때 주의해야 할 점은 3장에서 해석한 시간 응답은 2차 시스템을 기반으로 유도 되었기때문에 추가된 3번째 극점이 지배 극점(Dominant Poles)에 비해 5배 이상 떨어져서 위치하여 2차 시스템으로 가정할 수 있는지 확인해야 한다. 주어진 시스템에서 $K = 4.2584$일 때 폐루프 극점(그림 8.11에서 +로 표시)은 $s =$

-2.7432, $-0.6284 \pm 1.076j$로 $\alpha = \left|\dfrac{p_3}{\zeta\omega_n}\right| = \left|\dfrac{-2.7432}{-0.6284}\right| \gg 5$ 이므로 2차 시스템으로 가정할 수 있다.

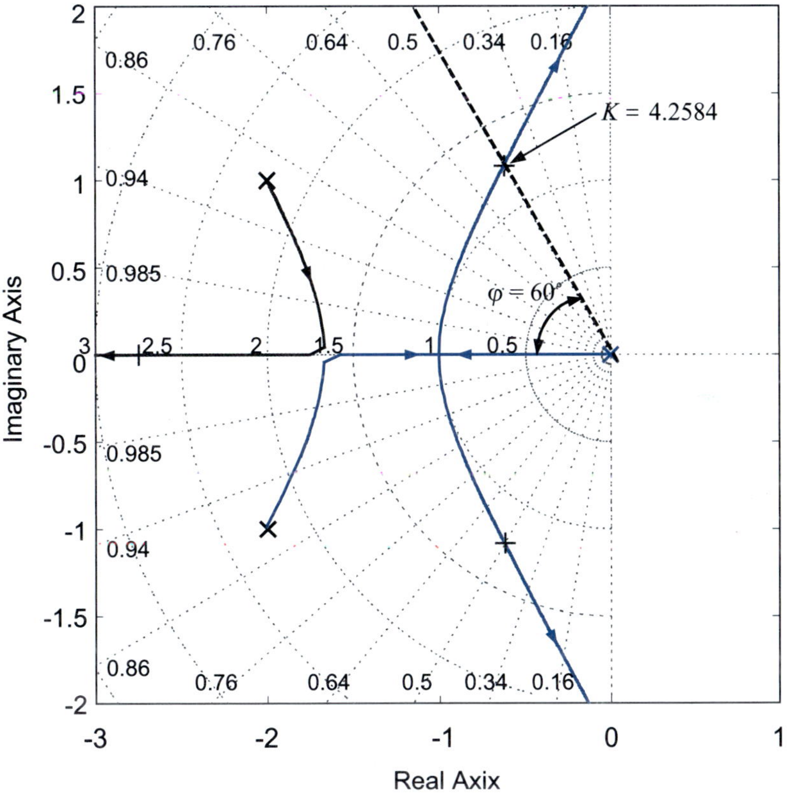

[그림 8.11] $G(s) = \dfrac{K}{s(s^2+4s+5)}$에 대한 근궤적

예제 8-9

다음과 같은 속도 센서를 이용한 위치 제어 시스템(그림 8.12(a))이 주어질 때 근궤적법을 위해 개루프 전달 함수가 필요하므로 그림 8.12(b)와 같이 센서 분기점을 출력 방향으로 이동시킨다. 이때 피드백 루프에 미분기 s 추가를 빼먹지 말아야 한다. 변형된 모델의 개루프 전달 함수는 모든 블록을 곱하면 되므로 직관적으로 쉽게 구할 수 있다. 이때 안정한 범위의 비례 게인(또는 근궤적 파라미터)

의 범위를 구해보면 $K \leq 10$이다.

$$G(s)H(s) = \frac{K_1 K_2 K_3}{s(\tau_1 s+1)(\tau_3 s+1)} \cdot \frac{K_4 s}{(\tau_4 s+1)} = \frac{K}{(\tau_1 s+1)(\tau_3 s+1)(\tau_4 s+1)} \quad (8.26)$$

여기서, $\tau_1 = 0.5\text{sec}$, $\tau_3 = 1\text{sec}$, $\tau_4 = 0.33\text{sec}$, $K = K_1 K_2 K_3 K_4$

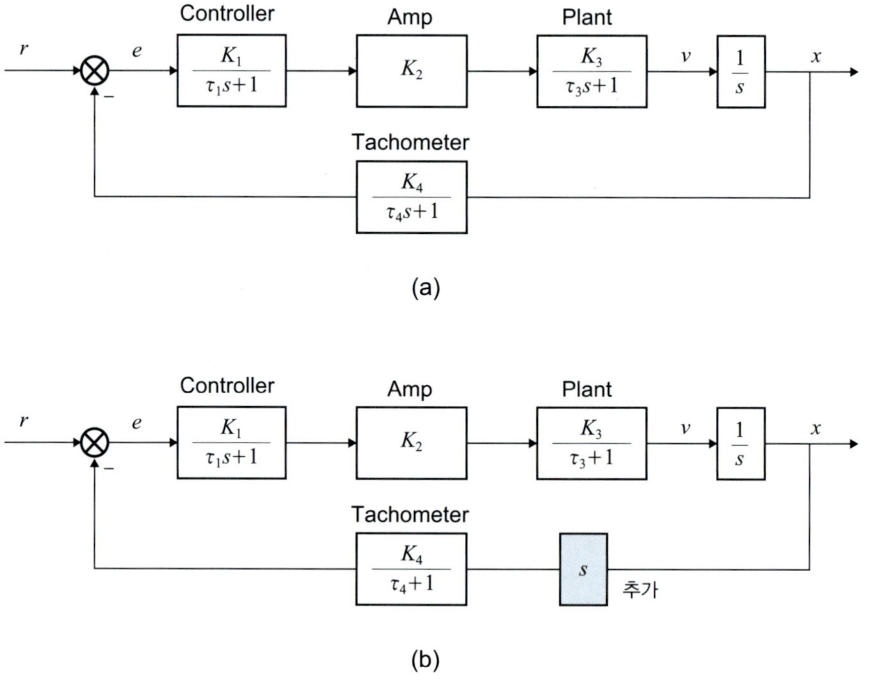

[그림 8.12] 속도 센서를 사용한 폐루프 위치 제어 시스템 (a) 원 모델, (b) 변형 모델

비례 게인 튜닝(Gain Tuning)만 하는 경우 과도 응답 설계 조건과 정상 상태 오차 설계 조건 사이의 절충(Trade-off)을 통해 비교적 만족스러운 과도 응답 특성을 설계 할 수 있는 장점이 있지만 일반적으로 과도 응답과 정상상태 오차는 근궤적에서 간단한 이득 조정만으로는 동시에 만족되도록 설계하기 어렵다/

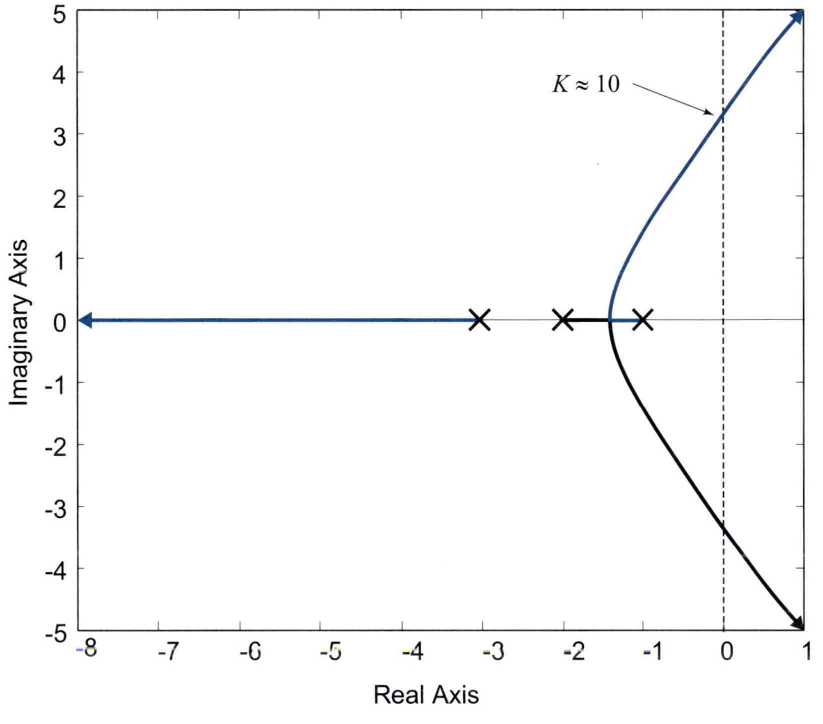

[그림 8.13] 근궤적과 임계 근궤적 파라미터

심화 문제

8.1 다음과 같이 2개의 파라미터(a, K)를 가진 제어 시스템의 근궤적을 구하기 위해 먼저 K를 고정한 후 a를 근궤적 파라미터로 정하여 근궤적을 그린 후 다른 K = 1, 4, 9, 16 …에서도 근궤적을 반복하여 컨투어(Root Contour)를 그려라.

$$1+a\frac{s}{s^2+K}=0 \tag{8.27}$$

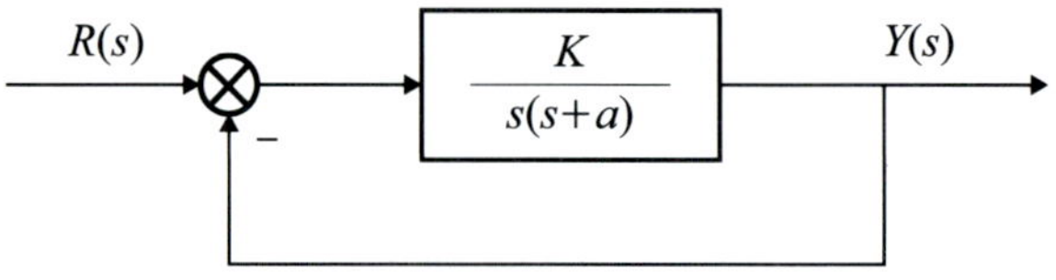

[그림 8.14] 두개의 파라미터를 가진 폐루프 제어 시스템

8.2 발사추진체인 로켓의 재사용을 위해 스페이스-X 사에 의해 개발되고 있는 로켓의 착륙(Landing) 제어 시스템의 로켓을 다음과 같이 단순하게 모델링 하였다[20].

$$G_o(s)=\frac{\Theta(s)}{U(s)}=\frac{K}{2s^2+10s-8} \tag{8.28}$$

안정화를 위해 다음과 같은 제어기를 설계하였다.

$$G_c(s)=\frac{K(s+2)(s+30)}{s} \tag{8.29}$$

2차 시스템으로 가정하고 오버 슈트가 40%, 정착 시간이 5초가 되도록 근궤적법을 사용하여 비례 게인 K를 설계하라.

8.3 다음과 같은 선박 조향(Sip Steering) 제어 시스템의 안정화를 위해 PD 제어기를 설계할 때 근궤적법을 사용하여 감쇠비 $\zeta = 0.707$을 만족하도록 비례 제어 게인을 구하시오.

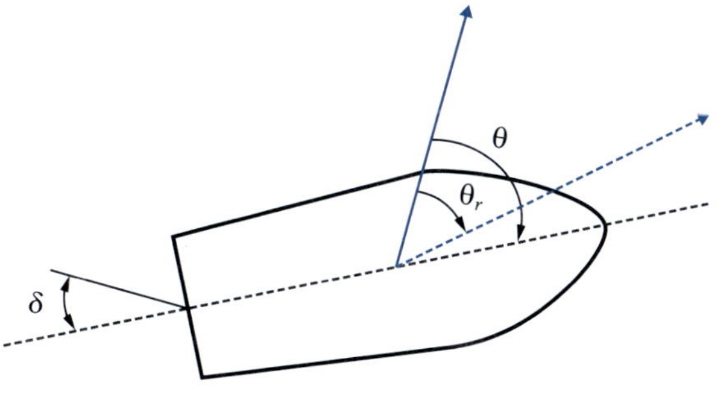

(a)

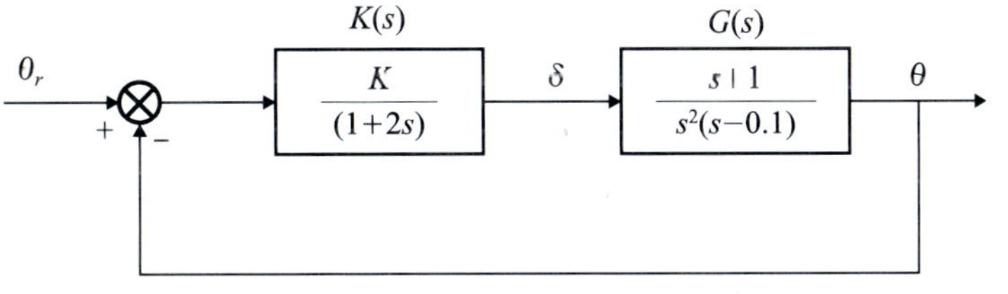

(b)

[그림 8.15] 선박 조향(Ship Steering) 제어 시스템

8.4 다음과 같은 속도 제어 시스템에서 비례제어기를 설계하여 근궤적을 그리고 감쇠비 $\zeta = 0.707$을 만족하도록 비례 제어 게인을 구하라.(Hint, 폐루프 극점을 $s = -a + aj$로 가정)

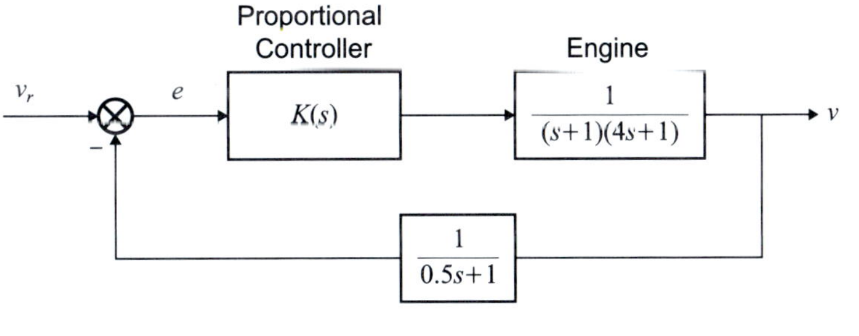

[그림 8.16] 회전속도 제어 시스템

8.5 다음과 같은 개루프 전달 함수를 가지는 제어 시스템에서

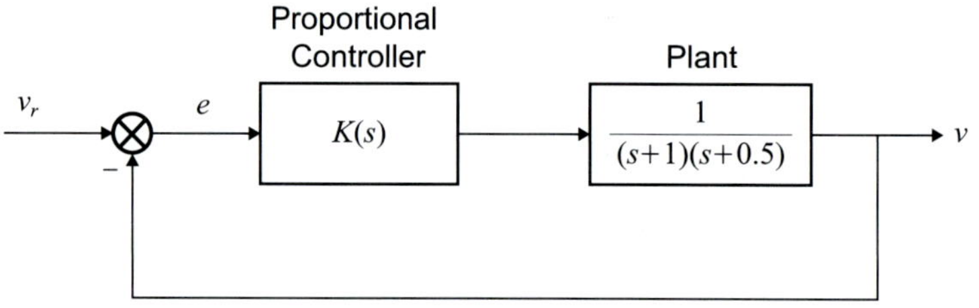

[그림 8.17] 단위 폐루프 제어 시스템

[1] 단위 폐루프 제어 시스템의 근궤적 선도에서 비례제어기만으로 폐루프 극점 $s = -1 + j$을 지나는 근궤적이 가능한지 불가능한지 설명하라.

[2] 비례제어기를 극점이 추가된 제어기 $G(s) = \dfrac{K}{s+0.5}$로 다시 설계하여 근궤적을 그리고 안정하게 만드는 조건을 구하라.

[3] [2]의 시스템을 2차 시스템으로 가정하고 감쇠비 $\zeta = 0.707$를 만족하는 비례제어 게인 K를 구하라

8.6 도립 진자 제어 시스템(심화 문제 6.6)에서 질량 m이 가변 될 경우 근궤적법을 사용하여 제어 시스템이 불안정 해지기 시작하는 질량 조건을 구하라 (Hint: 질량 m을 근궤적 파라미터로 설정)

CHAPTER

9

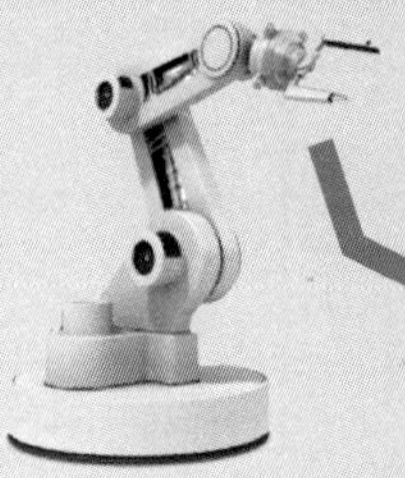

주파수 응답 해석

9.1 주파수 응답 특성

주파수 응답(Frequency Response)은 정현파 입력(Sinusoidal Input)에 대한 동적 시스템의 정상 상태 응답을 의미한다. 주파수 응답은 특히 단일 입출력 제어 시스템의 안정성 해석 및 제어기 설계에 매우 중요하다. 일반적으로 주파수 응답 함수(Frequency Response Function, FRF)는 2-4장에서 설명한 방법대로 전달 함수에 $s = j\omega$를 대입하여 주파수 전달 함수를 통해서도 구할 수 있지만 일반적으로 정현파 신호 발생기와 신호 증폭기 및 가진기와 측정 장비를 통해 실험적으로 구할 수 있다. 그림 9.1에 나타낸 바와 같이 일정한 크기를 지닌 정상 상태의 정현파 입력 신호를 동적 시스템에 가한 후 정상 상태의 출력을 측정하여 주파수 변화에 따른 크기 비(Magnitude Ratio)와 순간 위상(Instantaneous Phase) 차이를 점(o)으로 나타낼 수 있다. 저주파수(10 Hz)에서 공진이 발생하여 출력이 입

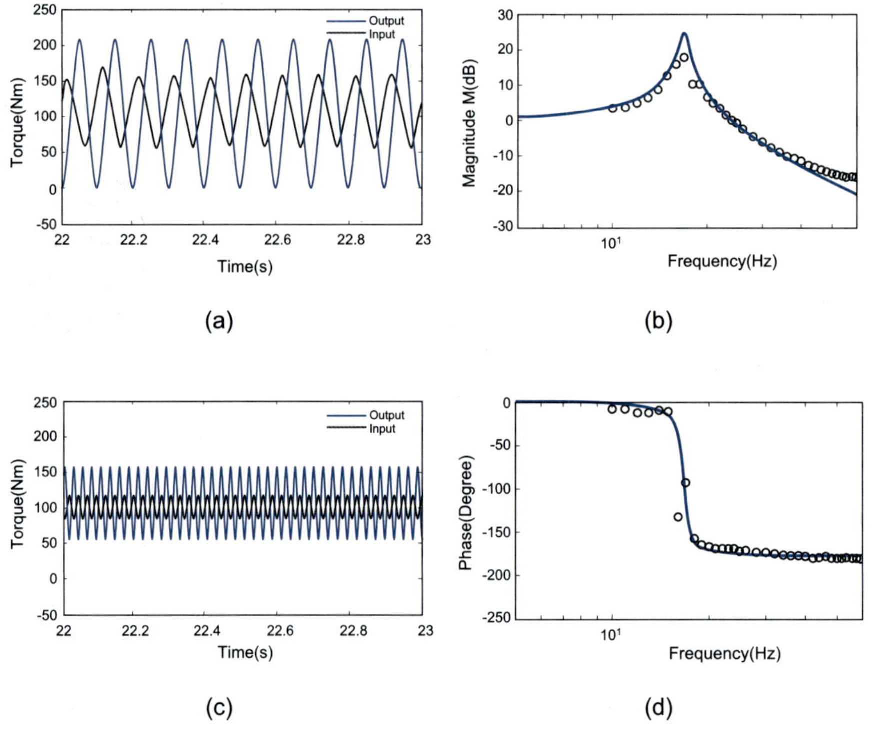

[그림 9.1] Sine Dwell Test(a) 10 Hz, (b) 40 Hz, (c) 크기비, (d) 위상차

력보다 커졌으며 고주파수(40 Hz)에서는 크기가 매우 크게 감소한 결과를 관측할 수 있다. 이와 같은 시험 방법을 Sine Dwell 방법이라고 하며 실험적으로 동적 시스템의 주파수 응답 함수를 구하는 대표적인 방법이다.

정현파 대신 주파수를 연속적으로 증분시키는 Chirp 신호 또는 랜덤(Random) 신호를 사용하기도 한다. 측정한 점을 회귀(Curve Fitting) 시키면 그림 9.1에 나타낸 바와 같이 동적 시스템(모델)의 차수에 따라 독특한 형상을 나타내는 사실을 알 수 있으며 이 함수가 시스템의 주파수 응답 특성을 결정하는 주파수 응답 함수이다.

9.2 주파수 응답 함수

전달 함수 $G(s)$에 주파수 ω의 순수 정현파를 입력 신호를 가한다는 건 수학적으로 전달 함수에 $s = j\omega$를 대입하여 주파수 전달 함수를 구하는것과 동일하다. 이때 출력 신호는 정상 상태에서 입력과 같은 주파수를 지닌 정현파가 되지만 크기와 순간 위상의 차이가 발생한다.

$$G(j\omega) = |G(j\omega)|e^{j\phi(\omega)} = |G(j\omega)|\angle\phi(\omega) \tag{9.1}$$

$$|G(j\omega)| = \sqrt{X^2 + Y^2},\quad \phi\left(\omega = \tan^{-1}\frac{Y}{X}\right) \tag{9.2}$$

이때 주파수 변화($0 \le \omega \le \infty$)에 따라 입출력 신호의 크기(Magnitude) 및 위상(Phase) 차이가 나타나는 주파수 응답 특성을 크기비(Magnitude Ratio)와 위상차(Phase Difference)를 함수로 나타낸 것이 주파수 응답 함수(Frequency Response Functions, FRFs)라고 한다.

$$M(\omega)[-|G(j\omega)|] = \frac{B}{A} \tag{9.3}$$

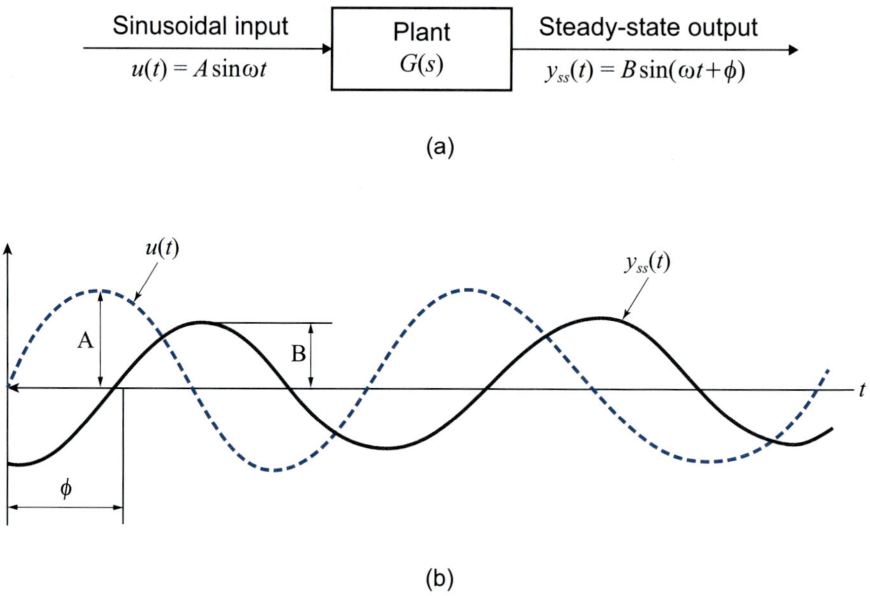

[그림 9.2] 동적 시스템의 주파수 응답 특성

$$\phi(\omega)[=\angle G(j\omega)] \tag{9.4}$$

이러한 과정을 수학적으로 간단하게 증명해 보면, 정현파 입력에 대한 출력 응답은 부분 분수 형태로 분해하면 다음 식과 같다.

$$\begin{aligned} y(s)=G(s)u(s) &= \frac{N(s)}{(s-p_1)(s-p_2)\cdots(s-p_n)}\frac{A\omega}{(s+j\omega)(s-j\omega)} \\ &= \frac{c}{s+j\omega}+\frac{c^*}{s-j\omega}+\frac{c_1}{s-p_1}+\frac{c_2}{s-p_2}+\cdots+\frac{c_n}{s-p_n} \\ &= \frac{A}{2j}\left\{\frac{G(j\omega)}{s-j\omega}-\frac{G(-j\omega)}{s+j\omega}\right\}+\frac{c_1}{s-p_1}+\frac{c_2}{s-p_2}+\cdots+\frac{c_n}{s-p_n} \end{aligned} \tag{9.5}$$

식 (9.5)를 역라플라스(Inverse Laplace) 변환을 하면 시간 응답은 다음과 같다.(증명을 위해서는 크기에 영향을 주는 유수(Residue)를 구할 필요는 없다.

$$\begin{aligned} y(t) &= \frac{A}{2j}\left\{G(j\omega)e^{j\omega t} - G(-j\omega)e^{-j\omega t}\right\} + c_1 e^{p_1 t} + c_2 e^{p_2 t} + \cdots + c_n e^{p_2 t} \\ &= \left|G(j\omega)\right| \frac{A\left\{e^{j(\omega t+\phi)} - e^{-j(\omega t+\phi)}\right\}}{2j} + c_1 e^{p_1 t} + c_2 e^{p_2 t} + \cdots + c_n e^{p_n t} \\ &= \left|G(j\omega)\right| A\sin(\omega t + \phi) + c_1 e^{p_1 t} + c_2 e^{p_2 t} + \cdots + c_n e^{p_n t} \end{aligned} \tag{9.6}$$

결국 시스템이 안정($\mathrm{Re}(p_i) < 0, i = 1, 2, \cdots, n,$)하면, 지수함수 항은 정상 상태($t \to \infty$)에서 0으로 수렴하여 크기와 위상은 변했지만 주파수는 그대로인 정현파만 남게 된다.

$$y_{ss}(t) = \left|G(j\omega)\right| A\sin(\omega t + \phi) \tag{9.7}$$

주파수 응답 함수는 제어 공학에서 보드(Bode), 나이퀴스트(Nyquist), 니콜스(Nichols) 선도(Plot)와 같은 형태로 표현되어 제어 시스템 설계에 사용한다. 일반적으로 대학교(학부) 과정에서는 보드 및 나이퀴스트 선도를 다룬다.

- 보드 선도(Bode Plot): Log$|G(j\omega)|$ and $\angle G(j\omega)$ vs. semilog ω
- 나이퀴스트 선도(Nyquist Plot): $|G(j\omega)|$ and $\angle G(j\omega)$ 극좌표계
- 니콜스 선도(Nichols Plot): $|G(j\omega)|$ vs. $\angle G(j\omega)$

9.3 보드 선도

보드(Bode) 선도는 크기비($M = |G(j\omega)|$)를 위에 위상($\angle G(j\omega)$)을 아래에 위치시킨 선도이며 x-축에 표시하는 주파수는 Decade를 쉽게 알기 위하여 세미 로그(Semi-log Scale)로 설정하며, $\omega = 0$에서는 로그 함수가 정의되지 않으므로 일반적으로 $\omega = 0.1$에서 시작한다. 크기비의 y-축은 데시벨 유닛(Decibel Unit, dB, $20\log_{10}|G(j\omega)|$)을 사용하므로 결국 크기비 선도는 Log-Log 선도가 되며 위상의 y-축은 각도(Degree, °)를 사용한다.

9.3.1 게인(Gain)

비례 제어 게인과 같은 상수에 대한 크기비는 $M = 20\log K$, 위상은 $\phi = 0$이며 수직축($\omega = 0$)에서의 상수를 DC 게인이라고 부른다.

9.3.2 적분기/미분기

영점 및 극점이 없는 적분기(Integrator) 및 미분기(Differentiator)에 대한 크기비 및 위상은 다음식으로 계산되며 적분기인 경우 −20 dB/decade의 롤 오프(Roll-off) 기울기를 나타낸다.

$$M(\omega) = 20\log\left|\frac{1}{j\omega}\right| = -20\log\omega \text{ dB}, \phi(\omega) = -\tan^{-1}\infty = -90^\circ \tag{9.8}$$

$$M(\omega) = 20\log|j\omega| = 20\log\omega \text{ dB}, \quad \phi(\omega) = \tan^{-1}\infty = 90^\circ \tag{9.9}$$

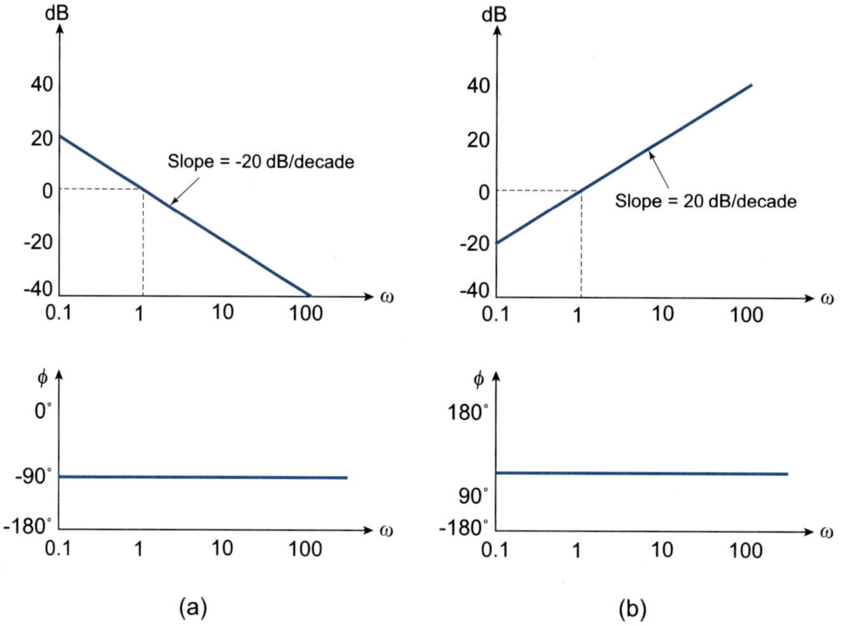

[그림 9.3] Bode 선도 (a) 적분기, (b) 미분기

9.3.3 1차 시스템

실수축에 극점이 존재하는 1차 시스템 $G(s)=\dfrac{1}{1+Ts}$ (T는 시상수)의 크기비는 다음과 같으므로

$$M(\omega)=20\log\left|\frac{1}{1+j\omega T}\right|=-20\log\sqrt{1+(\omega T)^2}\ \text{dB} \tag{9.10}$$

낮은 주파수($\omega \ll 1/T$)에서는 M(ω) $\simeq$ 0 dB, $\phi(\omega)$ = 0°, 차단(Cut-off, Corner) 주파수 ω = 1/T에서는 $M(\omega) = -20\log_{10}\sqrt{2} \simeq -3$dB, $\phi(\omega) = -45°$, 높은 주파수($\omega \gg 1/T$)에서는 $M(\omega) \simeq -20\log \omega T$ dB $\phi(\omega) = -90°$이다. 실수축에 영점이 존재하는 1차 시스템 $G(s) = 1 + Ts$의 보드 선도는 마찬가지로 그림 9.3b와 같다. 이때, ω = 0.1에서 M = -3 dB의 주파수(Cut-off 주파수 근방)까지의 주파수 범위를 대역폭(Bandwidth $\omega_b = 1/T$)라고 하며 시간 응답과 밀접한 상관 관계를 가진다. 즉 대역폭이 큰 시스템일수록 빠른 시간 응답 특성이 나타난다.

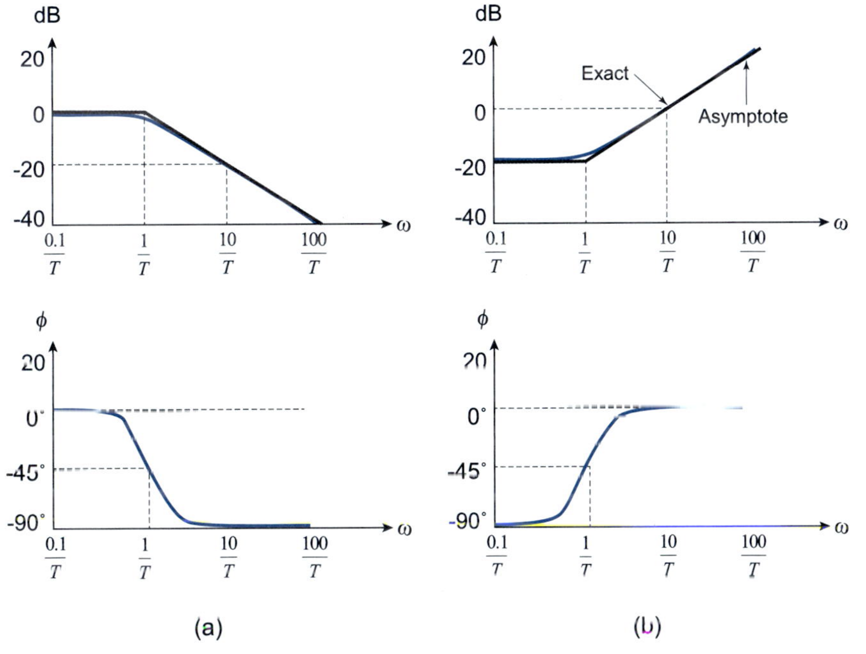

[그림 9.4] 실수축에 영점/극점 존재하는 1차 시스템의 Bode 선도 (a) 영점, (b) 극점

9.3.4 2차 시스템

2개의 극점이 존재하는 표준형 2차 시스템의 주파수 전달 함수에 대한 크기와 위상은 다음식을 이용하여 계산할 수 있다.

$$M(\omega) = 20\log\left|\left(1-\frac{\omega^2}{\omega_n^2}+j2\zeta\frac{\omega}{\omega_n}\right)^{-1}\right|$$

$$= -20\log\sqrt{\left(1-\frac{\omega^2}{\omega_n^2}\right)+\left(2\zeta\frac{\omega}{\omega_n}\right)^2}\ \text{dB} \tag{9.11}$$

$$\phi(\omega) = -\tan^{-1}\left\{\frac{2\zeta\omega/\omega_n}{1-(\omega/\omega)^2}\right\}$$

낮은 주파수($\omega/\omega_n \ll 1$)에서는 $M(\omega) = -20\log 1 = 0\text{dB}$, $\phi(\omega) = 0°$, 높은 주파수 영역($\omega/\omega_n \gg 1$)에서는 $M(\omega) \simeq -20\log(\omega/\omega_n)^2 = -40\log(\omega/\omega_n)\text{dB}$, $\phi(\omega) \simeq -\tan^{-1}\frac{2\zeta}{-(\omega l\omega_{zx} n)} = -180°$이다. 고유(공진) 주파수에서 정규화(Normalization)하기 위해 주파수 비($r = \omega/\omega_n$)를 수평축으로 하여 감쇠비 변화에 의한 크기와 위상을 표현하면 그림 9.5와 같다. 그림 2.17에 나타낸 주파수 응답 곡선과 형태가 유사하며, 감쇠비에 따라 주파수 응답 함수의 형태가 달라지며 감쇠비가 증가할 때 피크점은 왼쪽으로 약간 이동되는 특성을 나타낸다. 즉, 보드 선도(주파수 응답 함수)는 시스템 차수에 따라 다른 형상을 나타내므로 시스템의 동특성을 구별하는 대표적인 수단이다. 일반적으로 2개의 극점에 1개의 공진(Resonance) 주파수가 나타나며, 2개의 극점 사이에 영점이 위치하면 반공진(Anti-resonance) 주파수가 나타난다.

$\omega = 0.1$에서 $M = -3$ dB에 해당하는 주파수까지의 주파수 범위를 대역폭(Bandwidth)이라고 하며 시간 응답과 밀접한 상관 관계를 가진다. 즉 대역폭이 큰 시스템일수록 빠른 시간 응답을 나타낸다.

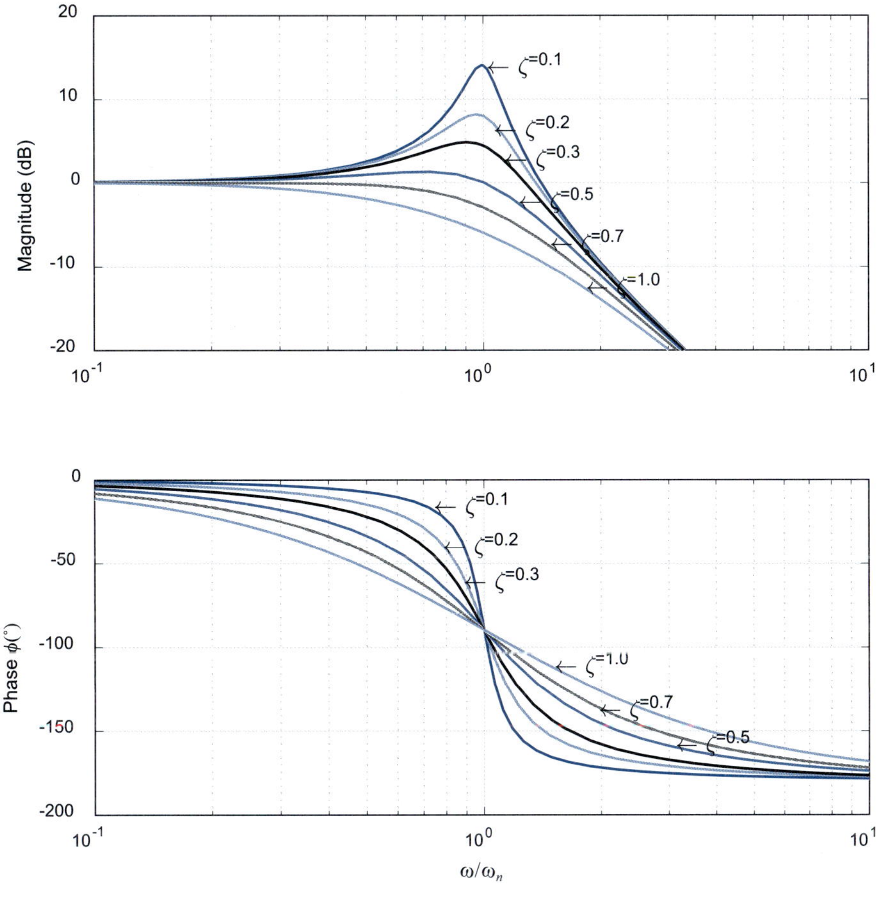

[그림 9.5] 감쇠비 변화에 따른 2차 시스템의 Bode 선도

9.3.5 여러 개의 요소로 구성된 시스템

여러 개의 요소로 구성된 동적 시스템의 보드 선도는 로그 함수의 성질을 이용하여 근궤적과 마찬가지로 근사적으로 스케치 할 수 있다. 즉, 앞에서 설명한 동적 요소의 결과를 이용하여 모두 산술적으로 합치면 최종적인 보드 선도를 대략적으로 스케치 할 수 있다.

$$|G(j\omega)| = \log|G_1\ G_2 \cdots\cdots G_n| = \log|G_1| + \cdots\cdots + \log|G_n| \tag{9.12}$$

$$\angle G(j\omega) = \angle(G_1\ G_2 \cdots\cdots G_n) = \angle G_1 + \cdots\cdots + \angle G_n \tag{9.13}$$

예제 9-1

다음과 같은 전달 함수의 보드 선도를 스케치하기 위해서는 5개의 세부 요소로 분해하여 dB, ω_c, 롤-오프 기울기를 구한다.

$$G(s)=\frac{5(1+0.1s)}{s(1+0.5s)\left(1+\frac{0.6}{50}s+\frac{1}{50^2}s^2\right)} \tag{9.14}$$

① 게인 $G(s) = 5$, $20\log 5 = 14$dB

② 적분기 $G(s) = \frac{1}{s}$, 20dB, −20dB/decade

③ 극점이 있는 1차 시스템 $G(s) = \frac{1}{1+0.5s}$, $\omega_c = 2$, −20dB/decade

④ 영점이 있는 1차 시스템 $G(s) = 1+0.1s$, $\omega_c = 10$, 20dB/decade

⑤ 2차 시스템 $G(s) = \frac{1}{1+\frac{0.6}{50}s+\frac{1}{50^2}s_2}$, $\omega_c = 50$, −40dB/decade

$\omega = 0.1$에서의 DC 게인은 5개 요소의 산술합인 $14+20+0 = 34$dB이다. $2 < \omega_c < 10$ 구간에서 롤-오프 기울기는 $-20-20 = -40$ dB/decade이다. $10 < \omega_c < 50$ 구간에서는 이전 기울기인 −40에서 +20 더해져서 다시 −20 dB/decade가 된다. 마지막 구간($\omega_c > 50$)에서는 이전 기울기인 –20에서 2차 시스템의 롤-오프 기울기인 −40이 더해져서 −60 dB/decade이 된다. 이러한 정보를 이용하여 보드 선도를 스케치하면 그림 9.6와 같은 근사 결과를 얻을 수 있으며 그림 9.7에 MATLAB으로 그린 정밀한 선도와 매우 유사한 사실을 알 수 있다. 위상도 마찬가지로 각 구간에서 각 요소에 대한 위상을 산술적으로 합치면 위상에 대한 근사적인 보드 선도를 스케치 할 수 있다.

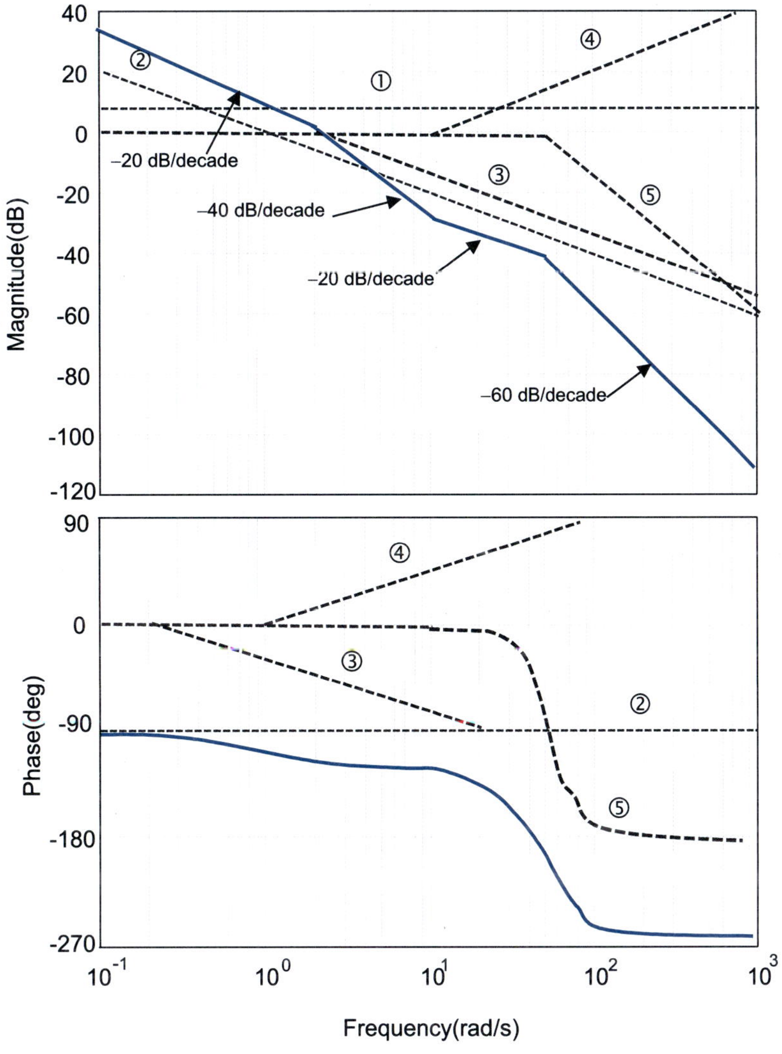

[그림 9.6] 식 (9.14)의 Bode 선도(근사)

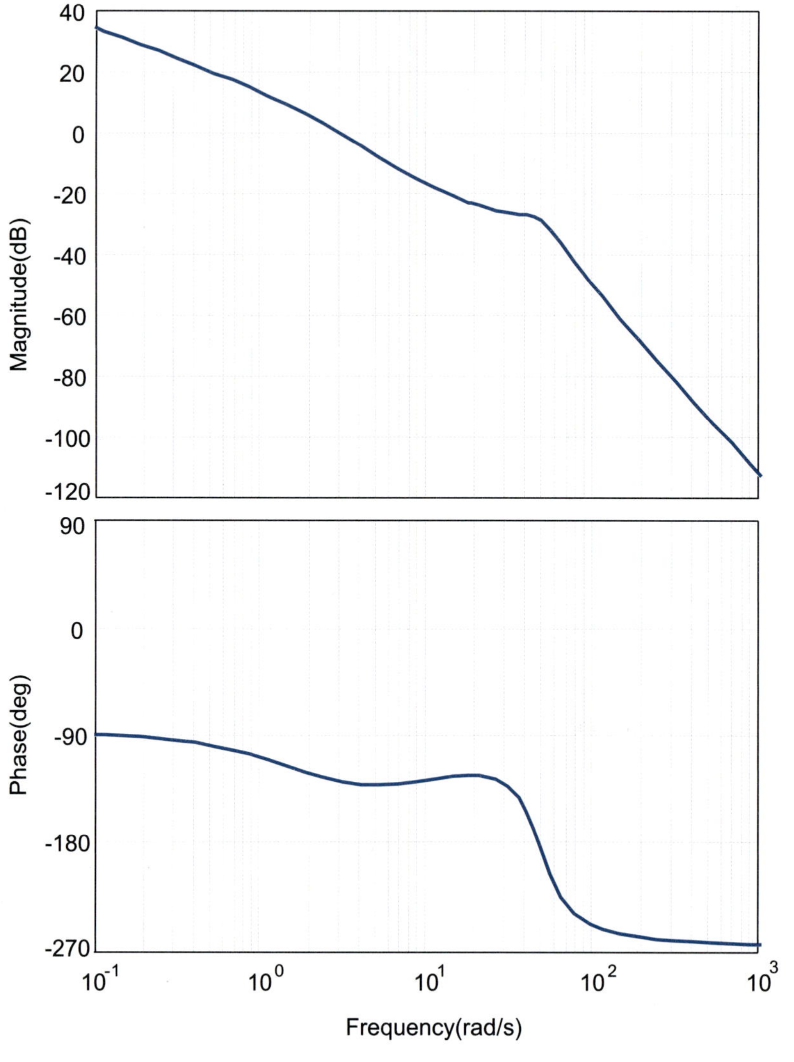

[그림 9.7] 식 (9.14)의 Bode 선도(정밀)

9.4 나이퀴스트 선도

나이퀴스트(Nyquist) 선도는 주파수에 따라 단위($H(s) = 1$) 개루프 전달 함수 $G(j\omega)$의 크기와 위상을 극좌표상에 동시에 한점으로 표시한 선도이다. 즉, 주파수가 0 에서 ∞로 변할 때 $|G(j\omega)|$와 $\angle G(j\omega)$의 궤적을 극좌표상에서 그린 것

이다. 따라서 복소 벡터의 크기 $|G(j\omega)|$가 실수축 및 허수축에 투영된 길이가 실수부와 허수부를 나타낸다. 일반적으로 크기와 위상을 계산한 보드 선도를 이용하여 작도한다.

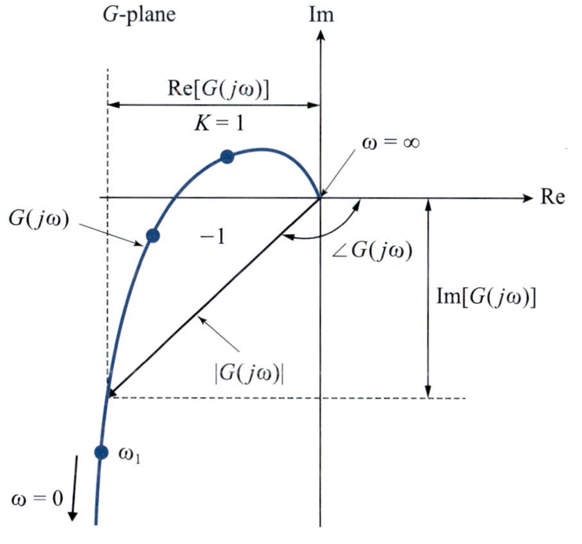

[그림 9.8] 나이퀴스트 선도

9.4.1 적분기/미분기

적분기 및 미분기의 주파수 전달 함수 $G(j\omega)$를 나이퀴스트 선도로 표시하면 그림 9.9와 같이 직선으로 표시된다.

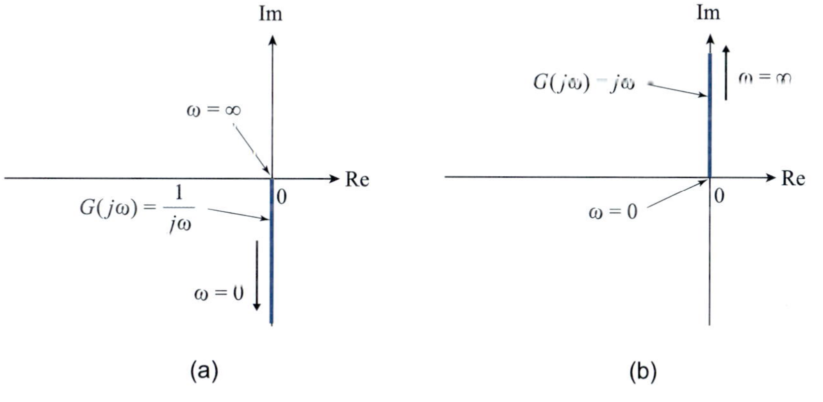

[그림 9.9] 시스템의 나이퀴스트 선도 (a) 적분기, (b) 미분기

9.4.2 1차 시스템

극점이 존재하는 1차 시스템의 주파수 전달 함수 $G(j\omega)$를 나이퀴스트 선도로 표시하면 그림 9.10(a)와 같다.

이때 실수부($\mathrm{Re} = x = \dfrac{1}{1+\omega^2T^2}$), 허수부($\mathrm{Im} = y = \dfrac{-\omega T}{1+\omega^2T^2}$)를 x, y로 정의하면 중심 점 (0, 0.5)이 중심이고 반지름이 0.5인 원(Circle)이 된다($0 < \omega < \infty$인 경우 아래쪽 반원).

$$G(j\omega) = \frac{1}{1+j\omega T} = \frac{1}{(1+j\omega T)}\frac{(1-j\omega T)}{(1-j\omega T)} = \frac{1-j\omega T}{1+\omega^2T^2} \tag{9.15}$$

$$\left(x-\frac{1}{2}\right)^2 + y^2 = \left(\frac{1}{2}\right)^2, y \le 0 \tag{9.16}$$

한편 영점이 존재하는 1차 시스템의 주파수 전달 함수 $G(j\omega) = 1 + j\omega\mathrm{T}$의 나이퀴스트 선도는 그림 9.10(b)와 같이 점(1, 0)을 지나고 허수축에 평행한 직선이다.

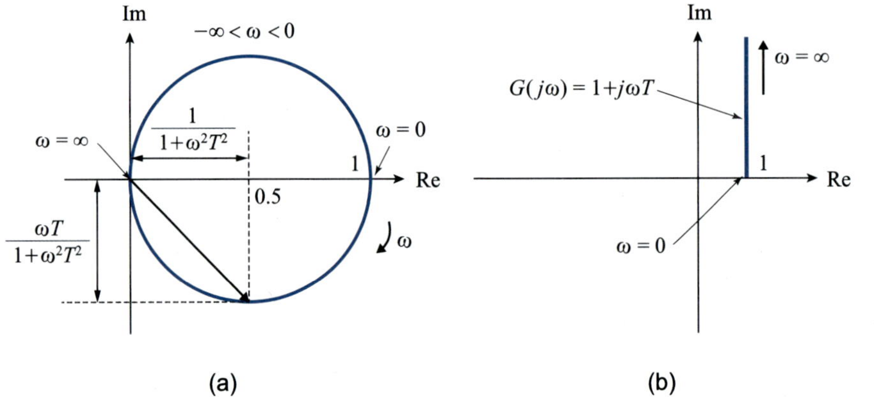

[그림 9.10] 1차 시스템의 나이퀴스트 선도

9.4.3 2차 시스템

일반적인 2차 시스템(Complex Conjugate 영점)의 주파수 전달 함수 $G(j\omega)$는 다음식과 같다.

$$G(j\omega)=\frac{1}{1+2\zeta\left(j\frac{\omega}{\omega_n}\right)+\left(j\frac{\omega}{\omega_n}\right)^2},\quad 0<\zeta<1 \tag{9.17}$$

$\omega = 0$일 때 $1 \angle 0°$에서 출발하여 $\omega = \infty$일 때 $-\angle -180°$에서 끝난다. 감쇠비에 따라 허수축을 지나는 지점(Imaginary-axis Crossing Point)이 달라진다. 따라서 $\zeta \gg 1$인 경우에는 나이퀴스트 선도가 반원 모양(1차 시스템)에 가까워진다. 그 이유는 $\zeta \gg 1$인 경우에는 극점이 2개의 실수값을 가지게 되며 한 극점이 다른 극점보다 상대적으로 크기 때문에 과도 응답이 빨리 사라지게 되어 극점이 한 개인 1차 시스템으로 근사되기 때문이다. 허수축을 지나는 점은 실수부가 0이므로 이 특징을 이용하여 구한다.

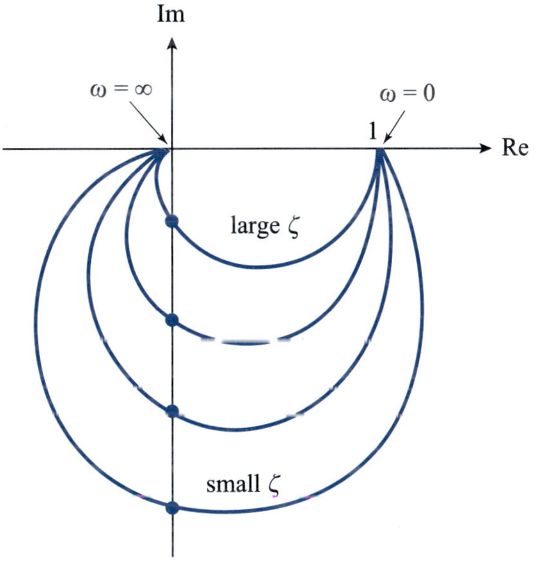

[그림 9.11] 식 (9.17)의 나이퀴스트 선도

예제 9-2

다음 2차 전달 함수의 나이퀴스트 선도 교차점을 구하라.

$$G(s) = \frac{1}{s^2 + 3s + 2} \tag{9.18}$$

실수부가 0 라는 특성으로부터 $\omega_n = \sqrt{2}$를 먼저 구한 후 허수축을 지나는 점 (Im = −0.236)을 구할 수 있다.

$$G(j\omega) = \frac{1}{(j\omega)^2 + 3j\omega + 2} = \frac{(2-\omega^2) - 3\omega j}{(2-\omega^2)^2 + 9\omega^2} \tag{9.19}$$

$$\mathrm{Re} = \frac{(2-\omega^2)}{(2-\omega^2)^2 + 9\omega^2} = 0,\ \mathrm{Im} = \frac{-3\omega}{(2-\omega^2)^2 + 9\omega^2} = \frac{-3\sqrt{2}}{9 \times 2} = -0.236 \tag{9.20}$$

9.5 나이퀴스트 안정성 판정법

복잡한 동적 시스템의 개루프 주파수 전달 함수 $G(j\omega)$를 나이퀴스트 선도로 표시하면 폐루프 제어 시스템의 안정성을 해석 할 수 있다. Routh-Hurwitz 안정성 판정법과 마찬가지로 특성 방정식의 근(극점의 위치)을 직접 구하여 절대 안정성을 판정하는 대신 코시의 편각 원리(Cauchy's Argument Principle)을 이용하여 폐루프 제어 시스템의 안정성을 판정한다.

- 코시의 편각 원리
- 만약 복소 평면에서 컨투어(Contour)가 개루프 전달 함수의 영점과 극점을 시계 방향(Clockwise Direction)으로 감싸고(Encircle), 통과하지 않는다면
- $G(s)$-평면에서의 컨투어는 원점(Origin)을 시계방향으로 $N = Z - P$만큼 감싼다. 여기서 Z는 개루프 전달 함수의 영점 개수, P는 개루프 전달 함수의 극점 개수이다.

예제 9-3

개루프 전달 함수 $G(s) = \frac{s}{s+0.5}$ 는 영점(0)과 극점(−5, 0)를 가진다. 이때 닫힌 시계방향의 컨투어를 극점과 영점을 감싸도록 만들면 복소 함수의 사상(Mapping) 역할을 하는 $G(s)$-평면에서의 컨투어는 코시의 편각 원리에 의해($N = 1-1 = 0$) 원점을 감싸지 않는다는 사실을 매핑을 해서 전체 컨투어를 그려 보지 않아도 알 수 있다.

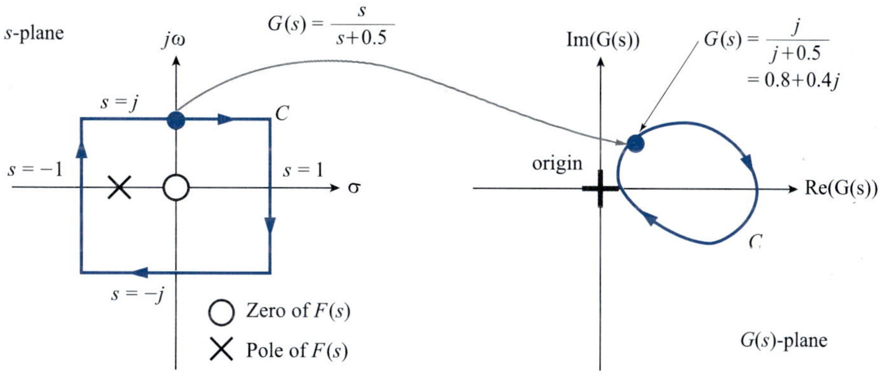

[그림 9.12] s-평면에서 $G(s) = \frac{s}{s+0.5}$ 의 사상

9.5.1 나이퀴스트 안정성 판정법(Criterion)

코시의 편각 원리가 폐루프 제어 시스템의 안정성 해석을 위해 암시하는 사실은 코시의 편각의 원리를 이용하면 Routh-Hurwitz 안정성 판정법처럼 폐루프 제어 시스템의 극점(특성방정식의 근)의 위치(부호)를 알 수 있게 해준다. 5장에서 정의한 폐루프 제어 시스템의 안정성을 보장하는 조건($\mathrm{Re}(p_i) < 0$)은 극점이 좌반부(RHP)에 위치하는지에 대한 여부를 판정하는 것이 중요하다. 폐루프 전달 함수의 분모 $1 + G(s)H(s)$는 분모(Denominator $D(s)$), 분자(Numerator $N(s)$)로 구성된 분수 형태이므로 폐루프 제어 시스템의 전달 함수는 다음과 같이 표현 할 수 있다.

$$G_c(s) = \frac{G(s)}{1+G(s)H(s)} = \frac{G(s)}{N(s)/D(s)} = \frac{G(s)D(s)}{N(s)} \tag{9.21}$$

여기서 폐루프 전달 함수의 분모 $1 + G(s)H(s)$를 0으로 만드는 영점($N(s) = 0$)은 폐루프 제어 시스템의 분모에 위치하여 극점이 되며 안정성을 결정하기 때문에 매우 중요하다. 이때 영점을 알아야 하지만 복잡한 시스템의 경우 고차 방정식의 근을 구하는 문제이므로 오래전부터 매우 어려웠다.

따라서 Routh-Hurwitz 안정성 판정법처럼 직접 근을 구해서 위치를 정하는 대신 코시의 편각 원리를 이용하여 부호(LHP 또는 RHP)만을 결정한다. 먼저 s-평면에서 불안정한 영역인 RHP을 시계방향으로 닫히게 감싸는 나이퀴스트 컨투어(Nyquist Contour)을 만든다.

그림 9.11에 나타낸 바와 같이 반원으로 표시해도 반지름을 무한대로($r \to \infty$) 하여 RHP을 모두 감싸는 가상의 컨투어이며, 원점은 비해석적(Non-Analytic) 하므로 제외한다. 안정성 해석에 중요한 폐루프 전달 함수의 분모 $F(s) = 1 + GH$에 의해 사상되면 s-평면에서 정의한 나이퀴스트 컨투어는 원점을 제외하는 닫힌 컨투어가 된다. 이때 $F(s) = 1 + GH$를 왼쪽으로 -1만큼 이동시켜 개루프 전달 함수($F(s) = GH$)로 만들면 원점 대신 점($-1 + 0j$, +)을 감싸게 된다. 따라서 코시의 편각 원리에 의해 폐루프 제어 시스템의 안정성을 판단 하기 위해 필요한 $F(s) = 1 + GH$의 영점(실제는 폐루프 전달함수의 극점)개수 Z는 다음과 같다.

$$Z = N + P_u \tag{9.22}$$

여기서 P_u는 LHP에 위치하는 개루프 전달 함수의 불안정 극점 개수로 쉽게 알 수 있다. N은 나이퀴스트 선도가 점(-1, 0)을 시계 방향으로 감싼 개수이다. 만약 반시계 방향(Counter clockwise) 감싸면 $-N$이다. 따라서, 불안정 극점이 없고 ($P_u = 0$) 안정한 영점(LHP)을 가진 개루프 제어 시스템은 나이퀴스트 선도가 그려진 GH-평면에서(-1, 0)을 감싸지 않으며($Z = 0 + 0 = 0$), 불안정한 영점(RHP)을 N개 가진 개루프 제어 시스템은(-1, 0)을 N회($Z = N + 0 = N$) 감싼다.

나이퀴스트 선도가 점(-1, 0)을 시계 방향으로 감싸는 개수를 쉽게 판정하는 방법은 점(−1, 0)를 지나는 수직선을 그린 후 나이퀴스트 선도와 만나는 점의 개수를 세는 것이다. 그림 9.13(d)에서 알 수 있듯이 감싼 횟수는 $0 < \omega < \infty$에서 1번이다(폐곡선이 아님).

- 폐루프 제어시스템이 안정하려면 개루프 전달 함수의 나이퀴스트 선도가 점 (−1, 0)을 감싸지 않아야 한다.
- 만약 개루프 전달 함수에 불안정 극점이 존재하면($P_u \neq 0$), 안정하기 위한 조건은 $Z = 0$ 또는 $-N = P_u$이여야 한다.

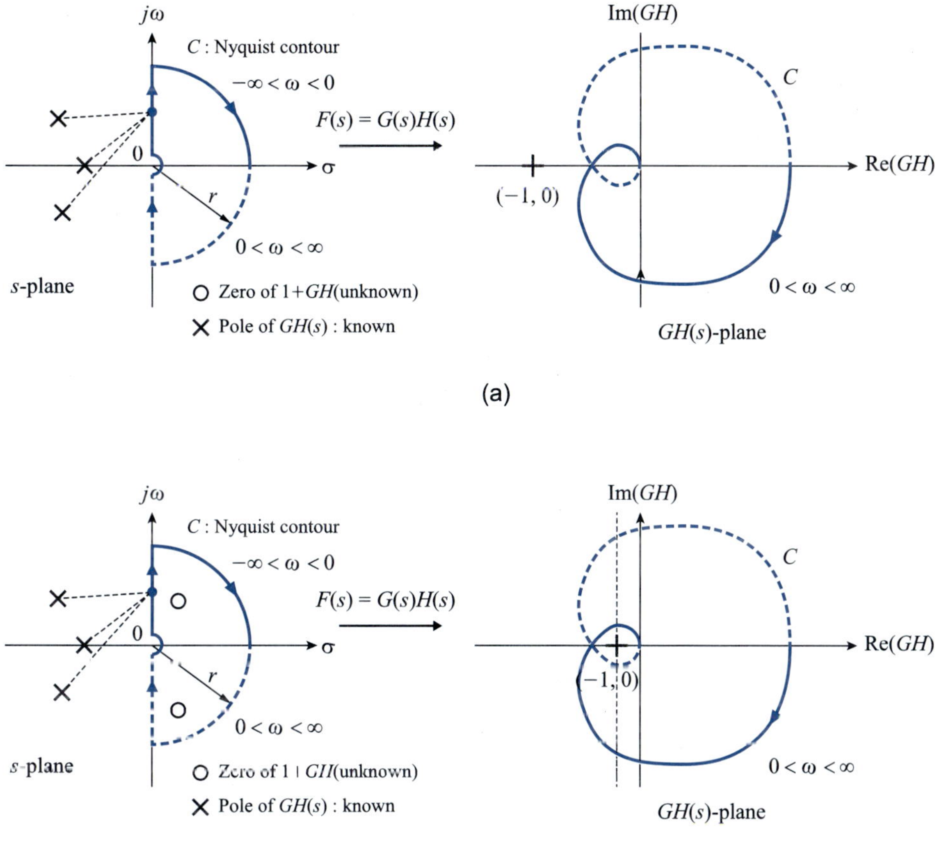

[그림 9.13] 나이퀴스트 안정성 판정법 (a) 안정, (b) 불안정

예제 9-3

나이퀴스트 안정성 판정법을 사용하여 다음 비례제어 시스템의 안정한 비례 게인의 범위를 구하라.

$$G(s) = \frac{K}{(s^2 + 2s + 2)(s + 2)} \tag{9.23}$$

주파수 전달 함수를 구하여 실수부와 허수부로 분리할 수 있다.

$$G(j\omega) = \frac{K}{(j\omega)^2 + 2j\omega + 2)(j\omega + 2)} = K\frac{4(1-\omega^2) - j\omega(6-\omega^2)}{16(1-\omega^2)^2 + \omega^2(6-\omega^2)^2} \tag{9.24}$$

안정성을 판정하는 점(−1, 0)은 허수 성분이 0 이므로 $(6 - \omega^2) = 0 \rightarrow \omega = \sqrt{6}$을 구할 수 있으며, 이때 $G(j\omega) = -0.05K$이며 $P_u = 0$이므로 만약 나이퀴스트 선도가 점(−1, 0)보다 크면(즉, 감싸지 않으면) 안정($-0.05K > -1$)하므로 최종적으로 안정한 범위($K < 20$)를 정할 수 있다. 나이퀴스트 선도를 보면 $K = 20$일 때 점(1, 0)을 시계방향으로 지나가는 사실을 알 수 있다(Marginally 안정).

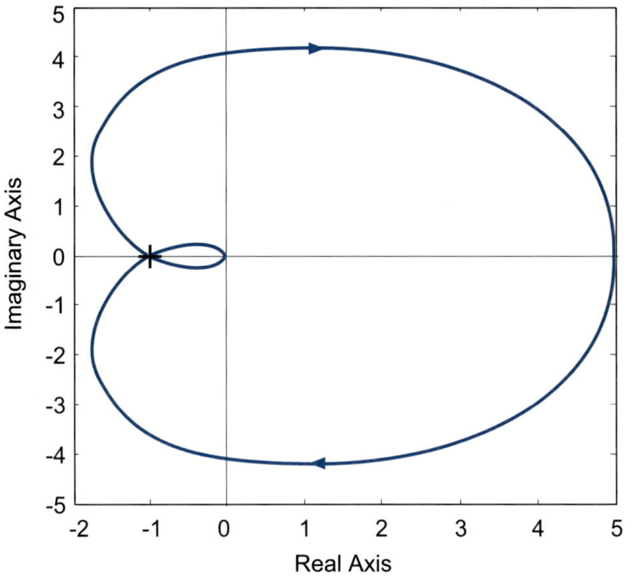

[그림 9.14] 식 (9.23)의 나이퀴스트 선도($K = 20$)

예제 9-4

폐루프 제어 시스템의 안정성을 판정하시오.

$$G(s) = \frac{400}{(s+2)(s^2+4s+50)} \tag{9.25}$$

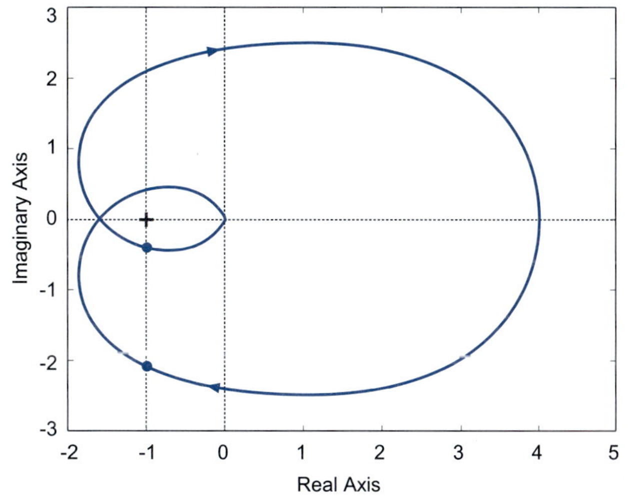

(a)

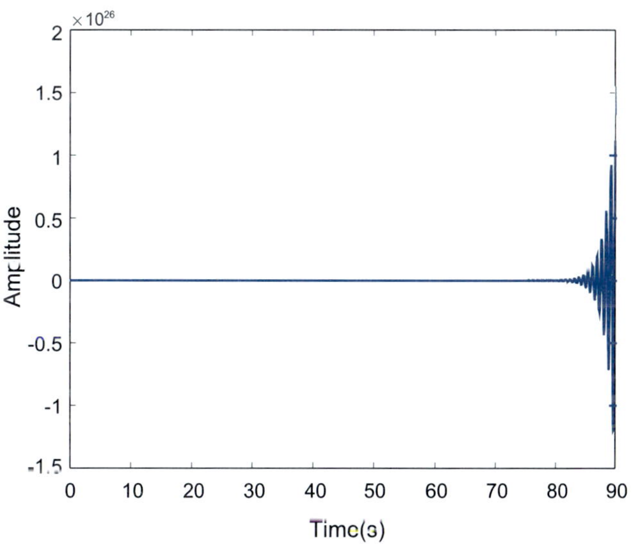

(b)

[그림 9.15] 식 (9.25)의 나이퀴스트 선도 및 시간 응답

개루프 전달 함수의 극점은 -2, $-2\pm 6.7j$ 이므로 불안정 극점의 수는 0이다 ($P_u = 0$). 점$(-1, 0)$을 시계 방향으로 2번 감싸므로($N = 2$), 폐루프 전달 함수의 극점 개수는 2개이다($Z = N + P_u = 2 + 0 = 2$). 실제 불안정 극점이 $0.6779 \pm 8.2167j$, -7.358이므로 시간 응답도 불안정하다.

9.6 상대 안정성 해석

제어 시스템 설계시 얼마나 안정한 지 판정하는 상대 안정성(Relative Stability)에 대한 해석은 시스템의 모델링 과정에서 발생하는 모델링 오차 및 불확실성(Uncertainty)때문에 매우 중요하다. 수학적 모델을 기반으로 설계된 제어 시스템이 수학적으로 안정하더라도 실제 제어 시스템은 불안정하거나 마진 안정일 수 있다. 단일 입출력 제어 시스템에서는 이러한 강인성(Robustness) 문제 및 폐루프 제어 시스템의 상대 안정성을 게인 마진(Gain Margin, GM), 위상 마진(Phase Margin, PM)로 어느정도 해석 할 수 있다. 게인 마진은 $-180°$의 위상일 때 크기 1에서부터 얼마나 마진이 있는지를 의미한다(Δ Phase Before Instability). $-180°$의 위상(Out-of-phase)을 가진 신호가 피드백될 경우 입력 신호와 합쳐져 증폭되어 불안정 해진다.

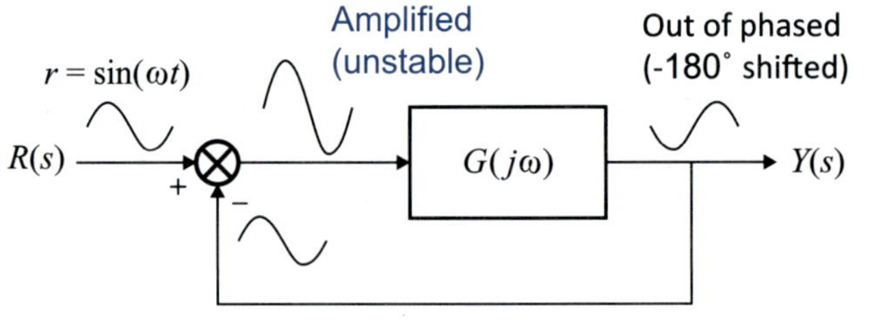

[그림 9.16] 주파수 전달 함수의 게인 마진 개념도

따라서 게인 마진(GM)는 개루프 전달 함수의 크기의 역수이다.

$$GM \cdot |G(j\omega_p)| = 1 \rightarrow GM = \frac{1}{|G(j\omega_p)|} \tag{9.26}$$

여기서 ω_p는 위상 교차 주파수(Phase Cross Frequency)로 −180°다. 보드 선도에서는 로그 스케일을 사용하므로 게인 마진(GM)는 보드 선도에서 다음과 같이 계산된다.

$$GM = \log_{10} 1 - 20\log_{10}|G(j\omega_p)| = -20\log_{10}|G(j\omega_p)|\text{dB} \tag{9.27}$$

위상 마진은 개루프 전달 함수가 1의 크기에서(M = 1 or 0dB) 폐루프 제어 시스템을 불안정하게 만드는 위상 지연에 대한 마진을 나타낸다.

$$PM = \angle G(j\omega_g) - (-180°) = \angle G(j\omega_g) + 180° \tag{9.28}$$

여기서 ω_g는 게인 교차 주파수(Gain Cross Frequency)로 개루프 전달 함수의 크기가 M = 1(0dB)일 때 주파수이다. 보드 선도에서의 게인 마진과 위상 마진을 그림 9.17에 나타내었다. 일반적으로 안정한 폐루프 제어 시스템 설계 시 게인 마진은 4~12dB 정도, 이상 마진은 30~60° 정도로 정한다. 예를 들면, 안정한 시

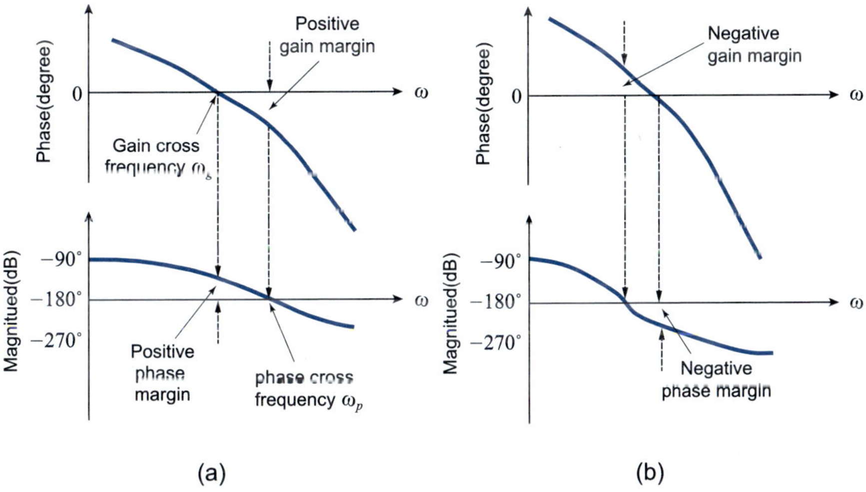

[그림 9.17] 보드선도에서의 게인 및 위상 마진 (a) 안정($\omega_g < \omega_p$), (b) 불안정($\omega_g > \omega_p$)

스템에서 개루프 전달 함수의 크기비가 1보다 작은 0.5이면 게인 마진은 $GM = -20\log_{10} 0.5 = -20 \cdot (-0.3) = 6$ dB이다. 게인 마진은 −180°의 위상에서 주파수 전달 함수의 허수부가 0이라는 사실을 이용하고 위상 마진은 $|G(j\omega_c)|^2 = 1$, $|N(j\omega_c)|^2 = |D(j\omega_c)|^2$의 관계식을 이용하여 구할 수 있지만 MATLAB의 margin이란 명령어로 쉽게 구할 수 있다.

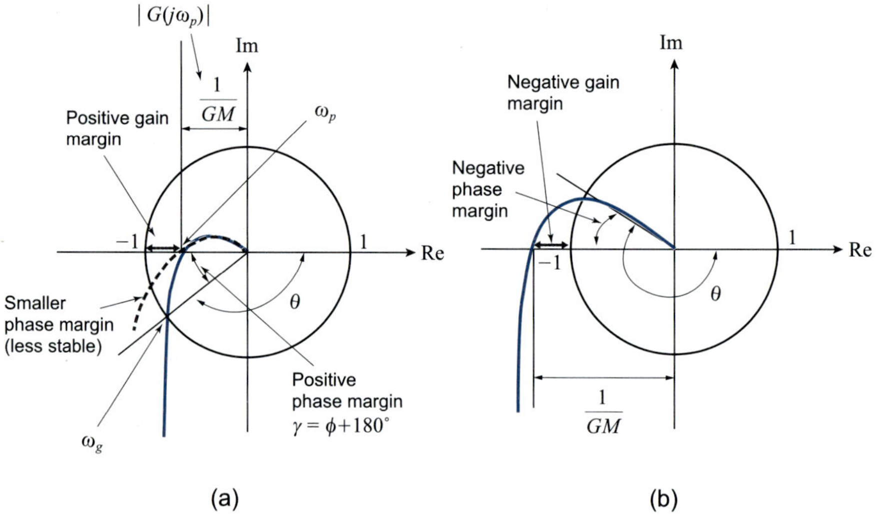

[그림 9.18] 나이퀴스트 선도에서의 게인, 위상 마진 (a) 안정, (b) 불안정

예제 9-5

다음과 같은 단위 개루프 전달 함수로 단위 폐루프 제어 시스템의 안정성을 게인 및 위상 마진을 이용하여 판정하시오.

$$G(s) = \frac{K}{s(s+1)(s+5)} \tag{9.29}$$

비례 제어 게인 K를 변화시켜 가면서 게인 마진 및 위상 마진을 구해보면 $K = 30$일 때 Marginally 안정 상태이다. 따라서 $K = 10$인 경우에는 게인 및 위상 마진이 모두 양수이며 폐루프 전달 함수의 단위 계단 응답 특성도 안정하다. $K = 100$으로 증가시키면 마진이 음수가 되어 불안정해진다.

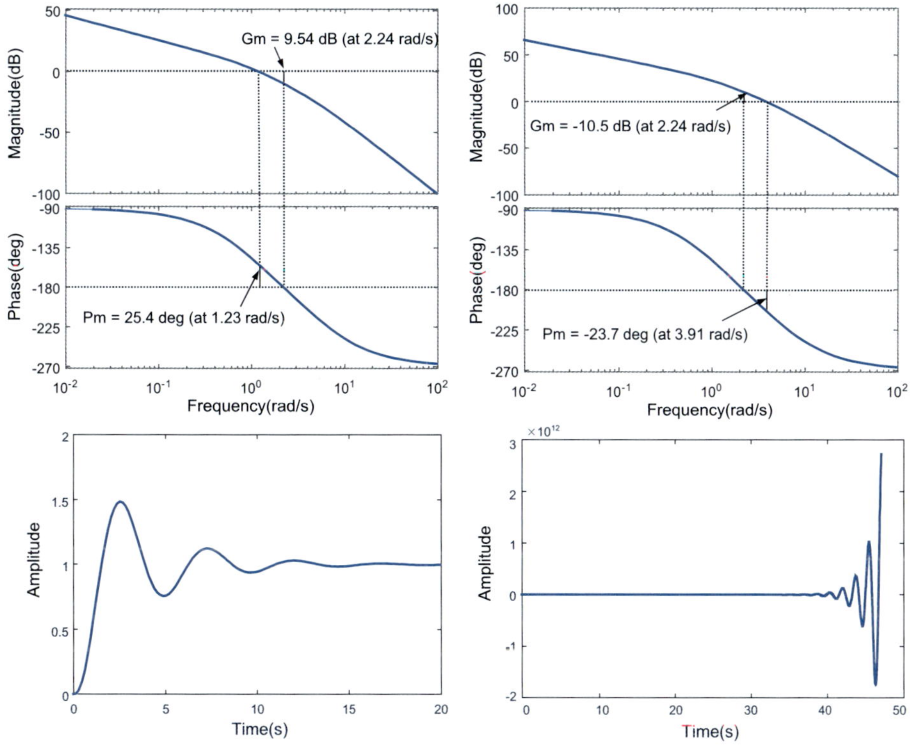

(a) K = 10 (b) K = 100

[그림 9.19] 식 (9.29)의 보드 선도 및 계단 응답 (a) 안정, (b) 불안정

심화 문제

9.1 다음과 개루프 전달 함수가 주어질 때 페루프 제어 시스템의 절대 안정성을 판정하시오.

$$G_O(s) = -10\frac{(s+1)(s+2)}{(s-3)(s-4)} \tag{9.30}$$

9.2 개루프 제어 시스템의 PM이 50°가 되도록 비례 제어 게인 K를 설계하고 이 때 위상 마진을 구하시오.

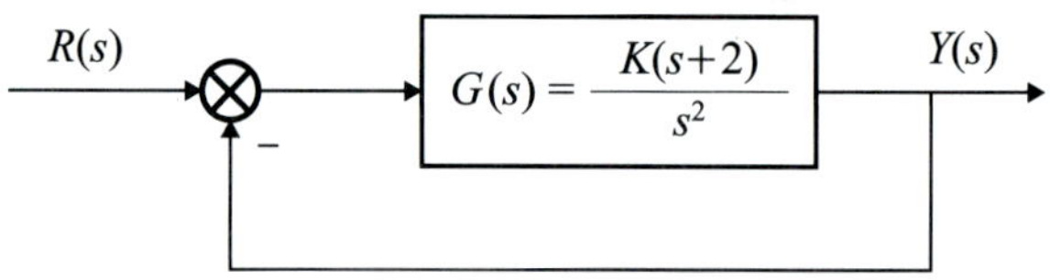

[그림 9.20] 폐루프 제어 시스템

9.3 다음과 같은 속도 제어 시스템(심화 문제 8.4)에서 나이퀴스트 안정법을 사용하여 안정한 비례제어 게인 K의 범위를 구하라.(Note: 나이퀴스트 선도를 그리지 않고 풀이)

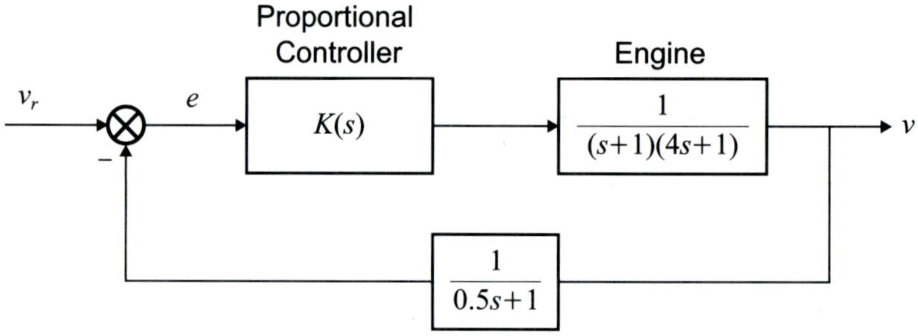

[그림 8.16] 회전속도 제어 시스템

CHAPTER

10

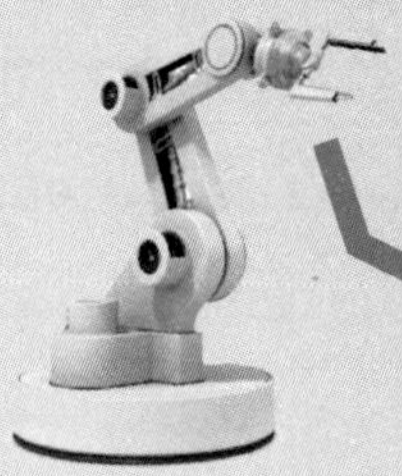

제어기 설계

10.1 피드백 제어기

10.1.1 피드백 제어기의 종류

수학적 모델링을 통해 제어 시스템(Plant)이 주어질 때 원하는 성능(안정성, 응답 속도, 정상 상태 오차)을 얻을 수 있는 피드백(Feedback, Closed-loop) 제어기의 형태를 결정한 다음 시뮬레이션을 통해 제어 요소들이 어떤 제어 특성을 가져야 적합할지 각종 게인, 파라미터등을 결정하는 작업이 필요하며 이를 제어기(Controller) 설계라 한다.

앞 장에서 설명한 근궤적법 및 나이퀴스트 선도등을 이용한 비례 게인 K를 결정하는 비례(Proportional) 제어가 대표적인 제어기이며, 이외에도 제어공학에서 사용하는 제어기는 매우 다양하며 고전(Classical) 및 현대(Modern, Advanced) 제어기로 분류 할 수 있다. 학부 및 산업체 현장에서는 고전 제어만 주로 사용하며 현대 제어기는 대학원 과정에서 연구되고 있다.

고전 제어기

- 비례(Proportional, P), 비례-적분(Proportional-Integral, PI), 비례-미분(Proportional-Derivative, PD), and 비례-적분-미분(Proportional-Integral-Derivative, PID) 제어기: 시간 영역에서 단일입출력(SISO) 시스템의 설계에 적합하다.
- Lead, Lag, Lead-Lag 보상기(Compensator): 주파수 영역에서 보드 선도등을 이용하여 상대 안정성을 보장하는 보상기를 미리 설계한다. 제어기와의 차이점은 제어기는 극점과 영점을 임의의 위치에 설계하기 어렵고 극점/영점 추가 효과(결과)로 나타나는 반면에 보상기는 과도 응답 특성을 개선하는 영점/극점을 미리 설계(원인)할 수 있다.

현대 제어기

- 선형 제어 이론(Linear Control Theory) 기반 제어기: 상태 피드백(State Feedback), 최적(Optimal), LQG/LTR, 관측기, 모델 예측 제어(Model Predictive Control, MPC) 등이 해당되며 상태 공간(State-Space) 법을 이용하여 시간영역에서 설계한다.

- 비선형(Nonlinear) 제어: 리아프노프(Lyapunov) 안정성 이론을 기반으로 비선형 시스템의 안정성을 보장하는 제어기이다.
- 강건(Robust) 제어: 가변 구조(Variable Structure)를 기반으로 하는 슬라이딩 모드(Sliding Mode) 제어기, H∞, QFT 등이 있으며 모델 불확실성(Model Uncertainty)에 강건에 제어기이다.
- 적응(Adaptive), 학습(Learning) 제어: 시스템 파라미터가 시변(Time-Varying)인 시스템을 위해 제어기이다.
- 지능(Intelligent) 제어: 수학적으로 모델링 하기 어려운 복잡한 플랜트가 있을 경우에도 수학적 모델링 대신 생체 모사(Biomimetic) 기반 퍼지(Fuzzy), 뉴럴(Neural), 미분 정보가 필요 없는 최적화(Optimization)등을 이용하여 원하는 제어 성능을 달성 할 수 있다.

10.1.2 비례(Proportional) 제어기

비례 제어기는 비례 제어 게인 K_p로만 이루어져 오차에 비례하는 제어 입력이 계산된다.

$$u(t) = K_p e(t) = K_p \left(y_r(t) - y(t) \right) \tag{10.1}$$

여기서 오차 $e(t)$는 Negative 피드백으로 인해 기준 입력 $y_r(t)$과 피드백 출력 $y(t)$와의 차이이다. 비례 제어 게인은 모든 제어기의 필수 요소이기 때문에 P, PD, PI, PID 4개의 제어기 조합만이 가능하다. 다음과 같이 비례 제어 게인 K_p와 2차 시스템이 직렬로 연결된 폐루프 전달 함수를 구한 후 단위 계단 응답을 그림 10.1에 나타내었다.

$$G(s) = \frac{100}{s^2 + 2s + 3} \tag{10.2}$$

안정한 범위내의 비례 제어 게인 $K_p = 1$일 때 출력이 기준(목표) 입력(단위 계단)보다 작은 영역(I)에서는 제어 입력(Control Input)은 양수이지만 출력이 기준 입력에 도달할수록 작아진다. 출력이 기준 입력을 통과하여 커진 영역(II)에서는 제어 입력이 음수가 되기 때문에 출력이 계속 증가(발산)하기 않고 방향을 바꿔 기준 입력으로 향하게 된다. 기준 입력에 도달하면(영역 III 시작) 제어 입력은 다시 증가(양수)하여 기준 입력을 통과한 출력이 다시 기준 입력으로 돌아오게 한다.

자동차 속도를 일정하게 유지 하는 순항 제어를 수행 하는 경우와 매우 유사

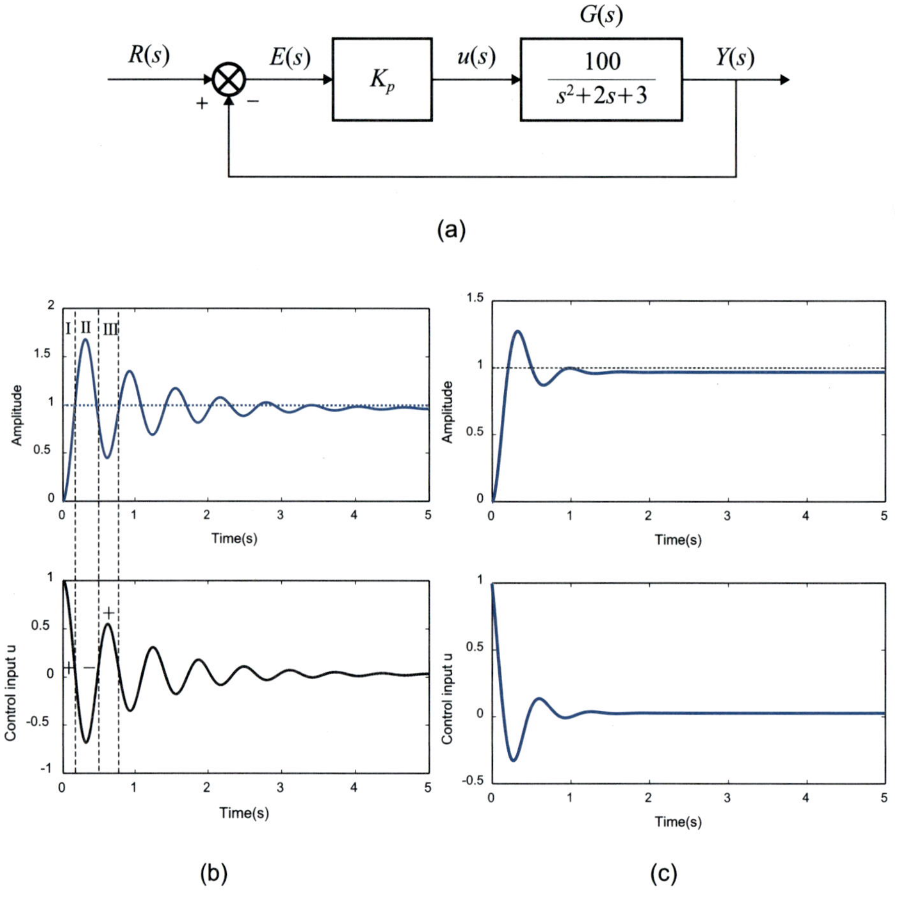

[그림 10.1] 비례 제어 시스템 (a) $K_p = 1$, (b) $K_p = 10$

하다. 목표 속도에 도달한 후 관성에 의해 목표 속도를 초과하게 되면 브레이크(음의 제어 입력)를 작동하여 감속하여 목표 속도 근방으로 돌아오게 하며 이때 목표 속도를 다시 통과하여 기준 속도보다 낮게 되면 액셀레이터(양의 제어 입력)로 가속을 하여 다시 목표 속도 근방에서 레귤레이팅 되도록 하는 원리와 같다. 일반적으로 비례 제어 게인을 증가시키면 응답 속도는 빨라지지만 오버 슈트가 증가하고 상대 안정성이 악화된다. 또한 정상 상태 오차를 어느 정도 줄일 수 있지만 완전히 제거하기는 불가능하며 정착 시간(Settling Time)의 제어도 어렵기때문에 다른 제어 요소와 결합하여야 한다.

10.1.3 비례-미분(Proportional-Derivative, PD) 제어기

비례-미분 제어기는 미분 게인(K_d)이 오차의 미분에 곱해진 후 비례 제어 요소에 합쳐져서 제어 입력이 계산된다.

$$u(t) = K_p e(t) + K_d \dot{e}(t) \tag{10.3}$$

그림 10.2(b)의 영역 I에서는 기준 입력을 통과하게 되면 제어 입력을 감소시켜 기준입력으로 복귀시켜야 한다. 이때, 기울기가 크므로 오차 신호의 변화율(+)이 Negative 피드백(−)에 의해 비례 제어 입력을 감소시키다. 정점에 도달한 영역 II에서는 출력의 기울기는 완만 해지다 음의 기울기(−)를 가지므로 제어 입력은 Negative 피드백(−)에 의해 비례 제어 입력보다 증가하여 빠르게 기준 입력에 도달하게 한다. 이런 제어 작용을 반복하면 과도 응답 특성을 개선시켜 시스템의 안정성을 개선시킨다. 미분 제어 요소만으로는 제어기에 사용할 수 없으며 항상 비례 제어 요소와 함께 사용해야 한다. 비례-미분 제어기는 s-평면에서는 다음과 같은 전달 함수가 더 일반적으로 사용된다.

$$K(s) = K_p + K_d s = K_p(1 + T_d s) \tag{10.4}$$

여기서, T_d는 미분 시간(Derivative Time)이며 영점이 추가 된다는 사실을 알 수 있다. 그림 10.2를 보면, T_d를 증가 시키면 과도 응답 특성은 더욱 개선되지만 정상 상태 오차는 여전히 존재한다.

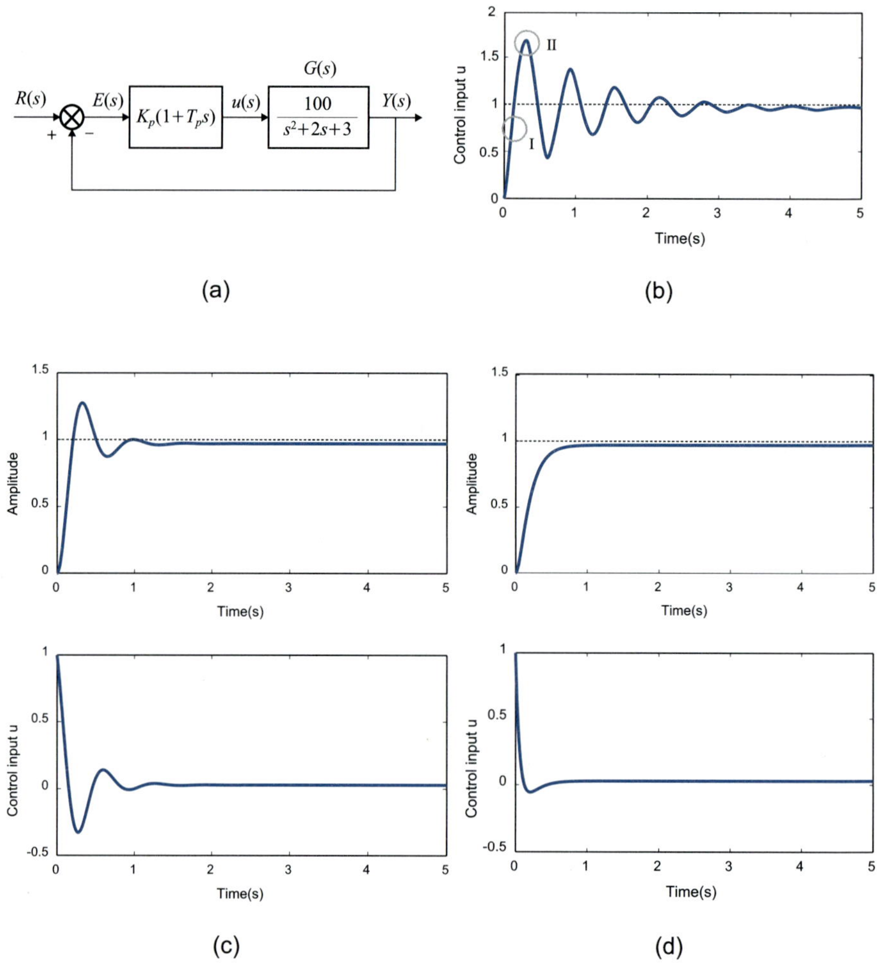

[그림 10.2] 비례–미분 제어 시스템($K_p = 1$), (a) $T_d = 0.1$, (b) $T_d = 0.2$

10.1.4 비례–적분(Proportional–Integral, PI) 제어기

비례-적분 제어기는 미분 게인(K_i)이 오차의 적분에 곱해진 후 비례 제어 요소에 합쳐져서 제어 입력이 계산되며 제어 입력은 오차의 부호 변화에 의해 변한다.

$$u(t) = K_p e(t) + K_i \int e(\tau) d\tau \tag{10.5}$$

그림 10.3(b)의 영역 I에서는 적분 제어 입력은 증가되지만 감소되어야 한다.

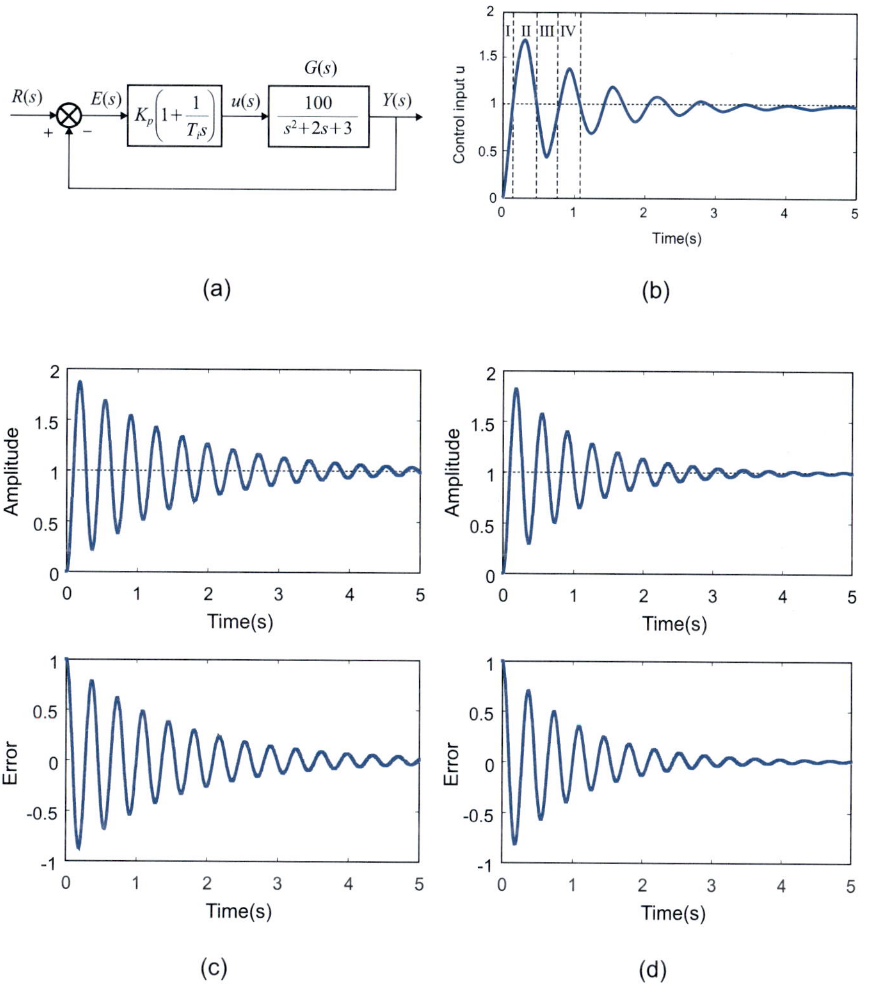

[그림 10.3] 비례–적분 제어 시스템($K_p = 3$), (a) $T_i = 0.5$, (b) $T_i = 1$

영역 II에서는 기준 입력을 통과하여 오차의 부호가(−)로 변했기 때문에 적분 제어 요소에 의해 전체 제어 입력은 감소된다. 이 제어 작용을 반복하면서 정상 상태 오차를 감소시킨다. 적분 제어 요소는 항상 비례 제어 요소와 함께 사용해야 하며 다음과 같은 전달 함수가 더 일반적으로 사용된다.

$$K(s) = K_p + \frac{K_d}{s} = K_p\left(1 + \frac{1}{T_i s}\right) \tag{10.6}$$

여기서, T_i는 적분 시간(Integral or Reset Time)이며 극점이 추가 된다는 사실을 알 수 있다. 그림 10.1, 10.2와 비교하면 정상 상태 오차가 제거되었으며 T_i를 증가 시키면 과도 응답 특성도 다소 개선된다.

예제 10-1

크기 D의 계단 외란이 입력되는 피드백 제어 시스템에 비례 제어기($K(s) = K_p$)를 설계하면 외란에 의한 정상 상태 오차는 식 (10.8)과 같이 항상 존재한다.

$$\begin{aligned} E(s) &= \frac{1}{1+G(s)K(s)}R(s) - \frac{G(s)}{1+G(s)K(s)}D(s) \\ &= \frac{s^2+s}{s^2+s+K_p}R(s) - \frac{1}{s^2+s+K_p}D(s) \end{aligned} \tag{10.7}$$

$$\therefore e_{ss} = \lim_{s\to 0} s \cdot E(s) = -\frac{D}{K_p} \tag{10.8}$$

크기 D의 계단 외란에 의한 정상 상태 오차를 제거하기 위해서 비례-적분 제어기 $K(s) = K_p\left(1+\dfrac{1}{T_i s}\right)$를 설계하면 정상 상태 오차는 분자의 s에 의해 항상 0가 될 수 밖에 없으므로 플랜트에 상관없이 제거가 가능하다.

$$E(s) = \frac{s^3+s^2}{s^3+s^2+K_p s+K_p/T_i}R(s) - \frac{s}{s^3+s^2+K_p s+K_p/T}D(s) \tag{10.9}$$

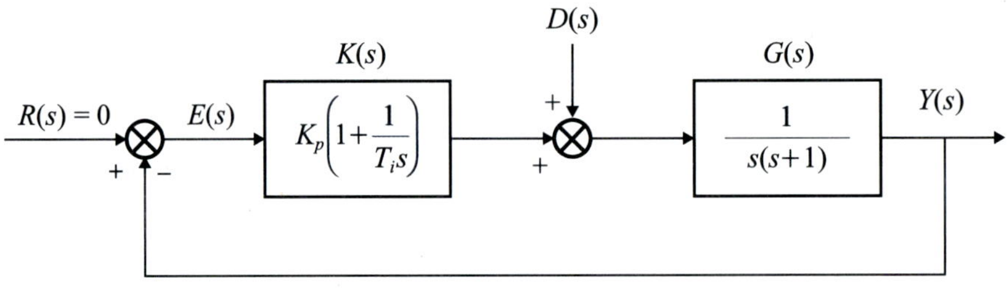

[그림 10.4] 계단 외란이 존재하는 2차 시스템의 비례–적분 제어

$$e_{ss} = \lim_{s \to 0} s \cdot e(s) = 0 \tag{10.10}$$

10.2 비례–미분–적분(PID) 제어기

비례-미분-적분(Proportional-Integral-Derivative) 제어기는 간단한 구조적 특성 때문에 현재에도 산업체에서 가장 광범위하게 사용되고 있으며 앞에서 설명한 3가지 제어기의 장점이 모두 결합되어 안정성, 만족할만한 정상 상태 오차 및 응답 속도를 구현 할 수 있다. 그러나 요구되는 피드백 제어 시스템의 성능을 구현하기 위해서는 그림 10.5 에서 알 수 있듯이 적절한 3개의 게인(K_p, T_d, T_i)을 조정(Tuning)해야 한다. 그러나 이 작업은 매우 어려우며 간단한 실험을 이용하여 자동 조정하는 Ziegler-Nichols법 등을 통해 결정한다.

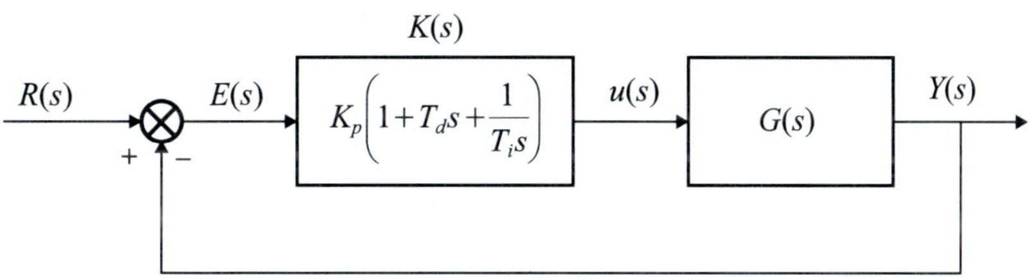

[그림 10.5] 비례–미분–적분 제어기

10.2.1 Ziegler–Nichols 조정법

Ziegler-Nichols 조정법은 25% 감쇠비를 기본으로 게인을 튜닝하는 방법과 Marginally 안정 상태에서 측정한 비례제어 게인과 주기(Prerid)를 이용하여 선정하는 두가지 방법이 있으나 후자의 방법에 대해서만 설명한다. 우선 10.1장에서 설명한 비례 제어 시스템을 구성한 후 Marginally 안정 한계에 도달 할 때까지 비례 제어 게인 K_p를 증분 시킨다. 이때 게인을 임계 게인(Critical Gain) K_{cr}이라고 하고 동시에 측정한 주기를 임계 주기 P_{cr}이라고 정한다. 2개의 파라미터가 정해지면 표 10.1에 나타낸 Ziegler-Nichols 공식에 의해 3개의 게인이 자동으로 정해진다.

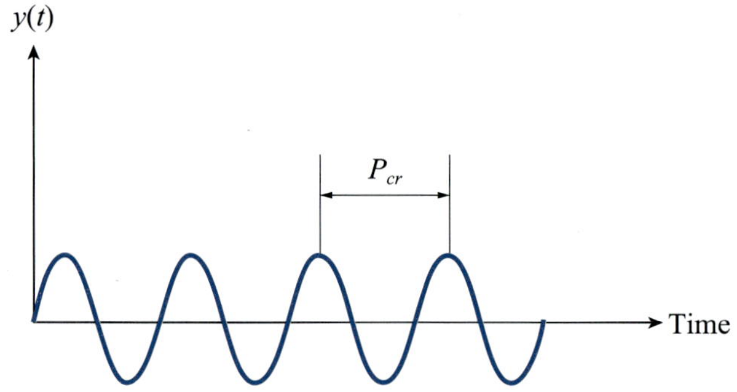

[그림 10.6] Marginally 안정 시스템의 시간 응답

| 표 10.1 | Ziegler–Nichols Formula

Controller Type	K_p	T_i	T_d
P	$0.5K_{cr}$	∞	0
PI	$0.45K_{cr}$	$\dfrac{P_{cr}}{1.2}$	0
PID	$0.6K_{cr}$	$0.5P_{cr}$	$0.125P_{cr}$

예제 10-2

Ziegler-Nichols 조정법을 이용하여 PID 제어기의 3개의 게인을 결정하시오.(최대 오버 슈트 m.o.= 25 %)

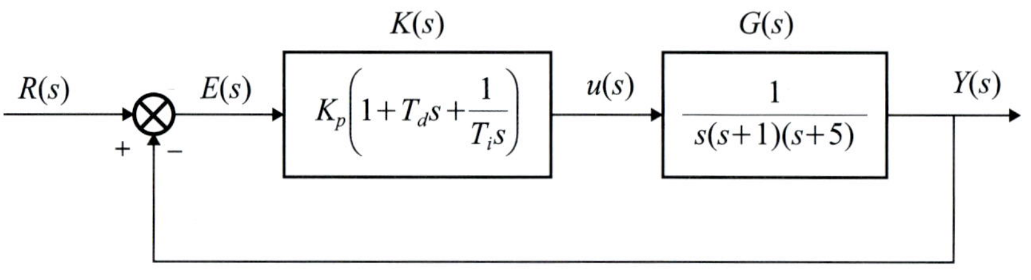

[그림 10.7] 비례–미분–적분 제어 시스템

우선 비례-제어 전달 함수와 특성 방정식을 구한다.

$$G(s) = \frac{K_p}{s(s+1)(s+5)+K_p} \tag{10.11}$$

$$s^3 + 6s^2 + 5s + K_p = 0 \tag{10.12}$$

Marginally 안정 상태에서의 임계 게인 및 주기를 구하기 위해 5장에서 학습한 Routh-Hurwitz 안정성 판정법을 사용하여 K_{cr} = 30을 먼저 구한다.

$$\frac{(30-K_p)}{6} > 0 \tag{10.13}$$

임계 주기는 $s = j\omega$를 특성 방정식에 대입한 식으로부터 임계 주파수를 먼저 구한후 결정한다.

$$6(5-\omega^2) + j\omega(5-\omega^2) = 0 \tag{10.14}$$

허수부가 0($5-\omega^2 = 0$)라는 조건으로부터 임계 주파수 $\omega_{cr} = \sqrt{5}$ 를 구하면 임계 주기는 다음과 같다.

$$P_{cr} = \frac{2\pi}{\omega_{cr}} = 2.8 \tag{10.15}$$

최종적으로, 표 10.1에 나타낸 공식을 사용하여 결정한 3개의 게인은 다음과 같다.

$$K_p = 0.6K_{cr} = 18, \ T_i = 0.5P_{cr} = 1.405, \quad T_d = 0.125P_{cr} = 0.35124 \tag{10.16}$$

따라서 3개의 게인으로 이루어진 PID 제어기는 다음과 같으며 원점에 극점이 한 개, 두개의 영점($s = -1.4235$)으로 이루어져 PID 제어기가 전체 시스템의 동특성을 변화 시킨다는 명백한 사실을 알 수 있다. 이때 페루프 선날 함수의 난위 계단 응답을 살펴보면 최대 오버 슈트(m.o.)는 약 65%로 목표치인 25%를 만족시키지 못하며 실험과 경험을 기반으로 한 근사 설계법의 한계이다.

$$G_c(s) = K_p\left(1+\frac{1}{T_i s}+T_d s\right)=18\left(1+\frac{1}{1.4s}+0.35s\right)=\frac{6.32(s+1.42)^2}{s} \quad (10.17)$$

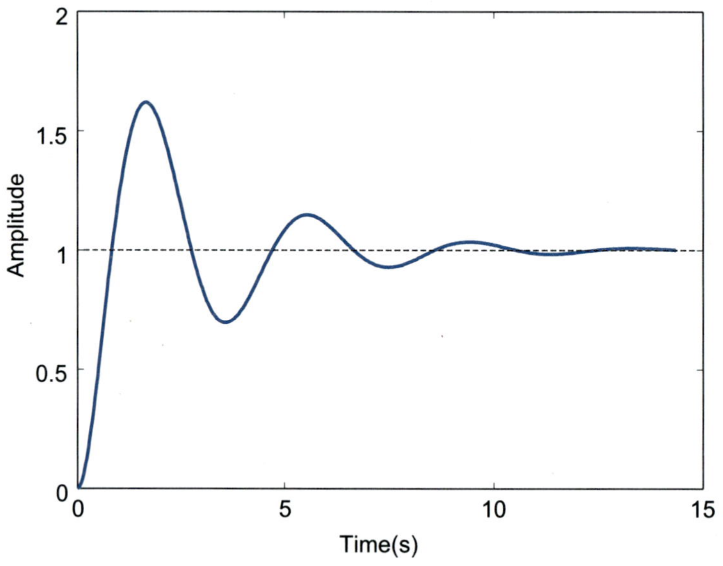

[그림 10.8] Ziegler–조정법으로 설계한 PID 제어 시스템의 계단 응답

10.2.2 반복법(Iteration Method)

PID 제어기의 3개 게인의 범위가 정해지면 반복법에 의해 손쉽게 3개의 게인을 결정 할 수 있다. 모든 시나리오를 시뮬레이션해서 목표 성능을 만족하는 게인을 결정하는 간단한 Brute-and-Force 알고리즘이다.

예제 10-3

다음 설계 조건을 만족하는 PID 제어 시스템의 게인을 반복법을 사용하여 구하시오. 3개의 게인 대신 식 (10.18)을 사용하여 2개의 게인을 구하는 제어기로 변형하였다. 결국 PID 제어기를 연결하면 전체 제어 시스템에 원점 극점과 영점 ($s=-a$)이 추가되어 만족스런 동특성을 얻게 된다.

• 최대 오버 슈트(m.o.)는 10%~15%

• $3 < K < 5$ and $0.1 < a < 3$

$$K(s) = K_p(1 + \frac{1}{T_i s} + T_d s) = \frac{K(s+\alpha)(s+\beta)}{s}$$
$$= \frac{K(s+a)^2}{s}, (if\ \alpha = \beta = a) \tag{10.18}$$

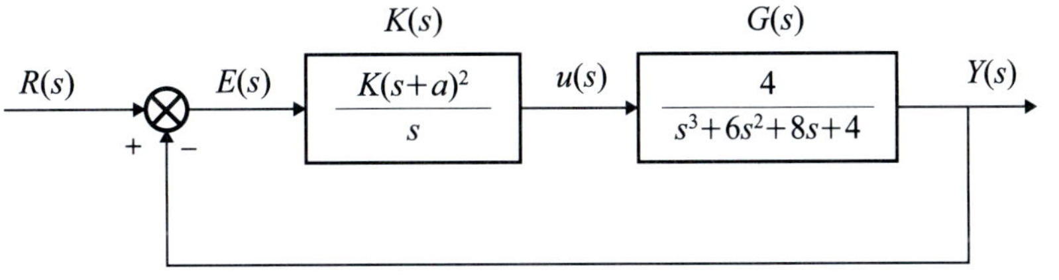

[그림 10.9] 비례-미분-적분 제어 시스템

실행 결과 결정된 게인은 $K = 3$, $a = 1$이며 단위 계단 응답에서 발생한 최대 오버 슈트는 14.7%로 주어진 조건을 만족한다.

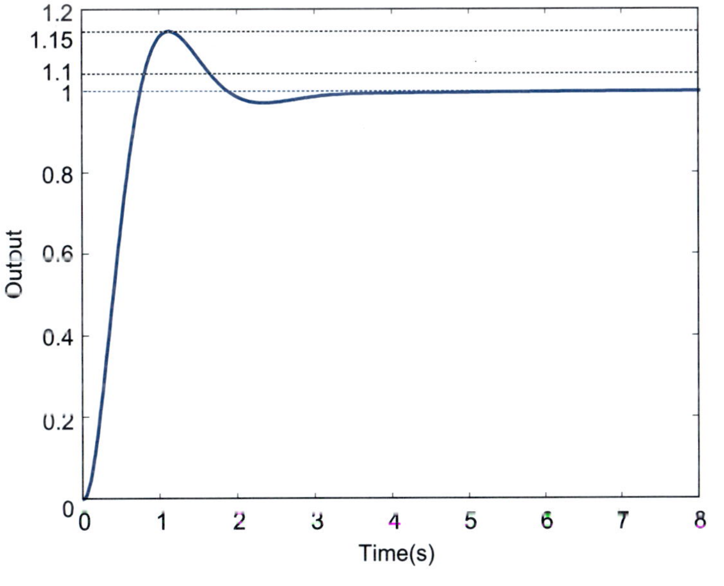

[그림 10.10] 반복법으로 설계한 PID 제어기의 단위 계단 응답

10.2.3 최적 알고리즘을 이용한 게인 튜닝

계산량이 많은 반복법 대신 최적화(Optimization) 알고리즘을 사용하면 최적으로 게인을 설계 할 수 있다. 그림 10.10에 나타낸 PID 제어기의 시간 응답 성능을 결정하는 3개의 최적의 게인을 결정하기 위해 유전자 알고리즘(Genetic Algorithm, GA)을 사용하였다[17]. GA는 자연계의 진화 과정을 모사한 계산 알고리즘으로 존 홀랜드(John Holland)에 의해서 1975년에 개발된 전역 최적화 기법으로 수학적 모델이 필요 없기 때문에 복잡한 동적 시스템의 최적화에 광범위하게 사용된다[18]. 일반적으로 구속 조건이 있는 최적화 문제는 풀기 어려우나 GA는 이러한 구속 조건을 만족을 만족할 때까지 반복하므로 구속 조건이 주어져도 최적해를 구할 수 있다.

예제 10-4

다음과 같은 PID 제어기의 3개 게인을 다음과 같은 구속 조건으로 정의하여 GA를 이용하여 최적의 해를 구하라.

$$1 \le K_p \le 60, 1 \le T_i \le 4, 0 \le T_d \le 8 \qquad (10.19)$$

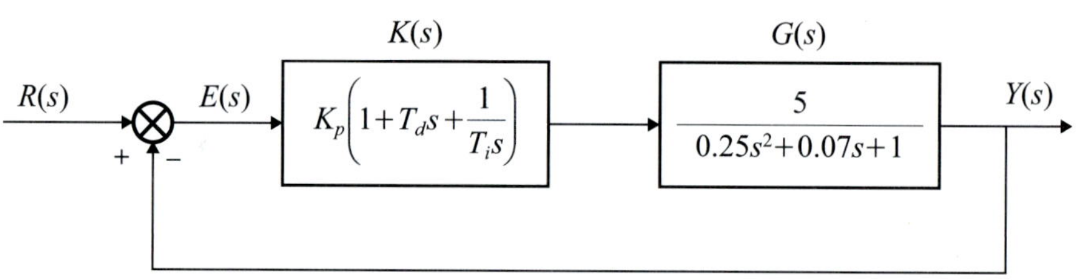

[그림 10.11] 비례-미분-적분 제어 시스템

최적화를 위해 목적(Objective or Cost) 함수를 오차 자승 적분(Integral of the Squared Error, ISE)로 정의하였다.

$$Minimize\ ISE = \int_0^\infty e^2(\tau)d\tau \qquad (10.20)$$

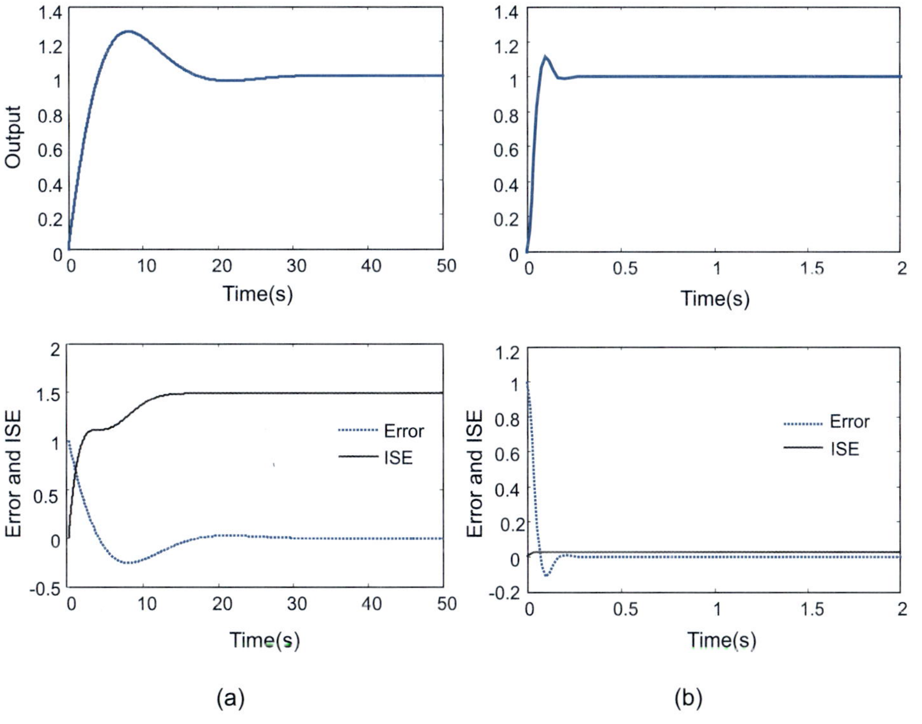

[그림 10.12] PID 제어기의 계단 응답, (a) 최적화 전, (b) 최적화 후

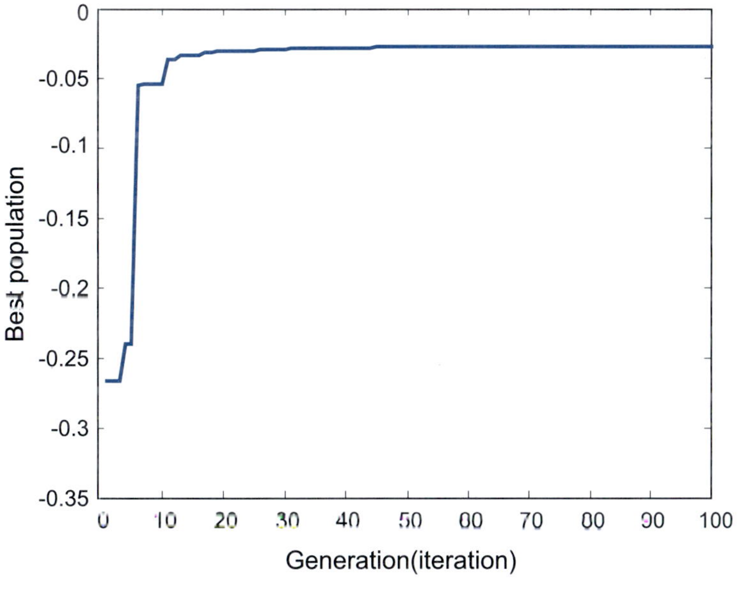

[그림 10.13] GA 알고리즘의 수렴 히스토리 곡선

최적화 전(K_p = 40, K_p/T_i = K_i = 10, T_d = 3)의 전형적인 계단 응답 결과 목적 함수 ISE = 1.3인 반면 최적화 후(K_p = 59, K_p/T_i = K_i = 5.43, T_d = 0.0293)에는 ISE = 0.028로 대폭 감소되었다. 그림 10.13에 나타낸 수렴 곡선을 살펴보면 적어도 20회의 반복만으로도 성공적으로 최적해(편평한 수렴값, Best Population)를 구할 수 있는 사실을 알 수 있다.

10.3 상태 공간 모델 기반 제어기

지금까지 설명한 전달 함수를 이용한 주파수 영역에서의 제어기 설계법에 비해 시간 영역에서 상태 공간 방정식을 이용하는 현대 제어(Modern Control)는 방대한 수학적 배경 지식을 요구하며 학부과정에서 다루기 어렵기 때문에 기본 개념인 가제어성(Controllability)와 대표적인 제어 기법인 상태 피드백(State Feedback) 제어기에 대해서만 간단히 소개하고자 한다[19].

10.3.1 가제어성(Controllability)

전달 함수를 이용하여 제어 시스템의 응답을 구하는 과정은 사실 상미분 방정식의 해를 구하는 것과 동일하다. 다음과 같은 상태 공간 모델을 고려하면

$$\dot{\mathbf{x}}(t) = \mathbf{A}x(t) + \mathbf{B}u(t) \tag{10.21}$$

양변에 라플라스 변환을 취하면

$$sX(s) - x(0) = \mathbf{A}X(s) + \mathbf{B}U(s) \tag{10.22}$$

이 식을 $X(s)$에 대해 정리하면

$$X(s) = (s\mathbf{I} - \mathbf{A})^{-1}x(0) + (s\mathbf{I} - \mathbf{A})^{-1}\mathbf{B}U(s) \tag{10.23}$$

따라서 역라플라스 변환을 취하면 $x(t)$는 다음과 같다.

$$x(t) = e^{\mathbf{A}t}\,\vec{x}(0) + \int_0^t e^{\mathbf{A}(t-\tau)}\mathbf{B}\vec{u}(\tau)\,d\tau \tag{10.24}$$

여기서, e^{At}는 상태 천이 행렬(State Transition Matrix), $\int_0^t e^{\mathbf{A}(t-\tau)}\mathbf{B}\vec{u}(\tau)\,d\tau$ 는 제어 입력에 의한 Zero-State(Non-homogenous) 해를 구하는 합성곱 적분이다. 식 (10.24)는 다음과 같은 식으로 변형 할 수 있다.

$$\begin{aligned} x(t) &= \int_0^t \left[\mathbf{I} + \mathbf{A}(t-\tau) + \frac{\mathbf{A}^2}{2}(t-\tau)^2 + \frac{\mathbf{A}^3}{6}(t-\tau)^3 + \cdots\right]\mathbf{B}\vec{u}(\tau)\,d\tau \\ &= \begin{bmatrix}\mathbf{B} & \mathbf{AB} & \mathbf{A}^2\mathbf{B} & \cdots\end{bmatrix}\begin{bmatrix}\int_0^t \vec{u}(\tau)\,d\tau \\ \int_0^t (t-\tau)\vec{u}(\tau)\,d\tau \\ \vdots\end{bmatrix}\end{aligned} \tag{10.25}$$

여기서, $\mathbf{M}_C = [\mathbf{B} \quad \mathbf{AB} \quad \mathbf{A}^2\mathbf{B} \quad \cdots \quad \mathbf{A}^{n-1}\mathbf{B}]$는 가제어성 행렬이다. 만약 선형 시스템이 시간 t_0에서 초기 상태 $x(t_0) = x^*$를 유한한 시간 구간($0 < t_0 < t_1$)에서 최종 상태 $x(t_1)$로 이동이 가능하다면 제어 가능(Controllable)하다. 따라서 가제어성은 시스템 행렬 **A**, **B**에 의존한다. 이때 두 벡터(행렬)가 직각(Orthogonal)이면 해가 존재 하지 않으며(Trivial Solution) 제어 불가능하다.

$$\begin{bmatrix}\mathbf{B} & \mathbf{AB} & \mathbf{A}^2\mathbf{B} & \cdots & \mathbf{A}^{n-1}\mathbf{B}\end{bmatrix}\vec{x}^T = \vec{0} \tag{10.26}$$

이 식이 성립할 조건은 $\vec{x} \notin \text{span}\left\{\vec{m}_i^T\right\}$이다. 여기서 $\vec{m}_i$ 은 $\mathbf{M}_C$의 모든 열벡터(Basis)이며 $\mathbf{M}_C$ 행렬로 n 차원 공간을 생성할 수 없음을 의미한다. 따라서 해가 존재하는 가제어성 판정은 다음 계수(Rank) 테스트로 쉽게 판정 할 수 있다.

$$rank(\mathbf{M}_c) = \begin{cases} if & n: controllable \\ otherwise: uncontrollable \end{cases} \tag{10.27}$$

예제 10-5

다음과 같이 1개의 제어 입력으로 2개 물 탱크의 평균 수위를 제어하는 유량 제어 시스템은 직관적으로 제어 불가능한 시스템이라는 사실을 알 수 있다.

$$\begin{aligned} \dot{x}_1(t) &= ax_1(t) + bu(t), \\ \dot{x}_2(t) &= ax_2(t) + bu(t) \\ y(t) &= \frac{1}{2}\left[x_1(t) + x_2(t)\right] \end{aligned} \tag{10.28}$$

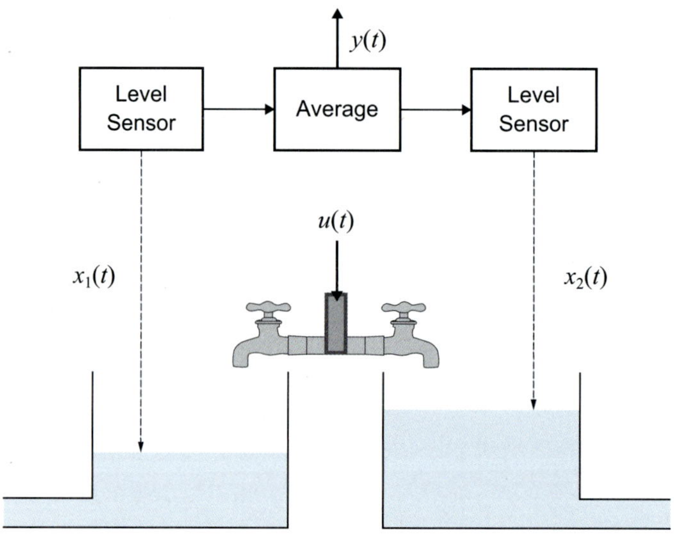

[그림 10.14] 물탱크 수위(Level) 제어 시스템

가제어성을 사용하여 제어가 불가능하다는 사실을 수학적으로 증명해 보면, 먼저 식 (10.28)로부터 상태 공간 모델을 유도한다.

$$\begin{aligned} \dot{\mathbf{x}}(t) &= \begin{bmatrix} a & 0 \\ 0 & a \end{bmatrix}\mathbf{x}(t) + \begin{bmatrix} b \\ b \end{bmatrix}\mathbf{u}(t) \\ y(t) &= \begin{bmatrix} \frac{1}{2} & \frac{1}{2} \end{bmatrix}\mathbf{x}(t) \end{aligned} \tag{10.29}$$

가제어성 행렬은 다음과 같으며 Full Rank(시스템 차수 2)보다 작으므로 (rank($\mathbf{M}_C$) = 1 < 2) 가제어하지 않다.

$$M_c = [\mathbf{B} \quad \mathbf{AB}] = \begin{bmatrix} 1 & a \\ 1 & a \end{bmatrix} \tag{10.30}$$

가관측성(Observability)도 수학적으로 가제어성과 Dual 시스템이므로 유도 과정 및 판정 방법이 가제어성과 매우 유사하다.

10.3.2 상태 피드백(State Feedback) 제어기

만약 아래 상태 공간 모델이 제어 가능하다면(Controllable)

$$\begin{cases} \dot{\mathbf{x}}(t) = \mathbf{A}\mathbf{x}(t) + \mathbf{B}u(t) \\ y(t) = \mathbf{C}\mathbf{x}(t) \end{cases} \tag{10.31}$$

다음과 같은 Full 상태 피드백 제어기를 설계 할 수 있다.

$$u(t) = -\mathbf{K}\mathbf{x}(t) \tag{10.32}$$

여기서 **K**는 피드백 게인이다. 따라서 상태 공간 모델에 상태 피드백 제어기 식 (10.32)를 대입하면 시스템 행렬 **A**은 다음과 같이 증강(Augmentation) 된다.

$$\dot{\mathbf{x}}(t) = [\mathbf{A} - \mathbf{BK}]\mathbf{x}(t) \tag{10.33}$$

이때 행렬 **A−BK**의 고유치(극점)은 다음과 같은 특성 방정식의 근이며

$$\det[\lambda\mathbf{I} - \mathbf{A} + \mathbf{BK}] = 0 \text{ or } \lambda^n + a_{n-1}\lambda^{n-1} + \cdots a_0 = 0 \tag{10.34}$$

원하는 극점을 배치(Pole Placement, Eigenvalue Assingment)하여 구한 다음 특성 방정식의 계수와 같도록 비교하며 피드백 게인 **K**를 설계 할 수 있다. 이 방법 이외에도 가제어성 표준 모델을 이용하거나 Ackermman 방법을 사용하여 피드백 게인을 설계 할 수 있다.

$$(\lambda-\lambda_{1d})(\lambda-\lambda_{2d})\cdots(\lambda-\lambda_{nd})=0 \tag{10.35}$$

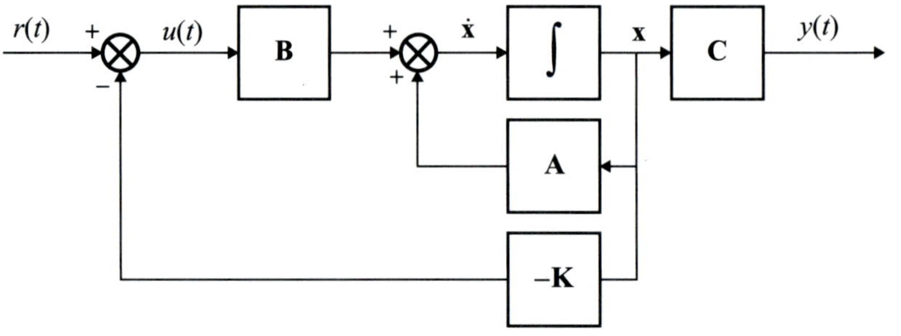

[그림 10.15] Full 상태 피드백 제어기의 블록 선도

예제 10-6

다음 시스템 모델이 주어질 때 폐루프 제어 시스템의 극점이 $\{-0.5\pm j\}$이 되도록 Full 상태 피드백 제어기를 설계하라.

$$\mathbf{A}=\begin{bmatrix}1 & 0\\ 0 & -2\end{bmatrix},\mathbf{B}=\begin{bmatrix}1\\ -1\end{bmatrix} \tag{10.36}$$

상태 피드백에 의해 증강된 행렬 $\mathbf{A}-\mathbf{BK}$은 다음과 같다.

$$\mathbf{A_K}=\mathbf{A}-\mathbf{BK}=\begin{bmatrix}1-k_1 & -k_2\\ k_1 & -2+k_2\end{bmatrix} \tag{10.37}$$

따라서 폐루프 제어 시스템의 특성 방정식은 다음과 같다.

$$\begin{aligned}a_K(s)&=|s\mathbf{I}-\mathbf{A}+\mathbf{bK}|=(s-1+k_1)(s+2-k_2)+k_1k_2\\ &=s^2+(1-k_2+k_1)s-(1-k_1)(2-k_2)+k_1k_2=0\end{aligned} \tag{10.38}$$

시스템 극점이 $\{-0.5\pm j\}$되도록 특성 방정식을 구성하면

$$\alpha_K(s)=(s+0.5+j)(s+0.5-j)=s^2+s+5/4=0 \tag{10.39}$$

식 (10.38)과 식 (10.39)가 같아야 하므로 다음과 같은 식으로부터 피드백 게인을 쉽게 설계 할 수 있다.

$$\begin{cases} 1-k_2+k_1=1 \\ -(1-k_1)(2-k_2)+k_1k_2=5/4 \end{cases} \tag{10.40}$$

$$\therefore k_1=k_2=\frac{13}{12} \tag{10.41}$$

만약 상태 공간 모델이 가관측하다면(Observable) 상태 변수를 측정하는 대신 관측기(Observer) 또는 추정기(Estimator)를 설계 할수 있다. 모든 상태 변수를 추정하는 동일 차수(Full-order) 관측기와 최소(Reduced-order) 관측기 설계가 가능한다.

심화 문제

10.1 선행 자동차(Lead Vehicle)를 따라가는 자동차(Following Ego Vehicle)의 차간 거리(Headway)를 일정하게 유지하는 적응 순항 제어(Adaptive Cruise Control, ACC) 시스템을 설계하였다.

$$m\dot{v}_2(t) = -cv_2^{\,2}(t) + f(t) \tag{10.42}$$

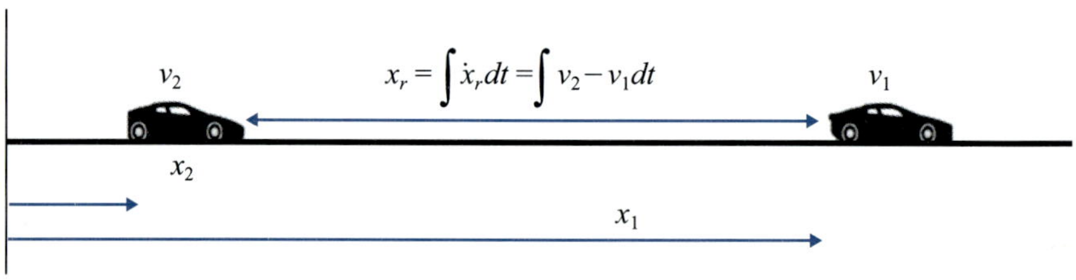

[그림 10.17] 적응 순항 제어(Adaptive Cruisue Control) 시스템

[1] 식 (10.23)을 선형 근사하고 전체 블록 선도를 그리시오.
(v_o = 20 m/s(70 km/h), c = 0.33, m = 1000 kg)

[2] PD 제어기(K_d = 1000, K_p = 100)를 설계 후 폐루프 제어 시스템의 계단 응답을 그리시오.

[3] 다음과 같은 액추에이터 동역학을 고려하여 폐루프 제어 시스템의 계단 응답을 그리고 결과를 논하시오(τ_a = 0.1).

$$\frac{1}{\tau_a s + 1} \tag{10.43}$$

[4] 앞차가 감속을 하여(−) 외란이 입력될 경우 폐루프 제어 시스템의 계단 응답을 그리시오.

10.2 다음과 같은 PID 제어 시스템에서 단위계단 입력에 대한 최대 오버슈트가 10% 미만이라는 성능을 만족시키는 K와 a를 반복법을 사용하여 구하라. 여기서, $2 \le K \le 3$, $0.5 \le a \le 1.5$

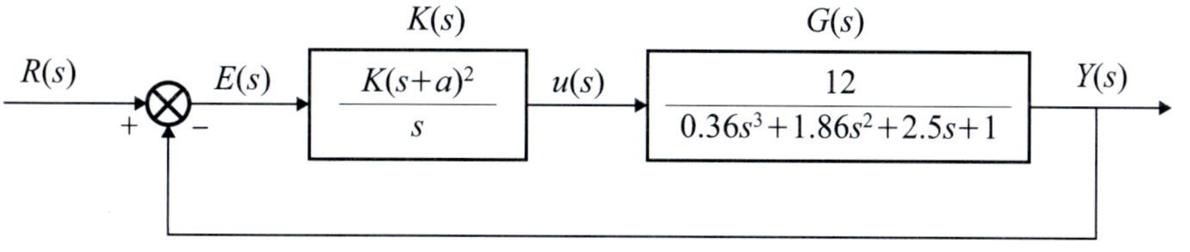

[그림 10.18] PID 제어 시스템

10.3 도립 진자 제어 시스템의 상태 공간 모델에서(식 (4.34), $M = 1$, $m = 0.1$, $l = 1$, $g = 9.8$) 원하는 폐루프 극점이 $\{-1 \pm j, -5 \pm j5\}$이 되도록 Full 상태 피드백 제어기를 설계하라.

CHAPTER

11

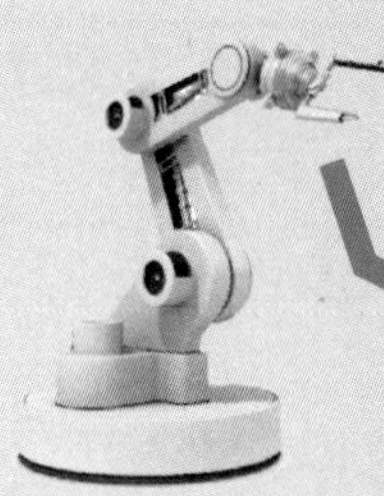

보상기 설계

11.1 보상기

앞 장에서 설명한 PID 제어기는 최종적으로 폐루프 제어 시스템에 극점 및 영점이 추가되는 결과를 얻는 반면, 보상기(Compensator)는 다음과 같은 영점과 극점으로 구성된 전달 함수를 적절하게 미리 설계한다는 점에서 제어기와 구별된다[21].

$$K(s) = \frac{K\prod_{j=1}^{m}(s - z_j)}{\prod_{i=1}^{n}(s - p_i)} \tag{11.1}$$

또한 PID 제어기는 시간 영역에서 주로 설계하지만 보상기는 주파수 선도를 이용하여 설계하므로 PID 제어기에 비해 설계가 어렵다. 우선 극점과 영점의 추가가 제어 시스템에 어떠한 영향을 주는지 근궤적 선도에서 알아보자.

8장에서 설명한 바와 같이 극점은 소스(Source)에 대응되므로 시스템에 극점이 좌측에 추가되면 원래 근궤적을 밀어내어 오른쪽으로 휘어진다. 따라서 극점이 두개인 2차 시스템에 극점이 좌측에 한 개 추가되면 항상 안정한 시스템의 상대 안정성이 감소되어 불안정해 지며 과도 응답 특성도 악화된다. 영점은 싱크(Sink) 역할을 하므로 영점이 원래 시스템의 좌측에 추가 되면 원래 근궤적을 끌어 당겨 불안정한 시스템의 상대 안정성이 개선되며 과도 응답 특성도 개선된다. 이러한 이유로 보상기를 설계하면 원래 시스템의 상대 안정성 및 과도 응답 특성이 변한다. 따라서 원래 개루프 제어 시스템이 안정한 경우에만 보상기를 설계하여 상대 안정성을 개선 시킨다.

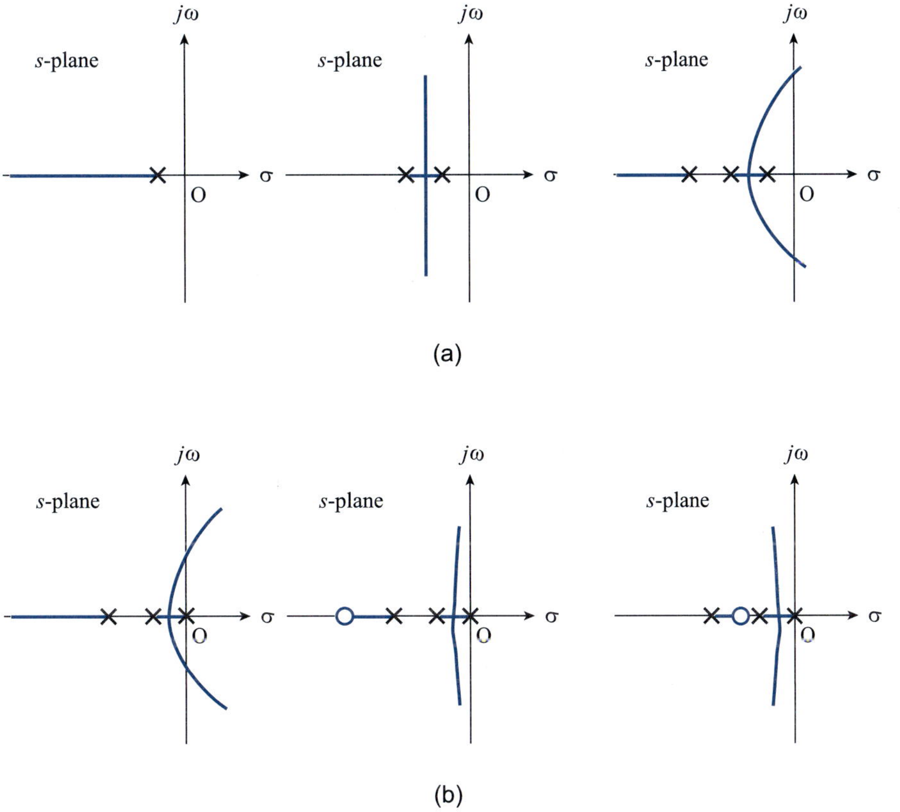

[그림 11.1] 영점과 극점 추가 효과 (a) 극점, (b) 영점

11.2 리드/래그 보상기

11.2.1 리드(Lead) 보상기

리드 보상기는 다음과 같은 전달 함수 형태를 가지며 위상이 리드(Lead, Advance) 되므로 리드 보상기로 불리며 과도 응답 특성을 개선시켜 주는 기능을 담당한다.

$$K(s) = \frac{s + \frac{1}{T}}{s + \frac{1}{\alpha T}} = \frac{1 + Ts}{1 + \alpha Ts} \tag{11.2}$$

여기서 $\alpha = \frac{z}{p}$는 영점 $z = -\frac{1}{T}$과 극점 $s = -\frac{1}{\alpha T}$의 비로 정의되는 리드 보상기 파라미터로 보통 $0 < \alpha < 1$ 사이로 설계한다. 따라서 극점이 영점보다 왼쪽에 위치한다($0 < |z| < |p|$). 리드 보상기의 전달 함수는 고주파수 통과 필터(High-Frequency Pass Filter)의 전달 함수와 유사하며 실제로 예전 아날로그 제어 시절에는 이런 방식으로 보상기를 설계 및 제작하였다. Kirkhoff's 법칙($I_1 + I_2 = I$)에 의해 그림 11.2(b)에 나타낸 고주파수 통과 필터 지배 방정식은 다음과 같다.

$$C\frac{d(V_1 - V_2)}{dt} + \frac{1}{R_1}(V_1 - V_2) = \frac{1}{R_2}V_2 \tag{11.3}$$

라플라스 변환을 하여 전달 함수를 구하면

$$sCV_1(s) - sCV_2(s) + \frac{1}{R_1}V_1(s) - \frac{1}{R_2}V_1(s) = \frac{1}{R_2}V_2(s) \tag{11.4}$$

$$K(s) = \frac{V_2(s)}{V_1(s)} = \frac{s + \frac{1}{T}}{s + \frac{1}{\alpha T}} \tag{11.5}$$

여기서 $T = R_1C, \alpha = \dfrac{R_2}{R_1+R_2} < 1$이다.

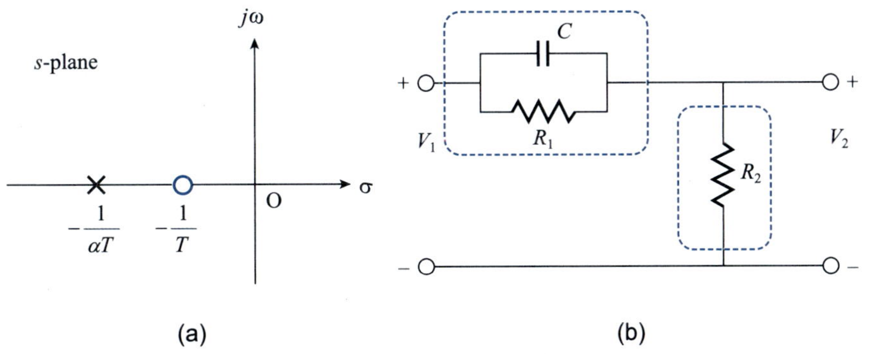

[그림 11.2] 리드(Lead) 보상기

11.2.2 래그(Lag) 보상기

래그 보상기는 다음과 같은 전달 함수 형태를 가지며 위상이 지연(Lag, Delay)되므로 래그 보상기로 불리며 과도 정상 상태 오차를 개선시키므로 PI 제어기와 역할이 비슷하다.

$$K(s) = \frac{s + 1/T}{s + 1/\beta T} \tag{11.6}$$

여기서 $\beta = \dfrac{1}{\alpha} = \dfrac{R_1 + R_2}{R_2}$는 래그 보상기 파라미터로 보통 $0 < \beta < 15$사이로 설계한다. 래그 보상기의 전달 함수는 저주파수 통과 필터(Low-Frequency Pass Filter)의 전달 함수와 유사하며 극점이 영전보다 오른쪽에 위치한다($0 < |p| < |z|$).

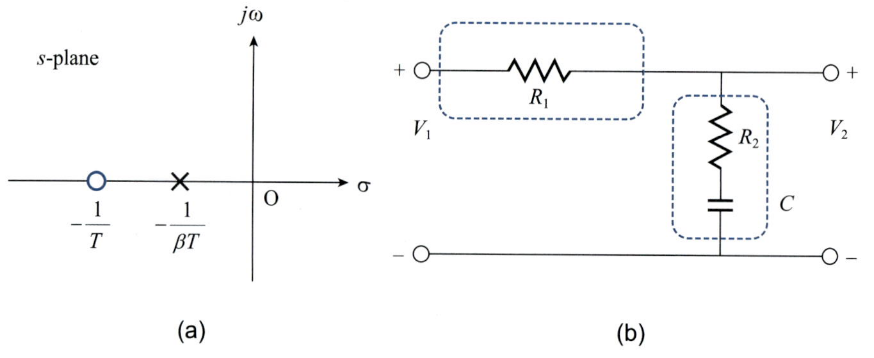

[그림 11.3] 래그(Lag) 보상기

11.2.3 래그-리드(Lag-Lead) 보상기

래그-리드(Lag-Lead) 보상기는 다음과 같은 전달 함수 형태를 가지며 2개의 영점이 극점 사이에 위치하도록 설계한다. 리드 보상기(과도 응답 개선)와 래그 보상기(정상 상태 오차 개선)을 절충(Trade-Off)하여 설계한다($\alpha\beta = 1$).

$$K(s) = \left(\frac{s + \frac{1}{T_1}}{s + \frac{1}{\beta T_1}} \right) \left(\frac{s + \frac{1}{T_2}}{s + \frac{1}{\alpha T_2}} \right) \tag{11.7}$$

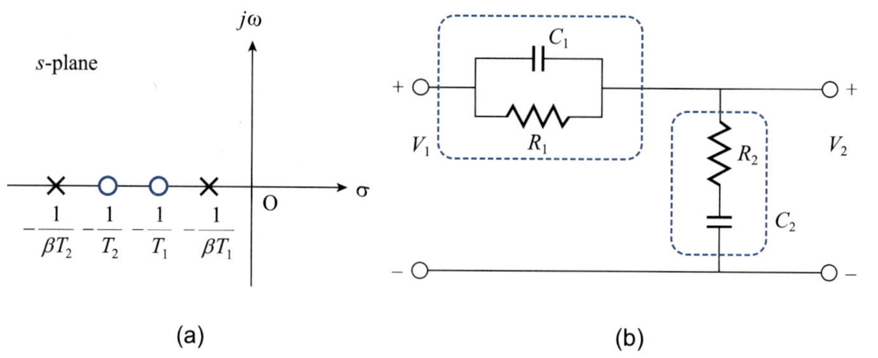

[그림 11.4] 래그-리드(Lag-Lead) 보상기

리드-래그(Lead-Lag) 보상기를 설계하기 위해서는 최대 주파수에서의 최대 위상각 ϕ_m을 계산해야 한다. 보드 선도에서 최대 위상각을 나타내는 주파수는 다음과 같다.

$$\omega_m = \sqrt{pz} \tag{11.8}$$

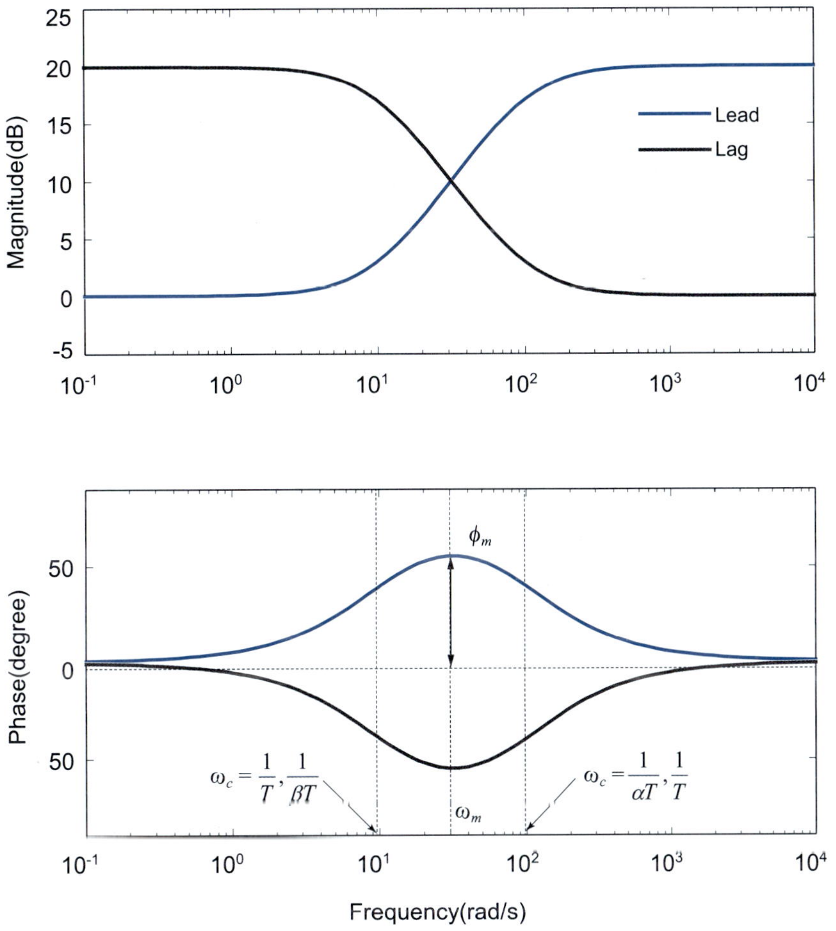

[그림 11.5] 리드–래그 보상기의 보드 선도(Lead: $z = 10$, $p = 100$, $\alpha = 0.1$, Lag: $z = 100$, $p = 10$, $\alpha = 10$)

최대 위상각은(식 (11.8))은 보드 선도에서 나타낸 바와 같이 중앙값이므로 코너 주파수(Corner Frequency, ω_c)의 기하 평균(Geometric Average)으로부터도 구할 수 있다.

$$\log \omega_m = \frac{1}{2}\left(\log \frac{1}{T} + \log \frac{1}{\alpha T} \right) \tag{11.9}$$

$$\omega_m = \frac{1}{\sqrt{\alpha} T} \tag{11.10}$$

최대 위상각 ϕ_m은 그림 11.6에 나타낸 나이퀴스트 선도로부터 다음과 같이 구할 수 있다.

$$\sin \phi_m = \frac{(1-\alpha)/2}{(1+\alpha)/2} = \frac{1-\alpha}{1+\alpha} \tag{11.11}$$

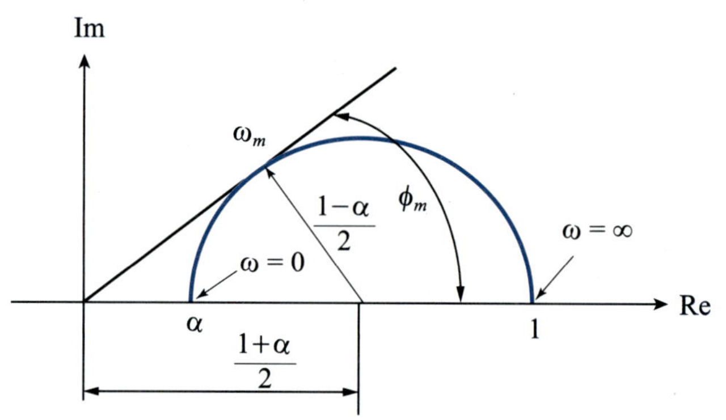

[그림 11.6] 리드 보상기의 나이퀴스트 선도(α = 0.1)

또는 위상각의 정의로부터 (11.13)과 같이 구할 수도 있다.

$$\phi_m = \tan^{-1} \omega T - \tan^{-1} \omega \alpha T \tag{11.12}$$

$$\tan \phi_m = \frac{\omega T - \omega \alpha T}{1 + \omega T \cdot \omega \alpha T} = \frac{1-\alpha}{2\sqrt{\alpha}} \tag{11.13}$$

11.3 리드 보상기 설계

보상기 설계 방법을 다음과 같은 리드 보상기 설계를 예로 설명하겠다. 결국 리드 보상기 설계는 요구 성능을 만족시키는 2개의 파라미터 α, T를 적절히 구하는(Trade-off) 과정이다.

예제 11-1

계단 입력에 대한 속도 상수 k_v가 20이고 위상 마진(PM)이 50°가 되도록 리드 보상기를 설계하여라.

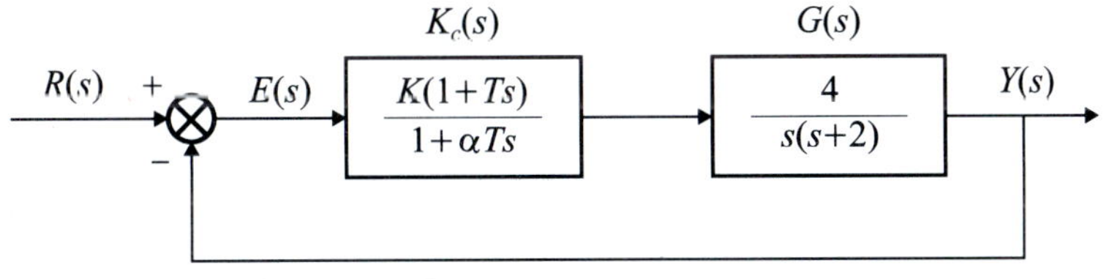

[그림 11.7] 리드 보상기가 연결된 폐루프 제어 시스템

Step 1: 정상 상태 오차와 관련된 속도 상수 $k_v = 20$를 만족하는 비례 게인 결정

$$K_v = \lim_{s \to 0} sK \frac{4}{s(s+2)} = 20 \Rightarrow K = 10 \tag{11.14}$$

Step 2: 보상기가 없는 개루프 전달 함수의 위상 마진을 MATLAB을 이용하거나 직접 구한다. 그림 11.8에 나타낸 바와 같이 18°이다. 따라서, 리드 보상기를 연결하여 보상해야 할 최대 위상 마진은 $\phi_m = 50 - 18 = 32°$이다. 보통 이 각도에 6° 정도의 여유를 추가한다. 그 이유는 리드 보상기의 추가로 보드 선도의 크기 곡선이 변하므로 게인 교차 주파수가 약간 우측으로 이동하기 때문이다.

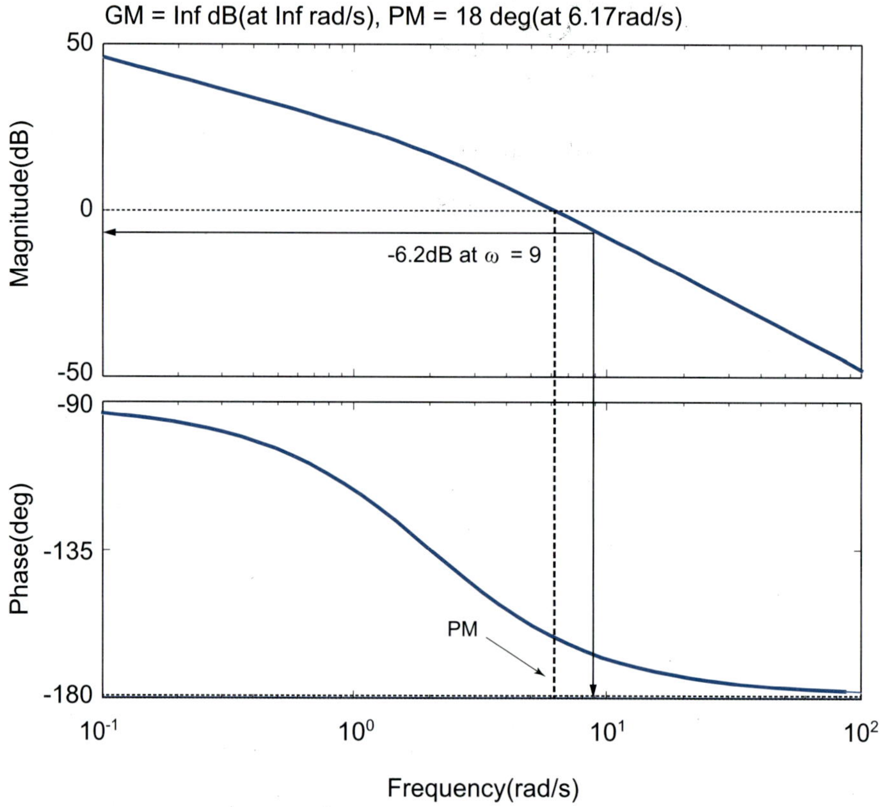

[그림 11.8] 개루프 전달 함수의 보드 선도

Step 3: 리드 보상기 파라미터 α 계산

식 (11.6)으로부터 필요한 추가 위상 리드각 $\phi_m = 32 + 6 = 38°$을 얻을 수 있는 파라미터 α를 선정한다. 식 (11.11) 또는 식 (11.13)를 이용하면 $\alpha = 0.24$가 되어야 한다.

$$\alpha = \frac{1-\sin\phi_m}{1+\sin\phi_m} = \frac{1-\sin 38°}{1+\sin 38°} = 0.24 \tag{11.15}$$

$$0.78 = \frac{1-\alpha}{2\sqrt{\alpha}} \rightarrow \alpha^2 - 4.43 + 1 = 0 \rightarrow \alpha = 0.24 \tag{11.16}$$

Step 4: 새로운 게인 크로스 주파수로부터 T를 계산

최대 위상이 나타나는 주파수 $\omega_m = \dfrac{1}{\sqrt{\alpha T}}$에서 최대 크기는 다음과 같다.

$$\left|\frac{1+j\omega T}{1+j\omega\alpha T}\right|_{\omega_m=\frac{1}{\sqrt{\alpha T}}} = \frac{1}{\sqrt{\alpha}} = \frac{1}{\sqrt{0.24}} = 2.04 \tag{11.17}$$

크기비 2.04를 dB로 계산하면 $20\log_{10}(2.04) = 6.2$ dB이며, 다음식으로부터 새로운 게인 크로스 주파수 $\omega_c = 9$를 구할 수 있다. MATLAB으로 구한 그림 11.7에서도 계산이 가능하다.

$$|G(j\omega)| = -6.2 \tag{11.18}$$

따라서 1차 시스템의 응답을 결정하는 시상수 T는 다음식에서 구할 수 있다.

$$\omega_c = \frac{1}{\sqrt{\alpha T}} = 9 \Rightarrow T = 0.227 \tag{11.19}$$

Step 5: 리드 보상기 설계가 완료되면 요구 성능이 만족하는지 검토

$$G_o(s) = 10\left(\frac{1+0.227s}{1+0.054s}\right)\left(\frac{4}{s(s+2)}\right) \tag{11.20}$$

보상기가 보상하는 최대 리드 위상각 ϕ_m 때문에 새로운 개루프 전달 함수의 위상 마진(PM)이 원래 시스템의 18°에서 목포 성능인 50.7°로 증가하여 상대 안정도가 대폭 개선되었으며 이로 인해 과도 응답 특성이 개선될것으로 예상할 수 있다. 폐루프 전달 함수를 구하여 단위 계단 응답을 그려 보면 정착 시간(Settling Time)이 3.6 초에서 0.74초로 약 5배 개선된 사실을 확인 할 수 있다.

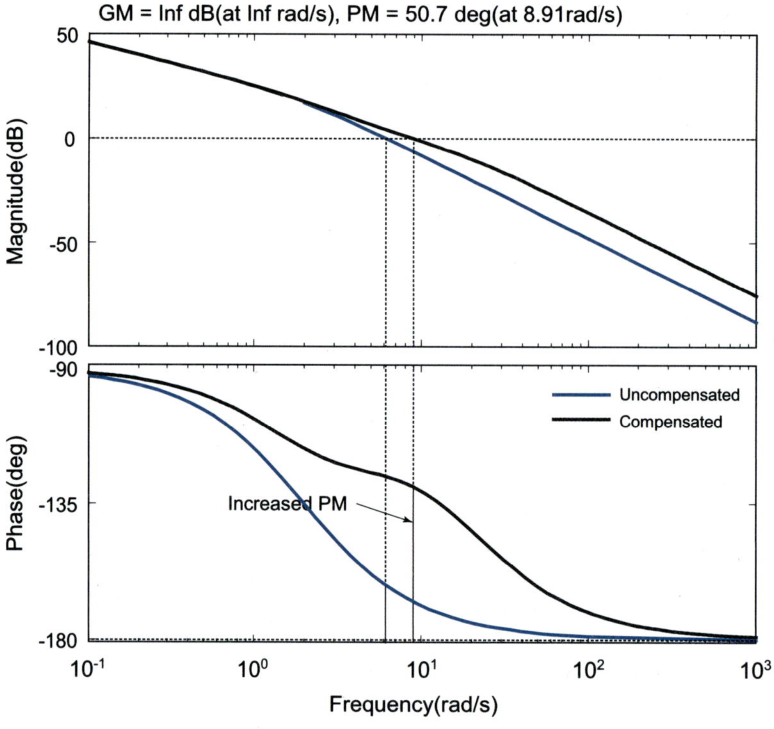

(a)

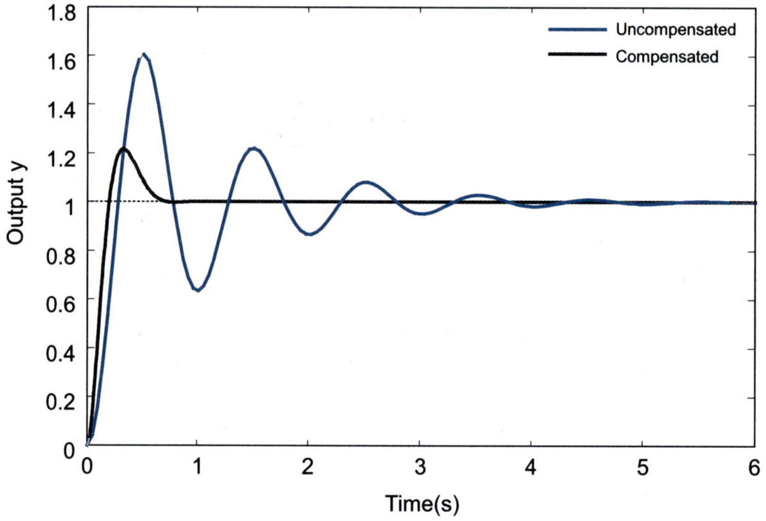

(b)

[그림 11.9] 보상 전후 제어 응답 특성 비교(a) 보드 선도,(b) 폐루프 전달 함수의 계단 응답

심화 문제

11.1 다음 폐루프 제어 시스템에 위상 마진(PM)이 34°가 되도록 래그(Lag) 보상기를 설계하시오.

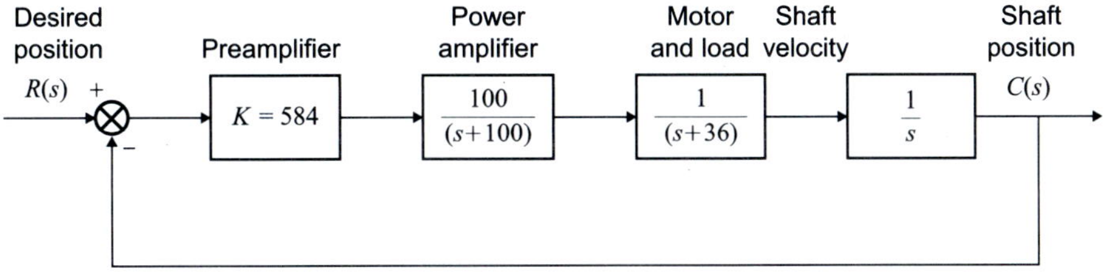

[그림 11.10] 폐루프 제어 시스템

11.2 다음은 속도 제어 시스템의 블록 선도이다. 여기서 $T_a = 1s$, $T_p = 4s$, $T_s = 0.5s$

[1] 단위 계단 입역에 대하여 정상 상태 오차가 0.07이 되도록 비례제어게인 K를 구하라.

[2] 폐루프 제어 시스템의 게인 및 위상 마진을 구하라.

[3] 위상 마진이 40°가 되도록 Lead 보상가를 설계하라. 이때 게인 여유는 얼마인가.

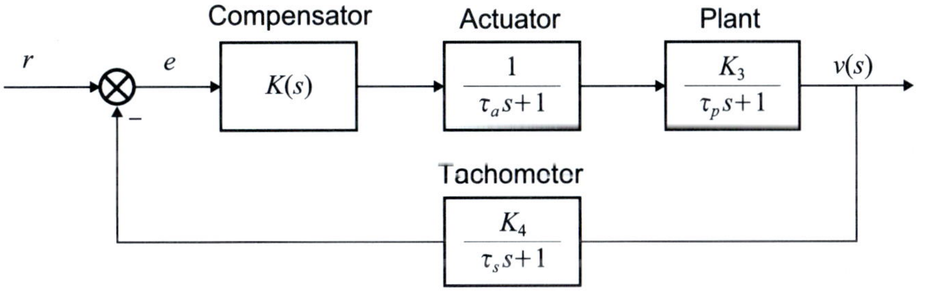

[그림 11.11] 폐루프 속도 제어 시스템

CHAPTER 12

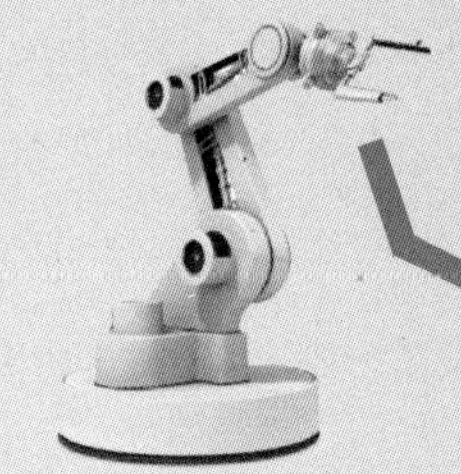

제어 시스템

12.1 제어 시스템 설계

제어 시스템(Control Systems) 은 다양한 동적 시스템의 모델링을 통해 제어 대상 시스템(Plant)의 수학적 모델을 유도하고 제어 성능 목표가 설정되면 제어기를 설계한다. 제어시스템의 일반적인 설계과정은 그림 12.1과 같은 흐름도(Flow Chart)로 표현 할 수 있으며 제어시스템 설계 과정을 단계별로 설명하면 다음과 같다[22].

- **제어 시스템 검토**: 제어 대상 시스템에 대한 상세한 검토를 한다. 즉 시스템의 특성을 분석하고, 제어 대상 시스템을 제어하기 위해 입력과 출력에 해당하는 상태 변수등을 결정한다. 이때, 구현할 수 있는 하드웨어(마이크로 제어기, 액추에이터, 센서등)을 함께 고려하여야 한다.
- **동적 모델링**(Dynamic Modeling): 제어 대상 시스템에 대한 수학적 모델을 유도 한다. 개루프 전달 함수(동적 모델)의 응답 속도, 안정성과 같은 동특성을 해석하는 과정이 포함된다.
- **제어 문제 설정**(Formualtion): 기준 입력과 제어 성능 목표(Specification)를 정하여 제어 문제를 설정한다.
- **제어기 설계**(Control Law Design): 제어 대상 시스템에 적합한 제어기(controller)를 결정하고, 제어기의 설계 절차에 따라 제어 성능 목표를 달성할 수 있는 제어기의 게인등을 조정하고 제어 법칙을 설계한다.
- **모의실험**(Simulation): 설계된 제어 법칙을 대상시스템이 동적 모델과 함께 MATLAB과 같은 제어 전용 공학용 소프트웨어를 사용하여 모의실험을 수행하고 제어 성능을 최종 분석한다. 모의 성능 해석 결과가 만족스럽지 못하면 이전 과정으로 되돌아가 제어기를 다시 설계한다.
- **제어기 구현**(Implementation): 모의 실험을 통한 성능 해석 결과가 만족할 경우 필요한 하드웨어(마이크로 제어기, 액추에이터, 센서등) 및 소프트웨어를 선정하여 디지털 제어기를 구현한다.
- **시스템 시험**(Test): 구현한 제어기를 실제 제어 시스템에 연결하여 성능을 시험하여 목표 성능을 만족하는지 평가한다. 결과가 만족스럽지 못하면 이전

단계 또는 제어기 설계 단계로 되돌아가 그 이후의 과정을 반복한다.

이상과 같은 세부 단계를 거쳐 최종 제어 시스템 설계가 완성이 된다. 제어기 설계 및 모의실험 과정은 제어기를 실제시스템에 적용하기에 앞서 설계된 제어기의 성능을 검토하는 작업으로서 세심한 주의를 필요로 한다. 이 과정이 제대로 이루어지지 않으면 뒤따르는 제어기 구현 과정에서 제어 성능이 목표한 만큼 나오지 않기 때문에 제어기를 다시 설계해야 하며, 시행착오를 반복하게 되면 제어 시스템 개발 비용이 추가된다. 이러한 시행착오를 줄이려면 설계 및 모

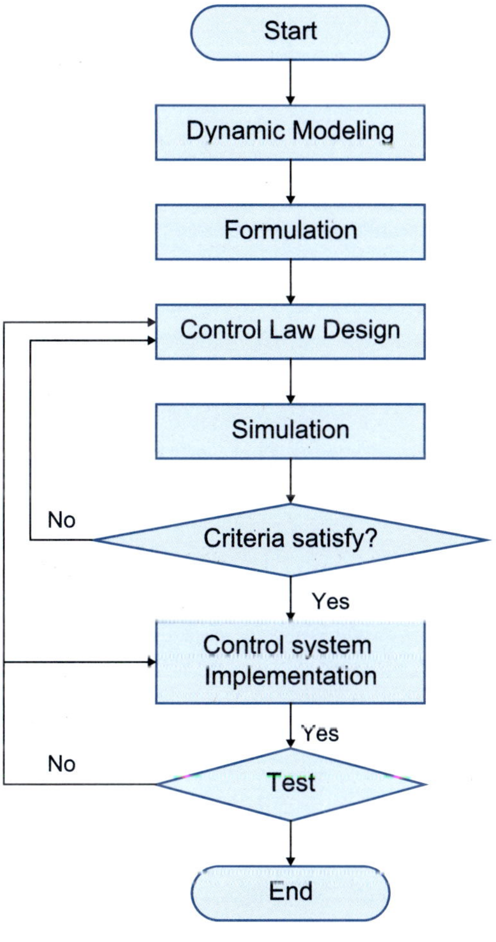

[그림 12.1] 제어시스템 설계 전체 흐름도(Flow Chart)

의실험 과정에서 가능한 한 실제시스템의 환경과 특성에 가까운 조건 아래에서 모의실험을 수행하여 제어 성능을 충분히 검토해야 한다. 일반적으로 대량생산(상품)을 위한 임베디드 제어기(Embedded Controller) 제작 이전에 이러한 시행 착오의 반복에 의한 손실을 줄이기 위해 래피드 제어 프로토타이핑(Rapid Control Prototyping, RCP) 도구를 사용한다.

최근 자율주행 자동차 시뮬레이터와 같이 여러 개의 제어 시스템이 결합된 매우 복잡한 제어 시스템은 다양한 시뮬레이션 환경을 구축하여 검증할 수 있다. 하드웨어가 없이 여러 개의 모델(센서, 액추에이터 포함)의 소프트웨어로 연결한 SIL(Sowftware-in-loop), 또는 MIL(Model-in-the-loop), ECU에 업로드한 환경을 사용하는 EIL(Ecu-in-the-loop), 엑추에이터와 모델은 하드웨어로 구성한 HIL(Hardware-in-the-loop) 시뮬레이션 등을 통해 제어 시스템을 설계할 수 있다.

12.2 제어시스템 응용

제어시스템은 다양한 산업 분야 및 주변 실생활에서 쉽게 찾아 볼 수 있는 유비쿼터스(Ubiquitous) 시스템이다. Space-X사의 Self-landing 로켓을 우주 궤도에 정확하게 진입시키고 달 착륙선과 같은 최첨단의 우주 항공 산업, 자동차 용접 공정등에 사용하는 산업용 로봇, 4차 산업 시대를 맞아 각광받는 자율 주행 자동차(Autonomus Vehicles) 및 미래 모빌리티(Future Mobility), 엘리베이터(Elevator)와 같은 시스템이 제어 시스템이 필요한 전형적인 기계 시스템이다. 이외에도 가정에서 널리 사용하는 에어컨과 냉장고 같은 가전 제품도 설정한 온도를 일정하게 조율(Regulating)하는 시스템도 제어시스템의 좋은 예라고 볼 수 있다. 이 장에서는 대표적인 자동 제어 시스템인 로봇, 자동차, 쿼드로터의 PD 제어 응용에 대해서만 간략하게 소개한다.

12.2.1 로봇 제어 시스템

산업체에서 광범위하게 사용되고 있는 로봇 제어 시스템은 원하는 위치로 이동하기 위해 서보(위치) 제어, 경로 설정 등이 필요하다. 예를 들면, 2-link 평면(Planar) 매니퓰레이터(Manipulator)의 동역학은 다음 식으로 표현이 가능하며 위치 제어를 위해 10장에서 설명한 PD 제어기를 쉽게 설계할 수 있다.

$$\ddot{q} = D^{-1}(\tau - C - G) \tag{12.1}$$

$$\tau = K_D \dot{e} + K_P e \tag{12.2}$$

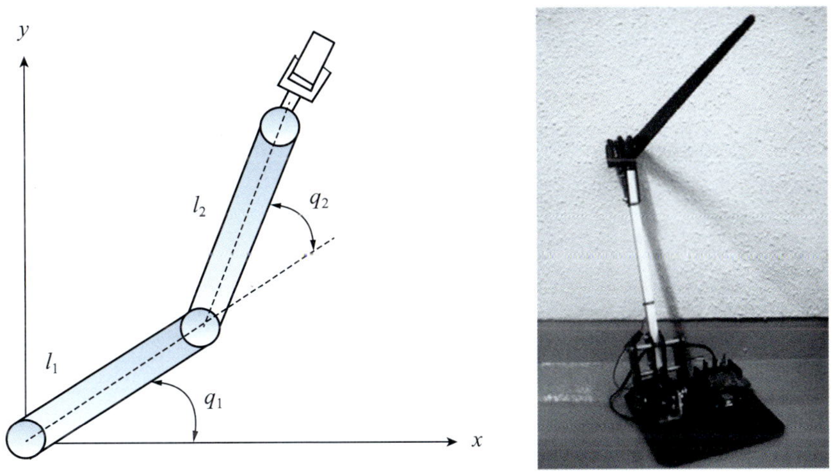

[그림 12.2] 2-링크 플래너 로봇 매니퓰레이터의 위치 제어 시스템

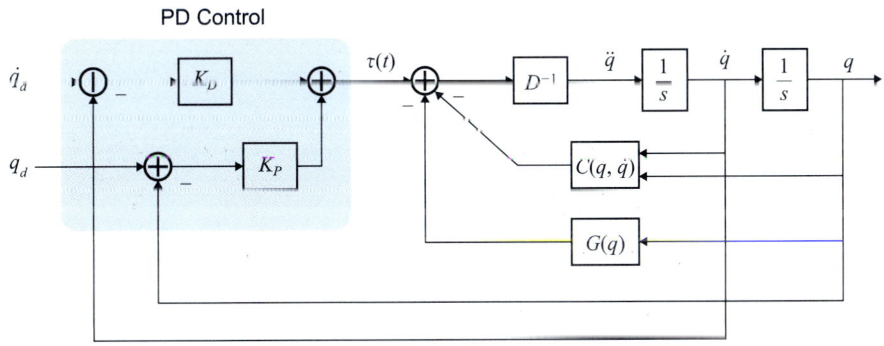

[그림 12.3] 2-링크 플래너 로봇 매니퓰레이터의 위치 제어 시스템[23]

2개의 조인트에 입력되는 모터 토크가 제어 입력으로 빠른 시간 안에 목표 각도에 부드럽게 도달하지만 PD 제어기 사용으로 인해 약간의 정상 상태 오차가 존재하며 평면 매니퓰레이터는 중력에 의한 외란이 작아서 정상 상태에 도달 후에는 제어 입력이 계산되지 않는 특징을 확인 할 수 있다.

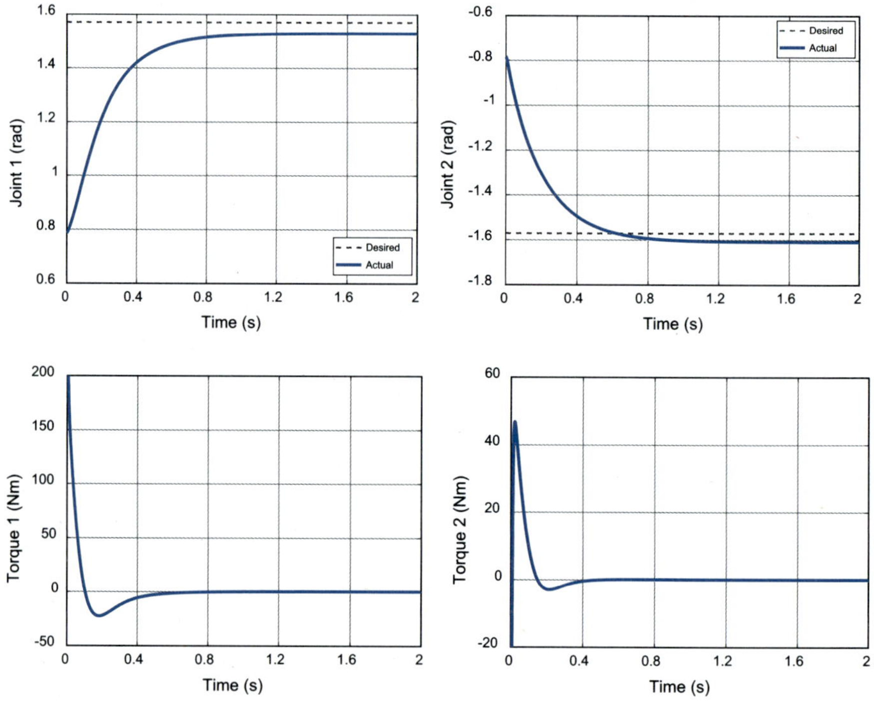

[그림 12.4] 2-링크 로봇 매니퓰레이터의 위치 제어 결과: PD 제어($K_p = 500, K_D = 100$)

12.2.2 자율 주행 자동차의 경로 추적 제어

자율 주행(Autonomous, Self-driving, Unmanned) 자동차(고속)나 모바일 로봇(저속)은 미리 설정된 경로(Path, Trajectory)를 추종(Trakcing) 하는 제어가 필요하다. 자율 주행 알고리즘에 많이 사용하는 2-DOF 바이사이클(Bicyle) 모델의 운동 방정식은 다음과 같다.

$$\dot{v}_y = -\omega v_x + \frac{1}{m}(F_{yf} + F_{yr})$$
$$\dot{\omega} = \frac{1}{I_z}(F_{yf}l_f - F_{yr}l_r) \tag{12.3}$$

타이어의 측력 모델은 다음과 같은 선형 모델로 간략화 한다.

$$F_{yf} = C_f\alpha_f\,,\;\; F_{yr} = C_r\alpha_r \tag{12.4}$$

이때 타이어 슬립각(Slip Angle)은 다음과 같다.

$$\alpha_f = -\frac{(v_y + l_f\omega)}{v_x} + \delta_f\,,$$
$$\alpha_r = \delta_r - \frac{(v_y - l_r\omega)}{v_x} \tag{12.5}$$

전륜만 조향을 하므로(δ_r = 0) 식 (12.4)와 (12.5)를 식 (12.3)에 대입하면 다음과 같은 운동 방정식을 유도 할 수 있다.

$$\dot{v}_y = -\omega v_x + \frac{1}{m}\left(\left(-C_f\left(\frac{(v_y + l_f\omega)}{v_x} + \delta_f\right)\right) - C_r\left(\frac{(v_y - l_r\omega)}{v_x}\right)\right),$$
$$\dot{\omega} = \frac{1}{I_z}\left(\left(-C_f\left(\frac{(v_y + l_f\omega)}{v_x} + \delta_f\right)l_f + \left(C_r\left(\frac{(v_y - l_r\omega)}{v_x}\right)l_r\right)\right) \tag{12.6}$$

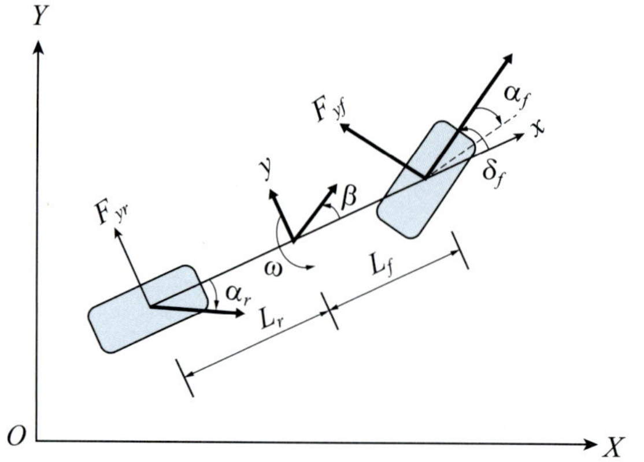

[그림 12.5] 2-DOF bicycle model depicting lateral plane motion

그림 2.6에 나타낸 추종 제어 결과를 살펴보면 PID 제어만으로도 성공적인 경로 추종 제어가 가능하다는 사실을 알 수 있다. 최근에는 모델링 오차를 보상하기 위해 모델 예측 제어(Model Predictive Control, MPC)과 같은 제어 기법도 적용되고 있다.

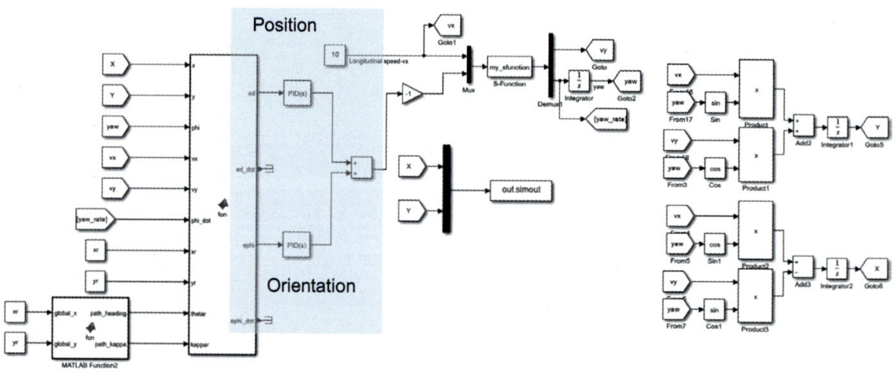

[그림 12.6] 자율 주행 자동차의 경로 추적 PID 제어 모델(Simulink)

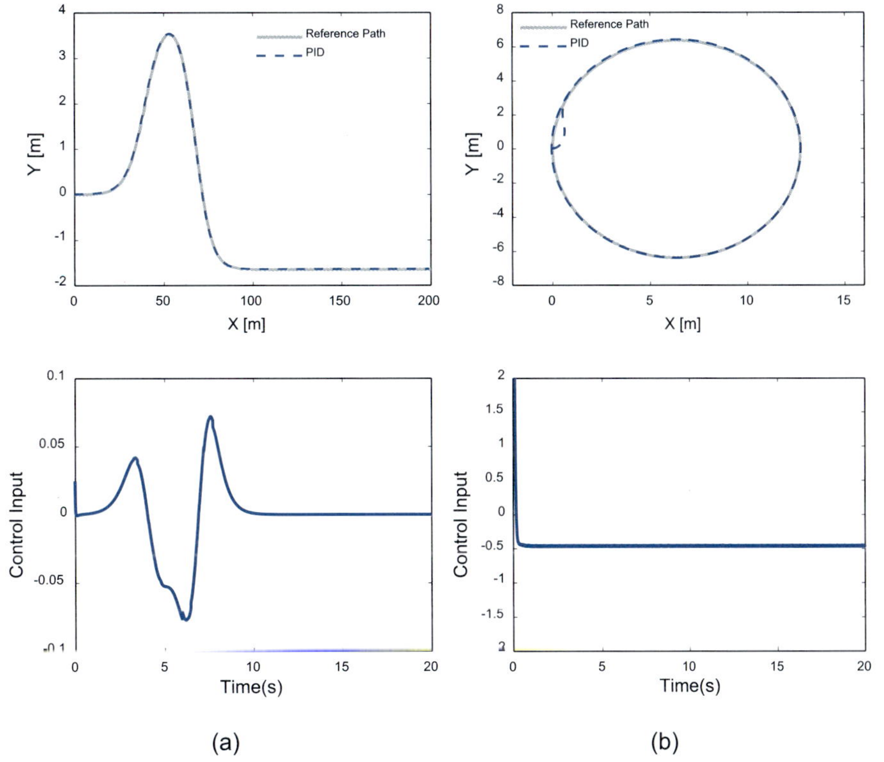

[그림 12.7] 경로 추적 제어, (a) Double Lane Change, (b) Circle

12.2.3 쿼드로터 제어 시스템

4개의 로터로 비행하는 쿼드로터(Quadrotor, Drone)는 3개의 위치(Position)과 3개의 자세(Orientation)가 가능한 6 자유도 시스템이지만 4개의 로터만을 사용하여 4개 운동(Throttlering, Rolling, Yawing, Pitching)을 제어하므로 대표적인 Non-holonomic 시스템이다.

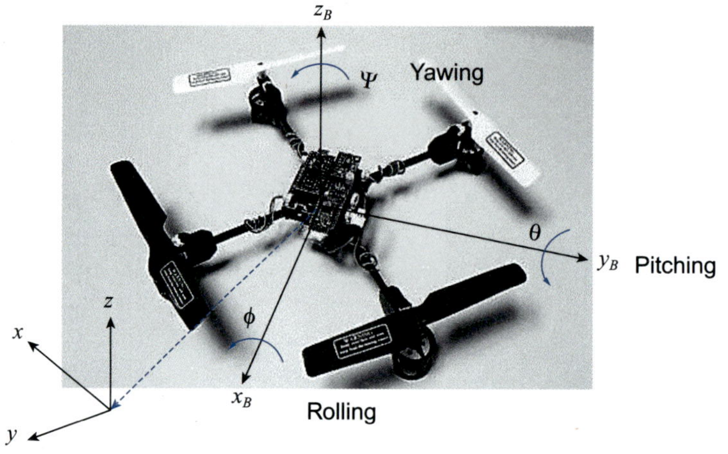

[그림 12.8] Quadrotor 시스템

쿼드로터 시스템의 상태 변수를 다음과 같이 정의하면

$$\mathbf{x} = \left\{x, y, z, \phi, \theta, \psi, \dot{x}, \dot{y}, \dot{z}, \dot{\phi}, \dot{\theta}, \dot{\psi}\right\} \tag{12.7}$$

운동 방정식은 다음과 같이 유도 할 수 있다.

$$\begin{bmatrix} V_R \\ \omega_R \end{bmatrix} = \begin{bmatrix} RV_B \\ T\omega_B \end{bmatrix} = \begin{cases} \ddot{x} = (\mathrm{c}\phi s\theta \mathrm{c}\psi + s\phi s\psi)\dfrac{u_1}{m}, & \ddot{\phi} = \dot{\theta}\dot{\psi}\left(\dfrac{J_{yy} - J_{zz}}{J_{xx}}\right) + \dfrac{u_2}{J_{xx}} \\ \ddot{y} = (\mathrm{c}\phi s\theta s\psi - s\phi s\psi)\dfrac{u_1}{m}, & \ddot{\theta} = \dot{\phi}\dot{\psi}\left(\dfrac{J_{zz} - J_{xx}}{J_{yy}}\right) + \dfrac{u_3}{J_{yy}} \\ \ddot{z} = -g + (\mathrm{c}\phi c\theta)\dfrac{u_1}{m}, & \ddot{\psi} = \dot{\theta}\dot{\phi}\left(\dfrac{J_{xx} - J_{yy}}{J_{zz}}\right) + \dfrac{u_4}{J_{zz}} \end{cases} \tag{12.8}$$

수직(Vertical) 위치 제어기는 다음과 같다.

$$u_1 = \frac{f_z + mg}{\cos\phi\cos\theta} \tag{12.9}$$

여기서, $f_z = K_{pz}\, e_z + K_{dz}\, \dot{e}_z$ 이다. 수평(Horizontal) 자세 제어기는

$$\begin{cases} \phi_d = -f_x \sin\psi + f_y \cos\psi \\ \theta_d = f_x \cos\psi + f_y \sin\psi \end{cases} \tag{12.10}$$

여기서, $f_x = K_{px}\, e_x + K_{dx}\, \dot{e}_x, f_y = K_{py}\, e_y + K_{dy}\, \dot{e}_y$이다. 자세 제어를 위한 PD 제어기는 다음과같다.

$$\begin{cases} u_2 = K_{p\phi} e_\phi + K_{d\phi} \dot{e}_\phi \\ u_3 = K_{p\theta} e_\theta + K_{d\theta} \dot{e}_\theta \\ u_4 = K_{p\psi} e_\psi + K_{d\psi} \dot{e}_\psi \end{cases} \tag{12.11}$$

그림 12.9에 쿼드로터의 PD 제어기에 대한 블록 선도를 나타내었다.

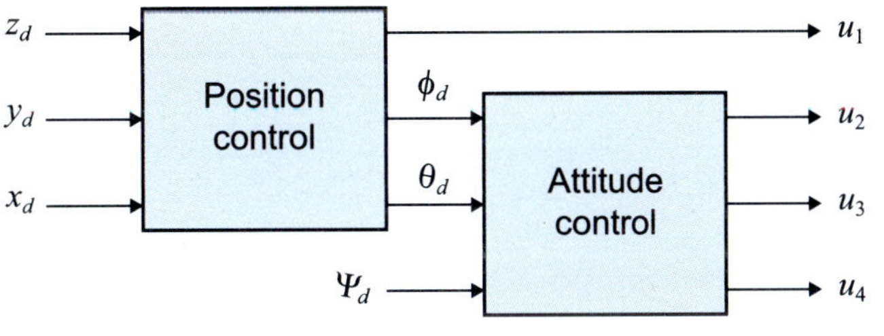

[그림 12.9] Quadrotor의 경로 추적 제어: PD 제어 [24]

그림 12.9에 나타낸 PD 제어 결과를 살펴보면 나선형(Helix) 궤적을 잘 추종하며 다항식으로 이루어진 불규칙한 궤적도 무난하게 추종하는 사실을 알 수 있다. 추종 오차(Tracking Error)를 줄이기 위해 최근에는 모델링 오차를 보상하기 위해 모델 예측 제어(Model Predictive Control)과 같은 제어 기법도 적용되고 있다.

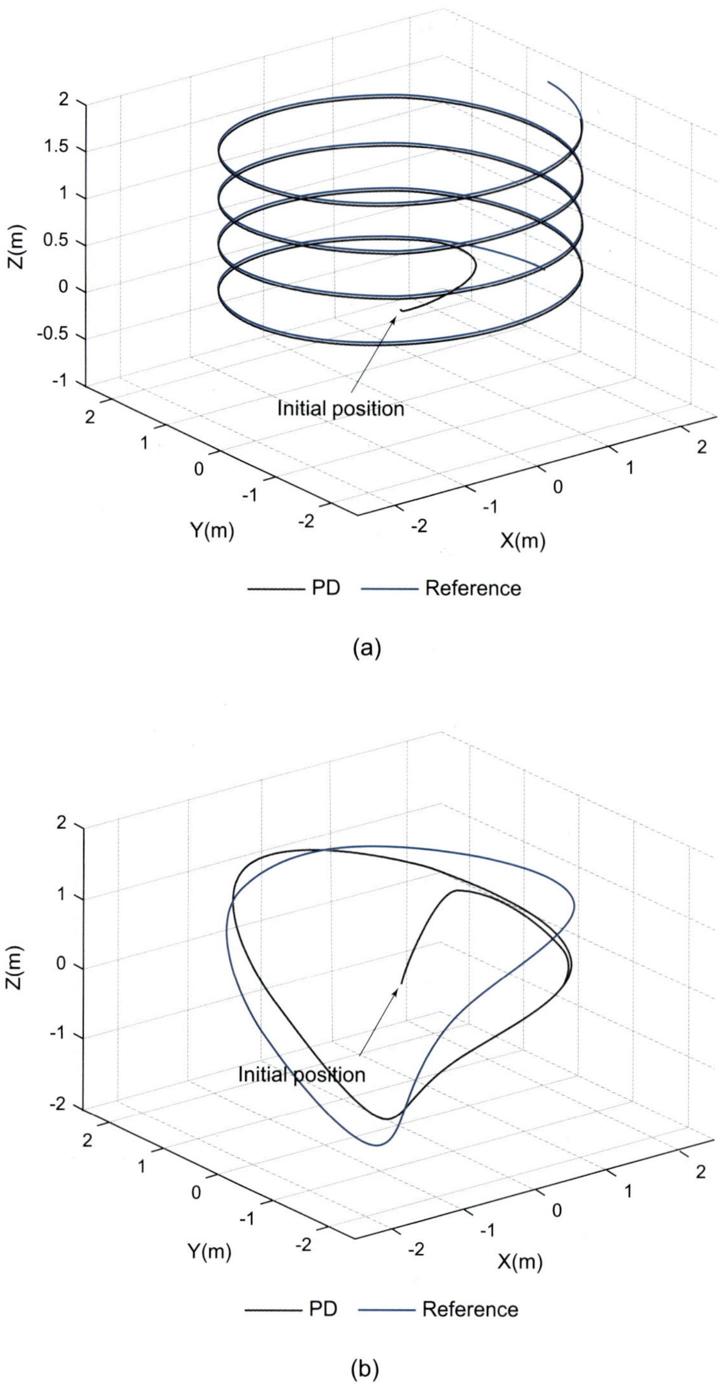

[그림 12.10] Quadrotor의 경로 추적 제어.(a) Helix.(b) Polynomial

CHAPTER 13

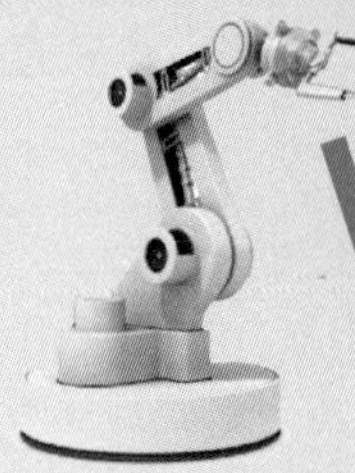

제어시스템 구현

13.1 개요

지금까지 설명한 제어 이론 및 동적 시스템 모델로 구성된 시뮬레이션 모델을 이용하여 제어 시스템이 요구되는 성능(안정성, 응답 속도, 정상 상태 오차, 강건성 등)을 만족시키는 제어기 설계를 마치면 제어 법칙(Control Law)의 일반적인 형태는 다음과 같다.

$$\begin{cases} u = f(u) \text{ for open-loop (feedfoward) control} \\ u = f(u,x) \text{ for closed-loop (feedback) control} \end{cases} \tag{13.1}$$

제어 법칙을 결정한 이후에는 하드웨어를 이용하여 다음과 같은 절차에 의해 디지털 제어 시스템을 구현(Implementation) 한다.

Step 1: 시뮬레이션 및 액추에이터 모델을 시뮬레이션 모델에서 제거

Step 2: Analog-to Digital Converter(ADC) 및 Digital-to- Analog Converter(DAC)를 이용하여 실제 플랜트에 연결

Step 3: 프로그래밍 언어를 사용하여 코딩을 하고 컴파일(Compile) 및 마이크로 제어기로 다운로드(Download)

이때 ADC, DAC는 대부분 마이크로 제어기(μ-Controller)에 내장되어 있다. 그림 12.1은 간단한 DC 모터의 속도 제어 시스템의 구현에 대한 전반적인 개요를 나타낸다. 대부분 마이크로 제어기의 출력이 전압이여서 제한되므로(예, $-5\sim+5V$), 실제 계산된 제어 입력(예: 변위, 압력, 토크 등)을 스케일링 한 후 모터 드라이버(전원공급, 증폭, 변환 역할)를 통해 다시 제어 입력으로 복원하여 제어기에서 계산된 제어 입력과 동일하게 만든다. 센서도 마찬가지로 센서 출력인 전압을 센서의 기울기 게인(Sensitivity Gain)를 이용하여 실제 출력 값으로 변환하여 입력한다.

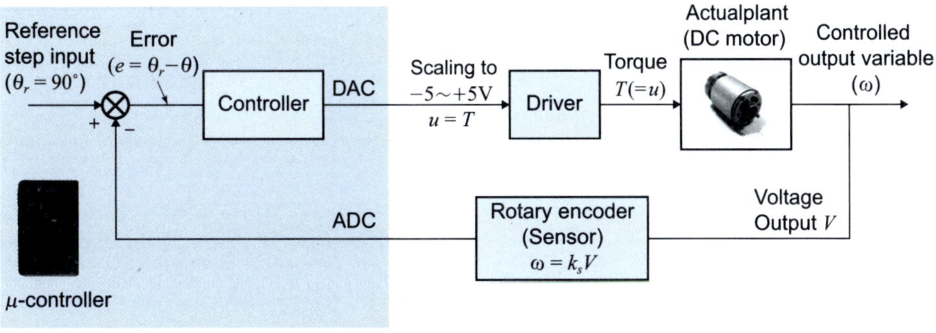

[그림 13.1] 폐루프 제어 시스템의 구현

13.1.1 마이크로 제어기

디지털 제어 시스템을 구현하기 위해서는 디지털 제어 이론뿐만 아니라 마이크로 제어기(μ-Controller, MCU) 또는 전자 제어 유니트(Electric Control Unit, ECU)와 같은 하드웨어에 대한 기본적인 지식 및 이해가 필요하다. 마이크로 제어기는 마이크로 프로세서(μ-Processor, MPU), 메모리(Memory), 입출력 장치, ADC, DAC 등으로 구성되어 운영체제 없이 특정 작업을 수행하도록 설계된 소형 컴퓨터이며 마이크로 프로세서의 사양에 따라 교육용에 적합한 저가형 아두이노, 라즈베리 파이에서부터 산업체에서 주로 사용하는 AVR ATmega 시리즈에 이르기까지 매우 다양하다(그림 13.2). 최근에는 FPGA(Field Programmable Gate Array) 소자를 이용하는 칩을 사용하는 제품(CompactRIO, Xilinx®)과 AI에 적합한 그래픽 처리 유니트(Graphics Processing Unit, GPU)를 탑재한 제품(Jetson NX Series)도 사용하기 시작하였다. 다양한 제어 시스템의 개발이 가능하고 단시간에 제어 성능을 확인(Rapid Control Prototyping, RCP) 할 수 있는 고가의 제어 플랫폼(CompactRIO, dSPACE)과 다르게 대부분의 마이크로 제어기는 전용 기능(Dedicated Function)을 수행하는 임베디드 제어기(Embedded Controller) 용도로 사용한다. 마이크로 제어기의 성능은 결국 샘플링 및 MCU의 작동 속도와 연관된 클럭 주파수(Clock Frequency)에 의해 결정되며 대부분의 상용 마이크로 제어기의 클럭 주파수는 수백 메가 헤르츠(MHz) 수준이다. 메모리는 정적 메모리(SRAM)와 마이크로컨트롤러의 프로그래밍 명령어 세트(Firmware)를 저장하는 플래시 (Flash) 메모리로 구성된다. 마이크로제어기는

CPU 코어뿐만 아니라, 다양한 부수적인 기능이 필요하므로 부가적인 통신 프로토콜을 (I/O Interfaces) 제공한다. 대부분의 마이크로 제어기는 3.3~5 V 수준의 작동 전압에서 작동되며 저전력 (수mW)을 요구한다.

Micro controller			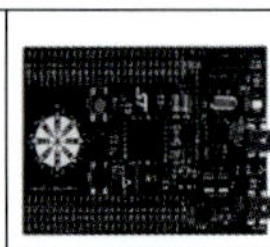	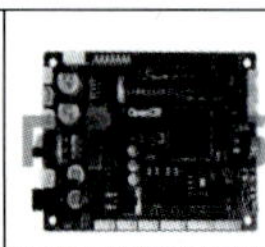	
Board Name	Arduino (Uno)	Raspberry Pi(Model B)	STM32	OpenCR	ESP32
Processor	ATmega 328(8 bit)	ARM Cortex-A72	ARM Cortex-M4	ARM Cortex®-M7	Tensilica LX6
CPU Clock	16 MHz	700 MHz	72 MHz	216 MHz	240 MHz
Memory(RAM)	2 KB	microSD	80 KB	320 KB	250 KB
Voltage	5 V	5 V	3.3 V	5 V	3.3 V
Communication Protocols	I2C, SPI, USB	UART, SPI, I2C, CSI	UART, 12C, SPI, CAN	UART, 12C, SPI, GPIO, USB	UART,SPI, I2C, Wi-Fi

[그림 13.2] 대중적으로 사용중인 MCU의 종류

13.1.2 프로그래밍 언어

MCU가 인식할 수 있는 명령어 집합(Instruction Set) 또는 주어진 Task(Computer Programing)를 수행하는데 필요한 일련의 명령어를 프로그램(Program)이라고 부른다. 기계(컴퓨터)에게 명령이나 연산을 시킬 목적으로 설계되어 기계와 의사소통을 할 수 있게 해주는 언어를 프로그래밍 언어(Programing Languages)라고 한다. MCU는 Binary(이진) 코드에 의해 동작하므로 이진 코드로 작성된 명령어를 기계(Machine) 코드, 이진 Code보다 좀더 간단하고 이해 하기 쉬운 용어들로 구성된 Code를 Assembly 언어라고 한다.

C 언어는 어셈블리 언어를 대신 사용이 보다 쉬운 고급 언어로 속도가 빨라 현재에도 제어 시스템에서 광범위하게 사용되고 있다. 기계공학자는 이러

한 프로그램 언어에 익숙하지 못하므로 대신 MATLAB, Python과 같은 객체 지향(Object-oriented) 프로그래밍 언어와 Simulink, Labview 같은 GUI(Graphic User Interface) 프로그래밍 언어를 사용하면 쉽게 제어기를 프로그래밍 할 수 있다. 이러한 소프트웨어(Software)는 제어기 구현을 위해 C 언어로 컴파일 하여 마이크로 제어기의 MPU로 다운로드하는 기능도 제공한다. 프로그래밍 언어는 사용하는 마이크로 제어기에도 영향을 받는다. 만약 RCP Tool로 National Instrument(NI) 사의 제품을 사용하면 Labview를 사용해야 하며 dSPACE를 사용하면 MATLAB/Simulink를 사용해야 한다.

```
/* pulses pin PORTB<3>
 eight times */

void pulse()
{
      int i;
      for (i=0; i<8; i++)
        { output_high(PIN_B3);
               output_low(PIN_B3);          }

  return;
}
```

[그림 13.3] Loop 구조에 대한 C 언어를 이용한 프로그래밍 예

13.1.3 실시간 제어

제어 시스템을 구현 할 때 반드시 고려해야 할 사항은 실시간(Real-time, Online) 제어 여부이다. 제어 법칙이 복잡하거나 모델 기반 제어(Model-based Control) 시스템을 구현 할 경우 저성능 마이크로 제어기를 사용하면 실행 시간이 샘플링 시간을 초과하여(Overrunning) 실시간 제어가 불가능 해진다. 따라서 다음 조건이 만족되어야 실시간 제어가 가능하다.

$$Idle\ time \geq 0 \tag{13.2}$$

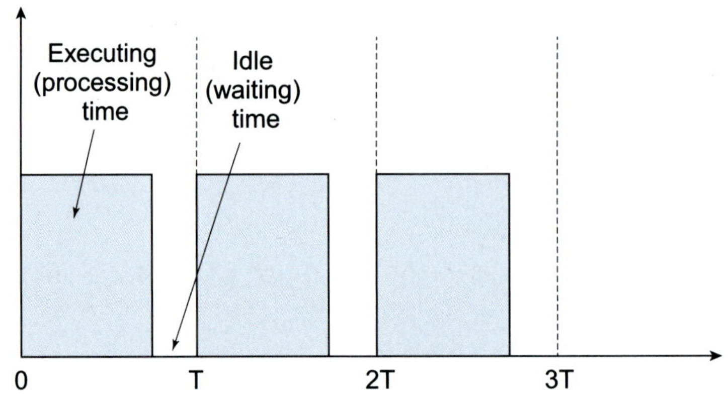

[그림 13.4] 실시간 제어 개념도

이러한 문제점을 해결하기 위해서는 복잡한 모델 및 알고리즘을 단순화 하여 실행 시간을 줄이거나 샘플링 시간을 늘리거나, 계산 속도가 더 빠른 고성능 제어기를 사용해야 한다.

13.2 디지털 제어 이론

제어 공학이 시작된 시기에는 아날로그 전기 부품을 이용하여 적분기(Integrator), 미분기(Differentiator)등을 제작하여 연속(Continuous, Analog) 시간 시스템을 구성하여 폐루프 제어를 수행하였다. 컴퓨터가 등장한 1960년대부터 샘플링(Sampling)을 통한 이산화(Discretization) 과정을 거친 디지털 제어(Digital Control)가 시작되었다.

그러나 클럭 주파수(Clock Frequency)가 낮은 초기 디지털 제어 시스템에서는 이산화 과정에서 제어기의 요구 성능이 저하되는 단점이 발생 하여 직접 z-평면에서 안정성 및 과도 응답 해석, 제어기 설계가 가능한 디지털 제어 이론이 발전되었다. 그러나 현대에서는 대체로 마이크로 제어기(μ-Controller)의 클럭 주파수가 매우 높으므로 s-평면에서 설계한 연속(Continuous, Analog) 제어기를 디지털 제어로 구현하는 것이 어렵지 않다. 따라서 디지털 제어의 중요성은

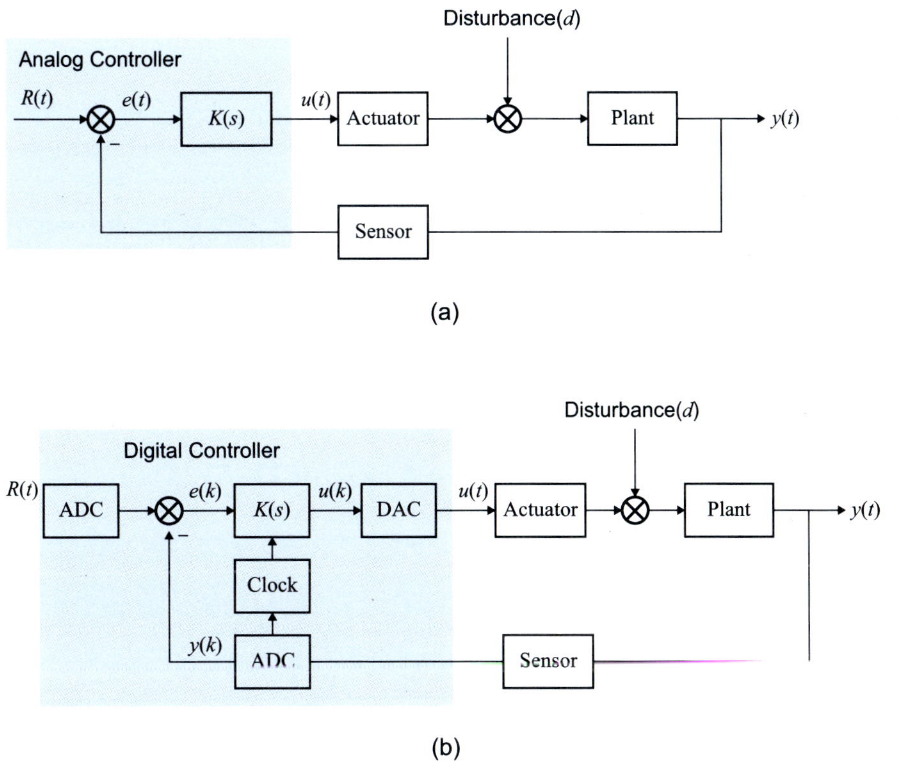

[그림 13.5] Continuous(Analog) Control VS Digital Control

예전 보다 떨어지고 있기 때문에 본 장에서는 기초 이론만 간단하게 소개한다 [25].

13.2.1 Z-변환

LTI 시스템에 대한 z-변환(Transform)은 연속 시간 시스템(s-평면)에서의 라플라스 변환에 대응되는 변환으로 이산 신호(Discrete Signal)은 다음과 같이 표시한다.

$$x^*(t) = \sum_{k=0}^{\infty} x(kT)\delta(t-kT) \tag{13.3}$$

이산 신호의 라플라스 변환은 다음과 같다.

$$x^*(t) = \sum_{k=0}^{\infty} x(kT)\delta(t-kT) \tag{13.4}$$

s-평면을 z-평면으로 변환시키는 다음과 같은 연산자(Operator)를 정의하면 식 (13.6)이 정의된다.

$$z = e^{sT} \tag{13.5}$$

$$X(z) = \sum_{k=0}^{\infty} x(kT)z^{-k} \tag{13.6}$$

▎표 13.1 ▎ 대표적인 시간 함수에 대한 z–변환표

$X(s)$	$x(t)$ 또는 $x(k)$	$X(z)$
1	$\delta(t)$	1
e^{-kTs}	$\delta(t-kT)$	z^{-k}
$\frac{1}{s}$	$1(t)$	$\frac{z}{z-1} = \frac{1}{1-z^{-1}}$
$\frac{1}{s^2}$	t	$\frac{Tz}{(z-1)^2}$
$\frac{1}{s^n}$	$\lim_{a\to 0}\frac{(-1)^{n-1}}{(n-1)!}\frac{\partial^{n-1}}{\partial a^{n-1}}e^{-at}$	$\lim_{a\to 0}\frac{(-1)^{n-1}}{(n-1)!}\frac{\partial^{n-1}}{\partial a^{n-1}}\frac{z}{z-e^{-aT}}$
$\frac{1}{s+a}$	e^{-at}	$\frac{z}{z-e^{-aT}} = \frac{1}{1-Kz^{-1}}$
$\frac{\omega}{s^2+\omega^2}$	$\sin \omega t$	$\frac{z\sin \omega T}{z^2-2z\cos \omega T+1}$
$\frac{s}{s^2+\omega^2}$	$\cos \omega t$	$\frac{z(z-\cos \omega T)}{z^2-2z\cos \omega T+1}$

$X(z)$를 이산 신호 $x^*(t)$의 z-변환($z\{x^*(t)\}$이라고 한다. 예를 들면 단위 계단 함수의 z-변환은 다음과 같다.

$$Z\{1(t)\} = \sum_{k=0}^{\infty} 1(kT)z^{-k} = 1 + z^{-1} + z^{-2} + \cdots = \frac{z}{z-1} \tag{13.7}$$

13.2.2 안정성

s-평면에서 극점이 왼쪽반면(RHP, Re$\{p_i\} < 0$)에 위치해야 안정하였지만 z-평면에서는 극점이 반지름이 1인 단위 원(Unit Circle) 안에 위치하여야 안정하다.

예제 13-1

다음과 같은 개루프 제어 시스템의 근궤적 선도(또는 Pole-Zero Map)를 그려 보면 모든 극점이 좌반면에 존재하므로 안정하다.

$$G(s) = \frac{4.26}{s(s^2 + 4s + 5)} \tag{13.8}$$

연속 시간 시스템에서의 전달 함수를 이산 시간으로 변환하면(T = 0.01) 다음과 같다.(MATLAB c2d(sys, Ts,' zoh') 명령어 사용, 부록 참조)

$$G(z) = \frac{7\times10^{-17}z^2 + 2.78\times10^{-6}z + 6.89\times10^{-17}}{z^3 - 2.96z^2 + 2.92z - 0.96} \tag{13.9}$$

이산 시간 전달 함수의 Pole-Zero가 모두 단위 원 안에 존재하므로 제어 시스템은 안정하다.

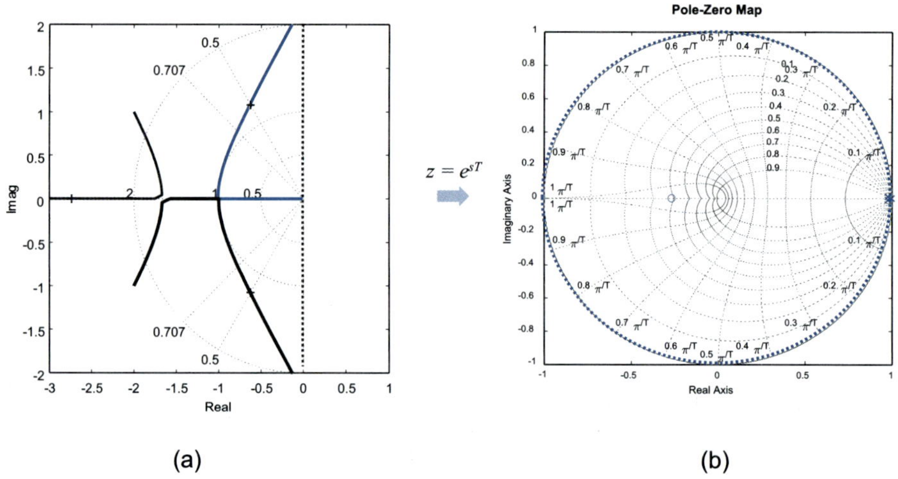

[그림 13.6] Pole-zero map, (a) s-plane, (b) z-plane

13.2.3 샘플링

디지털 제어 시스템은 이산화 과정에서 필연적으로 발생하는 샘플링 시간(T) 또는 주파수(Frequency, Rate)를 잘 선택해야 한다. 일반적으로 샘플링 시간은 디지털 제어기 성능에 영향을 미치므로 신호 처리 분야뿐만 아니라 제어 분야에서 매우 중요하다.

예제 13-2

샘플링 시간이 디지털 제어 시스템 성능에 어떤 영향을 미치는지 살펴보기 위해 다음과 같은 연속 시간 제어시스템을 ZOH(Zero-order Holding)를 이용하여 이산화 한 후 계단 응답을 구하라.

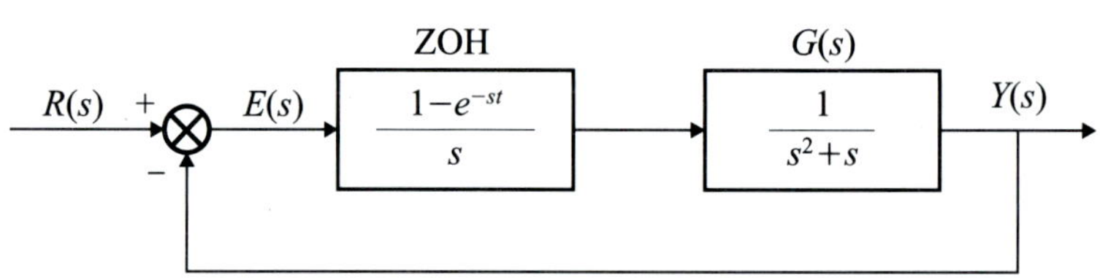

[그림 13.7] ZOH가 연결된 폐루프 제어 시스템

먼저 연속시간 전달 함수를 역라플라스 변환을 하면 다음과 같다.

$$L^{-1}\left\{\frac{1}{s}\frac{1}{s(s+1)}\right\}=L^{-1}\left\{-\frac{1}{s}+\frac{1}{s^2}+\frac{1}{s+1}\right\} \tag{13.10}$$

$$\begin{aligned} G(z)&=\left(1-z^{-1}\right)Z\left\{L^{-1}\left\{G_p(s)\right\}\right\}=\left(1-z^{-1}\right)\left\{\frac{-z}{z-1}+\frac{Tz}{(z-1)^2}+\frac{z}{\left(z-e^{-T}\right)}\right\} \\ &=\frac{z-1}{z}\left\{\frac{-z}{z-1}+\frac{Tz}{(z-1)^2}+\frac{z}{\left(z-e^{-T}\right)}\right\}=-1+\frac{T}{z-1}+\frac{z-1}{z-e^{-T}} \\ &=\frac{\left(T-1+e^{-T}\right)z+1-(1+T)e^{-T}}{z^2-\left(1+e^{-T}\right)z+e^{-T}} \end{aligned} \tag{13.11}$$

폐루프 전달 함수는 다음과 같다.

$$T(z)=\frac{G(z)}{1+G(z)}=\frac{\left(T-1+e^{-T}\right)z+1-(1+T)e^{-T}}{z^2+(T-2)z+1-Te^{-T}} \tag{13.12}$$

샘플링 시간이 $T=1$일 때 이산 시간 폐루프 전달 함수는 다음과 같다.

$$T(z)\Big|_{T=1}=\frac{0.368z+0.264}{z^2-z+0.632} \tag{13.13}$$

계단 응답은 다음과 같다.

$$\begin{aligned} y(z)&=\frac{(0.368z+0.264)z}{\left(z^2-z+0.632\right)(z-1)}=\frac{0.368z^{-1}+0.264z^{-2}}{1-2z^{-1}+1.632z^{-2}-0.632z^{-3}} \\ &=0.368z^{-1}+z^{-2}+1.4z^{-3}+1.4z^{-4}+1.147z^{-5}+\cdots \end{aligned} \tag{13.14}$$

마지막으로 역 z변환을 하여 계단 입력에 대한 시간 응답을 구하면

$$y(k) = Z^{-1}[y(z)] \tag{13.15}$$

식 (13.15)에 $k = 0, 1 \cdots$을 대입하면 그림 2.18에 나타낸 바와 같이 이산 신호로 구성된 계단 응답을($y(0) = 0, y(1) = 0.368, y(2) = 1, y(3) = 1.4, \cdots$)을 구할 수 있다.

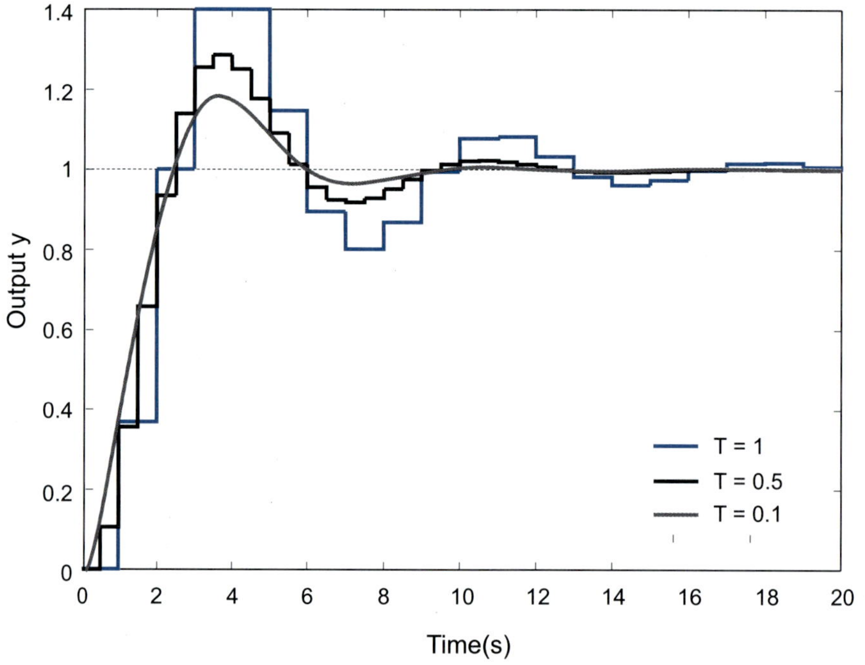

[그림 13.8] 디지털 시스템의 샘플링 시간 변화에 의한 계단 응답

만약 샘플링 시간을 작게 하면 계단 형태(Stair-wise) 의 응답 곡선은 부드럽게 연결되며 $T = 0.1$인 경우 연속 시간 제어 시스템의 계단 응답과 매우 유사한 사실을 알 수 있다. 결국 샘플링 시간이 작을수록(주파수가 높을수록) 디지털 제어에 적합하며 산업체에서 일반적으로 사용하는 샘플링 시간은 $T = 10\text{ms}$ 정도이다. 현대에 이르러 메가 헤르츠(MHz) 급의 클럭 주파수를 보유한 고성능 마이크로 제어기의 등장 덕분에 디지털 제어 시스템 구현시 디지털 제어 이론을 적용할 필요성이 없어지기 시작했다.

13.3 DC 모터 제어

지금까지 설명한 제어 공학에 대한 이론적인 내용을 바탕으로 산업체에서 제어 이론이 어떻게 활용되는지 이해하기 위해 DC 모터 제어 기법중 2개 방식에 대한 전반적인 내용을 간단히 소개한다. DC 모터를 이용한 서보 제어는 가전제품, 자동차, 공작 기계등 기계 산업 전반에 걸쳐 광범위하게 사용되는 보편적인 제어 시스템이다.

13.3.1 MCU를 이용한 속도 제어

교육용 MCU로 사용중인 myRIO(National Instruments)를 사용하여 DC 모터의 회전 속도를 PID 제어기로 일정하게 유지하는 제어 시스템을 그림 13.9에 나타내었다. 전기 모터는 일반적으로 구동을 위해 많은 전류가 요구되는 특성으로 인해 MCU 자체로 직접 구동할 수 없기 때문에 드라이버(Driver) 회로를 통해 증폭하여 구동해야 하며 드라이버에 별도의 전원 공급이 필요하다. 회전 속도를 측정하기 위해 DC 모터에 내장된 홀(Hall) 센서 또는 엔코더(Encoder)를 사용한다. 센서 신호는 MCU에 입력되어 설정된 기준 입력 수치와 비교되어 오차가 계산되고 PID 제어 입력 계산에 사용된다.

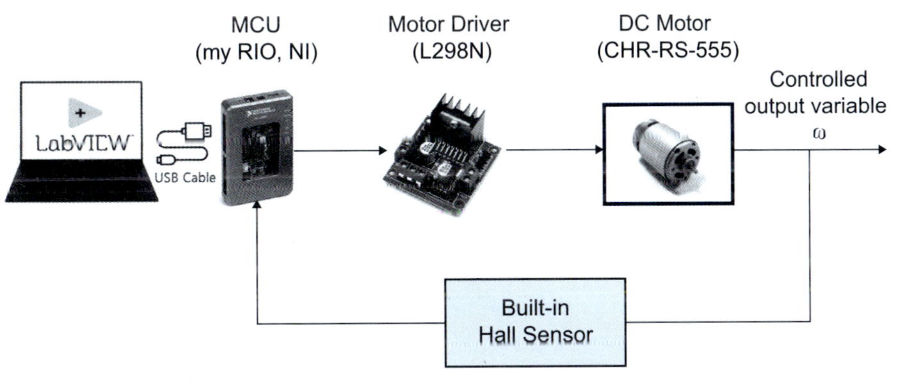

[그림 13.9] DC 모터 PID 제어 실험 구성도

Labview SW와 myRIO Toolkit Add-On이 설치된 PC에서 그림 13.10에 나타낸 프로그램을 코딩 한 후 컴파일(Bulit) 과정을 거쳐 USB를 통해 MCU로 다운로드 되어 제어 시스템이 하드웨어적으로 구현된다. 시뮬레이션을 통해 미리 PID 게인을 설정할 수도 있지만 Laptop에서 제어 응답의 실시간 모니터링을 통해 적절하게 설정할 수 있다(그림 13.11).

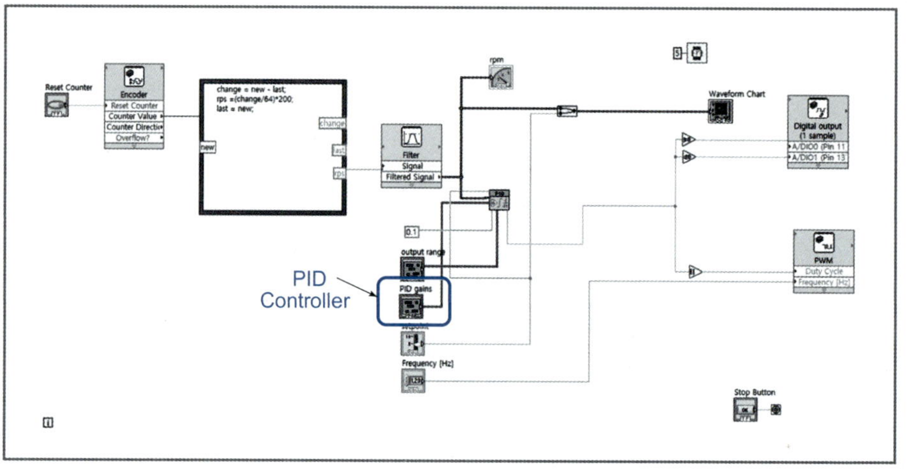

[그림 13.10] Labview 프로그래밍(DC_motor_PID_RPM_control.vi) [26]

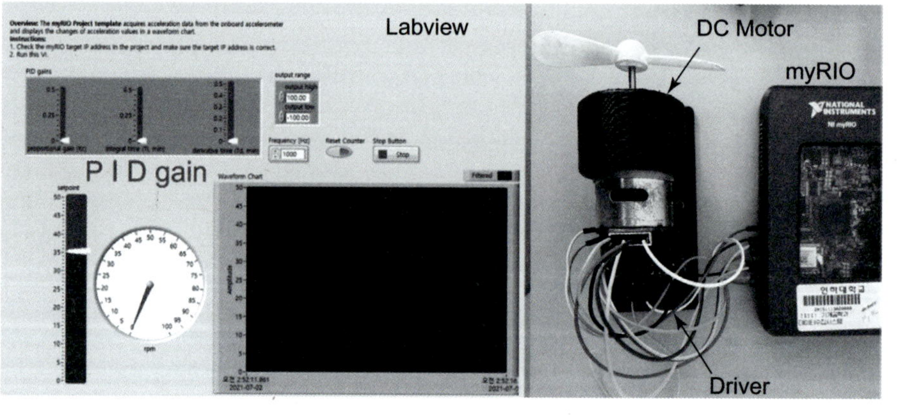

[그림 13.11] DC 모터 PID 제어 실험 화면

13.3.2 ROS를 이용한 서보 모터 제어

최근에는 전통적인 제어기 구현 방식이 아닌 ROS(Robot Operating System)라는 편리한 플랫폼과 Dynamixel 서보 모터를 이용하여 초보자도 쉽게 서보 모터 제어가 가능해졌다.

- **ROS**: 2008년에 개발된 오픈 소스 소프트웨어로 운영시스템이기 보다는 모터 제어를 위해 필요한 하드웨어 인터페이스를 쉽게 해주는 미들웨어(Middleware) 성격의 플랫폼으로 리눅스 기반 Ubuntu 운영 체계를 미리 설치하여야 한다.
- **Dynamixel**(Robotis, XH540-W270): 이 서보 모터는 내장된 MCU를 통해 서보 제어를 수행하고 통신 및 실시간 모니터링 같은 다양한 기능을 제공한다. 엔코더 센서가 내장되어 모터의 회전 위치를 매우 정밀하게 측정 가능하다.
- **Interfaces**: PC의 USB 포트에 다이나믹셀을 연결하여 제어하는 통신 변환 장치인 U2D2와 외부 전원을 다이나믹셀에 공급해주는 U2D2 PHB(Driver 역할)로 구성되어 있다.

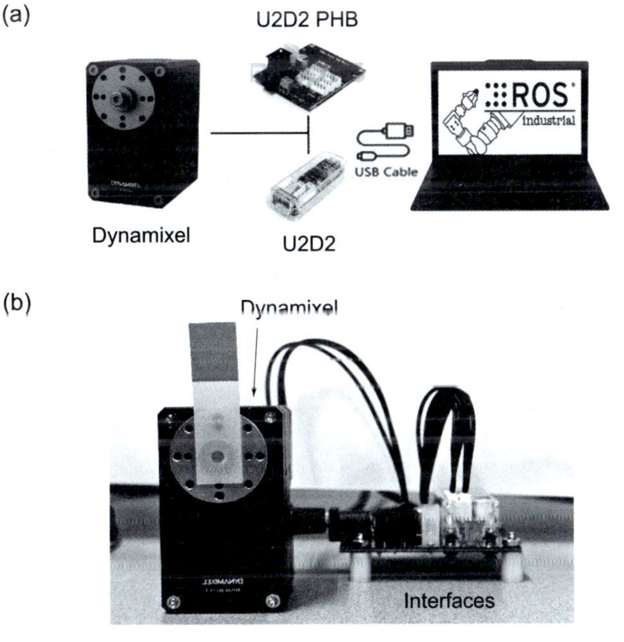

[그림 13.12] ROS를 이용한 서보 모터 제어 시스템

그림 13.12와 같이 서보 모터 제어 시스템을 구성 한 후 PID 제어기에 대한 파이선 코드를 실행하면 그림 13.13과 같은 결과를 얻는다.

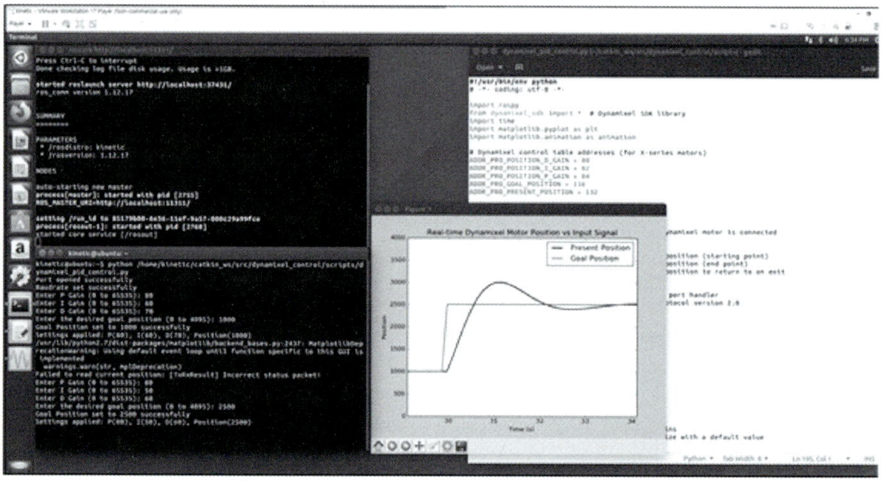

[그림 13.13] DC 모터 PID 제어 실험 화면

제어 실험하기 전에 그림 13.14에 나타낸 ROS 통신 구조 및 방법에 대한 사전 배경 지식이 필요하다. Ubuntu 환경에서 ROS 통신 원리는 노드(Node)간 통신이다. 노드(Node)란 ROS에서 실행하는 단위 프로세스이며, 각 노드(Node)는 데이터를 생성하는 Publisher 또는 Subscriber로 동작한다.

이때 Topic을 통해 메시지를 주고받으며 ROS 통신이 수행된다. 이러한 노드간 통신은 ROS Master (roscore)가 관리하며, 파이썬 코드로 구성된 노드(Node)는 정보(노드 이름, 토픽 이름, 어떤 형태의 메시지, Ip 정보, Port 정보)를 Master에 등록하여 연결된다.

이번 실험에서 사용된 제어 코드는 하나의 PID 제어 노드(Node)로 구성되어 있으며, 노드간 통신까지는 수행하지는 않고 ROS에서 직접적으로 서보 모터제어를 수행한다.

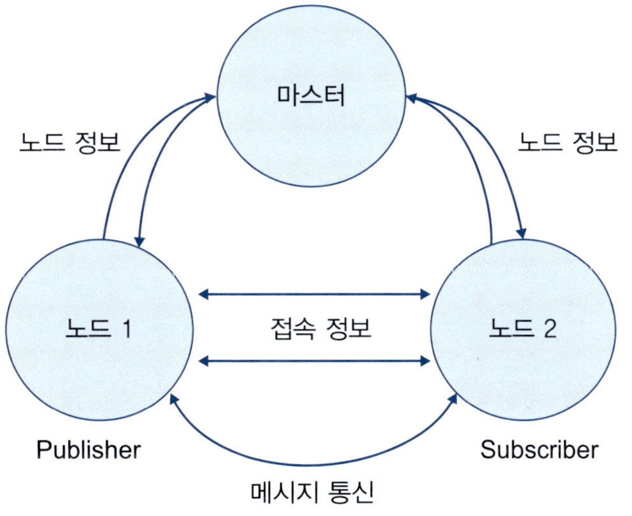

[그림 13.14] ROS 통신

ROS는 Ubuntu와의 호환성을 고려해야 하며, 다양한 버전이 출시되고 있어 단순히 설치만으로는 사용할 수 없다. 추가적으로 설치해야 할 라이브러리도 있으며, PID 제어 실험을 수행하기 위해서는 Dynamixel에서 배포한 Dynamixel SDK 라이브러리를 설치해야 한다.

이는 모터와 PC 간 통신을 가능하게 하여 제어를 수행하기 위함인데, 이 라이브러리에는 통신 예제뿐만 아니라 모터의 PWM, RPM 제어와 같은 다양한 예제도 포함되어 있기 때문이다.

이번 실험에서 사용된 PID 제어 Python 코드는 이러한 예제들과 Control Table을 참고하여 필요한 부분을 조합하고 수정하여 작성되었으며, 사용자에게 PID Gain 값을 직접 튜닝할 수 있게 하여 모터의 각도 위치 제어를 수행하도록 구성되었다. Dynamixel SDK와 Control Table에 대한 자세한 정보는 ROBOTIS e-Manual을 참고 바란다.

AREA	주소	크기 (byte)	명칭	의미	접근	기본값
EEPROM	7	1	ID	다이나믹셀 X ID	RW	1
	8	1	Baund Rad	다이나믹셀 통신속도	RW	1
	11	1	Operating Mode	동작모드	RW	3
RAM	562	1	Torque Enable	토크 ON/OFF	RW	0
	564	1	LED Green	Green LED 밝기 값	RW	0
	590	2	Position D Gain	위치 D Gain	RW	0
	592	2	Position I Gain	위치 I Gain	RW	0
	594	2	Position P Gain	위치 P Gain	RW	64
	596	4	Goal position	목표 위치값	RW	–
	600	4	Goal Velocity	목표 속도값	RW	0
	604	2	Goal Torque	목표 토크값	RW	0
	611	4	Present Position	현재 위치값	R	–
	615	4	Present Velocity	현재 속도값	R	

[그림 13.15] Dynamixel의 Control Table

참고문헌

1. Jung, G.-Y., S.-B. Choi, and G.-W. Kim, *Series Ni-Ti shape memory alloy wires with different martensitic−austenitic phase transformation temperatures as an actuator for input shaping control*. Smart Materials and Structures, 2019. 28(7): p. 077001.
2. 강철구, Maxwell의 On Governors 를 통해 본 안정성 해석의 기원. 제어로봇 시스템학회 논문지, 2016. 22(6): p. 435-444.
3. Mayr, O., *The origins of feedback control*. Scientific American, 1970. 223(4): p. 110-119.
4. Alkin, O., *Signals and systems: a MATLAB® integrated approach*. 2014: CRC press.
5. KREYSZIG, E., *Advanced Engineering Mathematics*. 2021.
6. Doyle, J.C., B.A. Francis, and A.R. Tannenbaum, *Feedback control theory*. 2013: Courier Corporation.
7. Wie, B. and D.S. Bernstein, *Benchmark problems for robust control design*. Journal of Guidance, Control, and Dynamics, 1992. 15(5): p. 1057-1059.
8. Kulakowski, B.T., J.F. Gardner, and J.L. Shearer, *Dynamic modeling and control of engineering systems*. 2007: Cambridge University Press.
9. Ulsoy, A.G., H. Peng, and M. Çakmakci, *Automotive control systems*. 2012: Cambridge University Press.
10. Wong, T., *Design of a magnetic levitation control system - an undergraduate project*. IEEE Transactions on education, 1986(4): p. 196-200.
11. Yu, J.W., et al., *Simulation of Bungee Jumping System and Open Experiment Teaching Using Simulink*. Advanced Materials Research, 2013. **680**: p. 571-574.
12. Astrom, K.J., R.E. Klein, and A. Lennartsson, *Bicycle dynamics and control: adapted bicycles for education and research*. IEEE Control Systems Magazine, 2005. **25**(4): p. 26-47.

13. Nise, N.S., *Control systems engineering*. 2020: John Wiley & Sons.

14. Dym, C.L., *Stability theory and its applications to structural mechanics*. 2002: Dover Publications.

15. Clark, R.N., *The Routh-Hurwitz stability criterion, revisited.* IEEE Control Systems Magazine, 1992. **12**(3): p. 119-120.

16. Maxwell, J.C., *On governors*. Proceedings of the Royal Society of London, 1868(16): p. 270-283.

17. Passino, K., *Intelligent control: biomimicry for optimization, adaptation, and decision-making*. Computer Control and Automation Textbook, 2001.

18. 김용수, MATLAB 입문과 활용. 높이깊이, 서울, 2002: p. 551-656.

19. Chen, C.-T., *Linear system theory and design*. 1984: Saunders college publishing.

20. Ferrante, R., *A robust control approach for rocket landing*. Theses Univ. Edinburgh, 2017.

21. 김종식, 선형 제어시스템 공학, 청문각, 한국. 1988.

22. 최현택 and 여희주, 풀어쓴 제어 시스템 설계. 2006, 홍릉과학출판사.

23. 정슬, 로봇 공학 5판. 교문사.

24. Walid, M., et al. *Modeling and control of a quadrotor UAV. in 2014 15th International Conference on Sciences and Techniques of Automatic Control and Computer Engineering(STA)*. 2014. IEEE.

25. Franklin, G.F., J.D. Powell, and M.L. Workman, *Digital control of dynamic systems*. Vol. 3. 1998: Addison-wesley Menlo Park.

26. 정현오, LabVIEW로 시작하는 임베디드 시스템. 2014: INFINITYBOOKS.

심화 문제 정답

2.1 $$y(t)=\begin{cases}\frac{1}{2}\left(1-\cos\sqrt{2}t\right),0\le t<1\\ \frac{1}{2}\cos\sqrt{2}(t-1)-\frac{1}{2}\cos\sqrt{2}t,t>1\end{cases}$$

$$y_d(t)=\begin{cases}\frac{1}{2}-e^{-t}+2e^{-2t},0\le t<1\\ (e-1)e^{-t}-\left(\frac{e^2-1}{2}\right)e^{-2t},t>1\end{cases}$$

2.2 $2\sqrt{2}e^{2t}\left(\cos 2t-\frac{\pi}{4}\right)$

2.3 위험(350m > 320m)

3.1 $G(s)=\frac{4s+3}{s^2+4s+3}$

3.2 $$\begin{bmatrix}Z_s(s)\\ Z_{us}(s)\end{bmatrix}=\frac{1}{\Delta}\begin{bmatrix}m_{us}s^2+c_s s+k_{us} & (c_s c_{us}s^2+(c_s k_{us}+k_s c_{us})s+k_s k_{us})\\ -m_s s^2 & (m_s c_{us}s^3+(m_s k_{us}+c_s c_{us})s^2+(c_s k_{us}+c_{us}k_s)s+k_s k_{us})\end{bmatrix}\begin{bmatrix}F(s)\\ Z_0(s)\end{bmatrix}$$

$$where,\ \Delta=\det\begin{bmatrix}(m_S s^2+c_s s+k_s) & -(c_s s+k_s)\\ -(c_s s+k_s) & (m_{us}s^2+(c_s+c_{us})s+(k_s+k_{us}))\end{bmatrix}$$

3.3 $$\frac{\Theta_1(s)}{T(s)}=\frac{R}{s^2}\left[\frac{I_2 s^2+Cs+K}{I_e s^2+Cs+K}\right],\frac{\Theta_2(s)}{T(s)}=\frac{R}{s^2}\left[\frac{Cs+K}{I_e s^2+Cs+K}\right]$$

$$where,R=\frac{1}{I_1+I_2},I_e=\frac{I_1 I_2}{I_1+I_2}$$

3.4 $Z = \frac{Z_p Z_m}{Z_p + Z_m} = \frac{L_m C_e s^2 + R_i C_e s + 1}{s(L_m C_0 C_e s^2 + R_i C_0 C_e s + C_0 + C_e)}$

5.1 3차 시스템으로 예상

5.2 [1] 0.1, [2] $K = 30$, [3] $K = 289$

5.3 [1] $s^2 + \frac{K_d}{1500}s + \frac{K_p - 588}{1500} = 0$

[2] $K_p = 1068$, $K_d = 1200$

6.1 $K > 2000$

6.2 $C_t MA^2 > 0 \rightarrow$ stable for positive C_t

6.3 $\frac{\partial \mu}{\partial v} > -\frac{c}{R^2 F}$

6.4 [1] $K > 8$

[2]

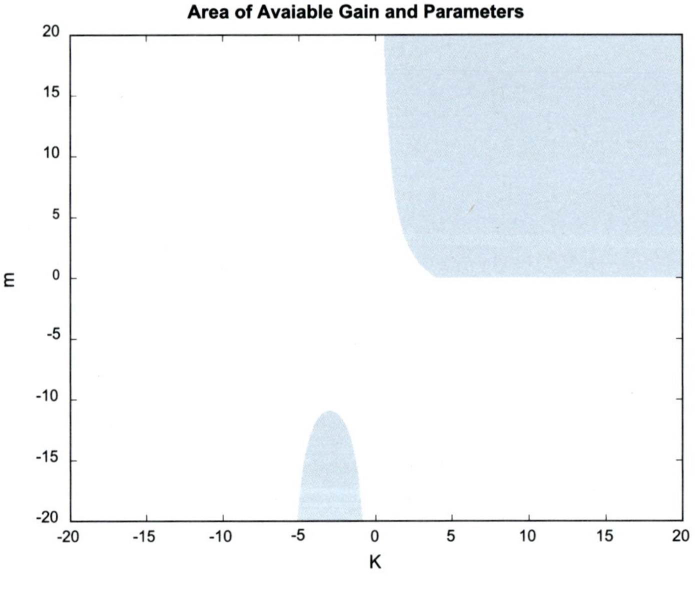

6.5 $z < p$

6.6 $m < 59$

7.1 $d = 15$

7.2 $k_p = 10, k_d = 0.8$

7.3 0

8.2 $K = 1.1457$

8.3 $K = 1.63$

8.4 $K = 1.25$

8.5 [1] 불가능, [2] $K < 5.6$, [3] $K = 0.33$

8.6 $m = 59$

9.1 Stable

9.2 $K = 1.83$, $GM = \infty$

9.3 $K < 16.8$

10.1 [1] $G(s) = \dfrac{1}{ms + 2cv_0} = \dfrac{K}{\tau s + 1}, \quad \therefore \tau = 75.76\, s, K = 0.0758\,(m/s)/N$

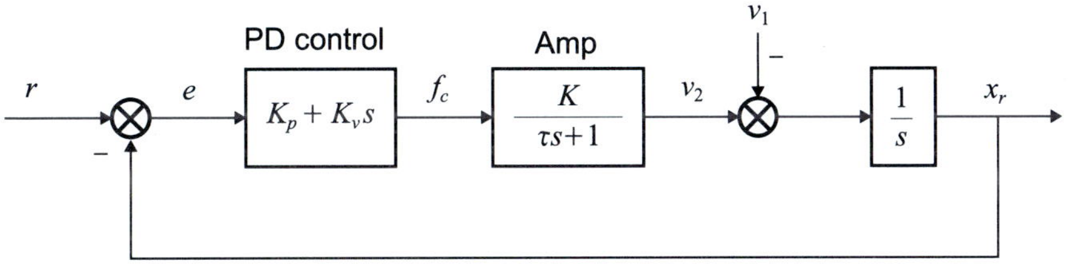

10.2 $K = 2.4$, $a = 0.9$

10.3 $\mathrm{K} = [-10.2 \quad -12.23 \quad -92.98 \quad -24.24]^T$

11.1 $G(s) = \dfrac{s + 1.483}{s + 0.1483}$

11.2 [1] $K \geq 13.3$

[2] $GM = 1.33$, $PM = 8°$

[3] $K(s) = 61\dfrac{s + 0.93}{s + 4.26}$, GM = 5dB

APPENDIX

A

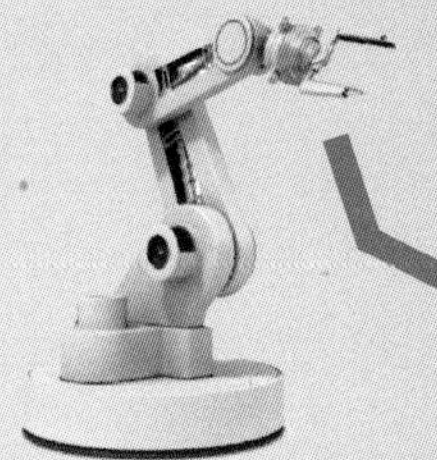

MATLAB/Simulink 소개

1 MATLAB/Simulink

MATLAB은 1994년 스탠포드 대학에서 L-shaped 맴브레인(Membrane)의 파동 방정식(Wave Equation)의 해법(Mathworks사 Logo로 사용)을 연구하던 잭 리틀이 1985년 세운 Mathworks 에서 개발한 행렬 기반의 공학용 소프트웨어이다. 그동안 다양한 Toolbox와 Command(명령어, 일종의 Function)가 개발되어 현재는 유저가 사용하기 편리한 객체지향(Object-oriented) 컴퓨터 언어로 인식되고 있다. 최근 버전은 R2024a이며 Control System Toolbox가 설치되어야 제어 관련 기능을 사용할 수 있다.

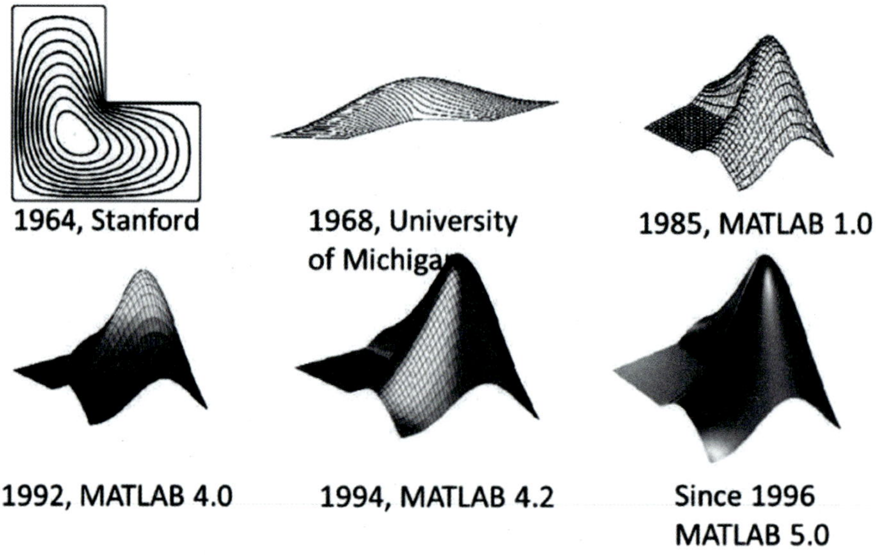

[그림 A.1] MATLAB Logo 변천사

MLATLAB을 실행하면 그림 A.2와 같은 초기 화면이 나타난다. Command Window에서 명령어를 직접 입력하거나 파일에 명령어를 저장해서 파일(확장자 m)을 실행하여 명령어를 사용할 수 있다.

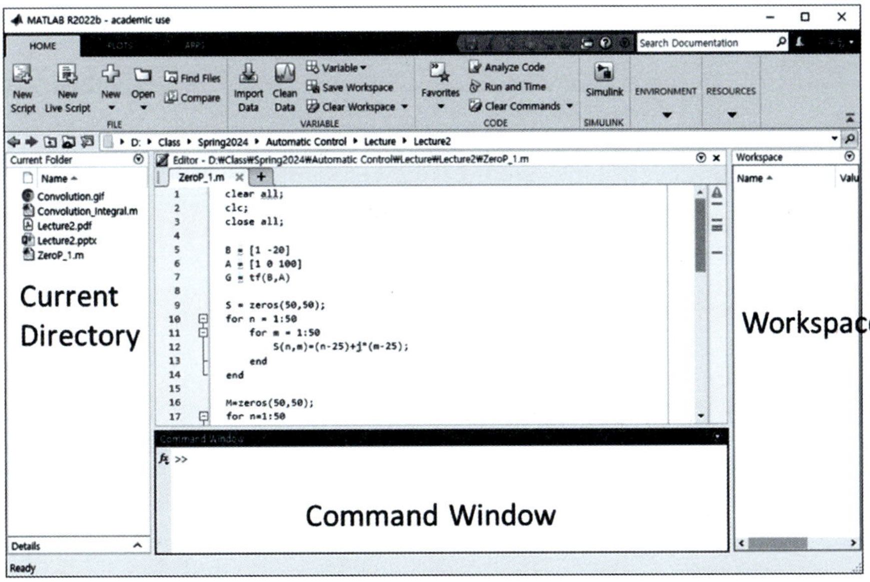

[그림 A.2] MATLAB 초기 화면

MATLAB이 다른 공학용 소프트웨어와 구별되는 대표적인 특징을 나열하면 다음과 같다.

- 변수형(Variable Type)을 지정할 필요가 없다. 숫자로 지정한 변수는 Workspace에 행렬 형태로 자동으로 저장된다.
- Element-by-Element 연산을 제공한다
- 강력한 그래프 플롯(Plot) 기능을 제공한다.
- 명령어(command) 및 다양한 Toolbox의 지속적인 개발과 업그레이드로 최신 공학 기술을 제공한다.

2 Partial Fraction Expansion

전달 함수를 역라플라스 변환시 여러 개의 부분 분수로 전개할 경우(Partial Fraction Expansion) 유수(residue)를 쉽게 구할 수 있다.

$$\frac{B(s)}{A(s)} = \frac{r_1}{s-p_1} + \frac{r_2}{s-p2} + \cdots + \frac{r_n}{s-p_n} + k$$

Command: [r,p,k] = residue(num,den)

r : resides, p: poles, k = direct terms

예제 A-1

$$F(s) = \frac{1}{s^3+2s^2-3s} = \frac{1}{s(s+3)(s-1)} = \frac{A}{s} + \frac{B}{s-3} + \frac{C}{s-1}$$

$$A = \left.\frac{1}{(s+3)(s-1)}\right|_{s=0} = -\frac{1}{3}, B = \left.\frac{1}{s(s-1)}\right|_{s=-3} = \frac{1}{12}, C = \left.\frac{1}{s(s+3)}\right|_{s=1} = \frac{1}{4}$$

```
b=[00001];
a=[1 2 -3 0];
[r p k] = residue(b, a)
r =
     0.0833
     0.2500
    -0.333
p =
    -3.0000
     1.0000
          0
k =

    [ ]
```

3 Block Diagram Reduction

그림 3.5와 3.8에 기술한 블록 선도 모델링은 다음과 같은 명령어를 이용하여 쉽게 모델링이 가능하다. 곱할 경우(series), 더할 경우에는(parallel), 뺄 경우에는 두번째 전달 함수에 −를 곱한다. 마찬가지로 폐루프 전달 함수를 구할 때 단위 폐루프 제어 시스템일 경우 $H(s)$ =1로 정의하며 포지티브 피드백일 경우 sysh에 −를 붙인다. 다수의 인수를 전개(Expansion)시 conv 명령어를 이용하면 편리하다.

```
sys1 = tf(num1, den1)
sys2 = tf(num2, den2)
sys = series(sys1, sys2)
```

```
sys1 = tf(num1, den1)
sys1 = tf(num1, den1)
sys = parallel(sys1, sys2)
sys = parallel(sys1, -sys2)
```

```
sysg = tf(num1, den1)

sysh = tf(num2, den2)
sys = feedback(sysg, sysh) % -
sys = feedback(sysg, 1) % H(s)=1
sys = feedback(sysg, -sysh) % +
```

예제 A-2

다음 폐루프 제어 시스템을 1개의 전달 함수로 줄이시오.

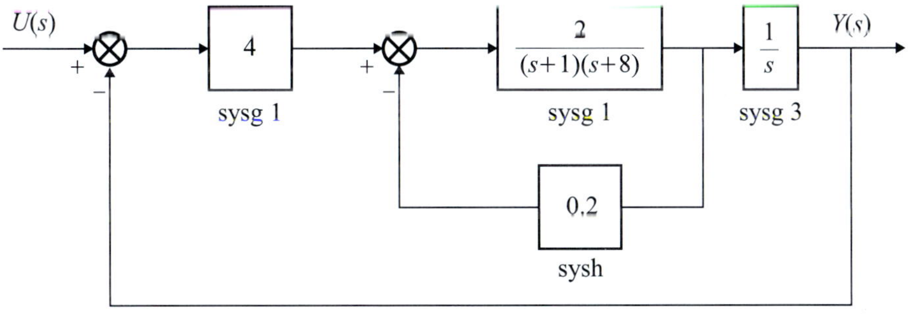

```
sysg1 = 4;
num2 = 2;
den0=[1 1];
den1=[1 8];
den2=conv(den0,den1);
num3 =1;
den3 = [1 0];
sysg3 = tf(num3,den3);
sysg2 = tf(num2,den2);
sysh = 0.2;
sys1 = feedback(sysg2,sysh);
sys2 = series(sys1,sysg3);
sys3 = series(sysg1,sys2);
sys = feedback(sys3,1)
```

```
sys =

        8
-----------------------
s^3 + 9 s^2 + 8.4 s + 8

Continuous-time transfer function.
```

4 계단 응답

전달 함수 분자, 분모 다항식의 계수를 num과 den으로 저장한 후 tf(transfer function), ss(state-space) 명령어를 이용하여 정의한 후 plot을 하면 동일한 응답 곡선을 구할 수 있다. 모든 변수를 저장하여 plot 명령어를 사용하면 step 보다 다양한 옵션을 제공한다.

예제 A-3

다음 폐루프 제어 시스템의 단위 계단 응답을 구하라.

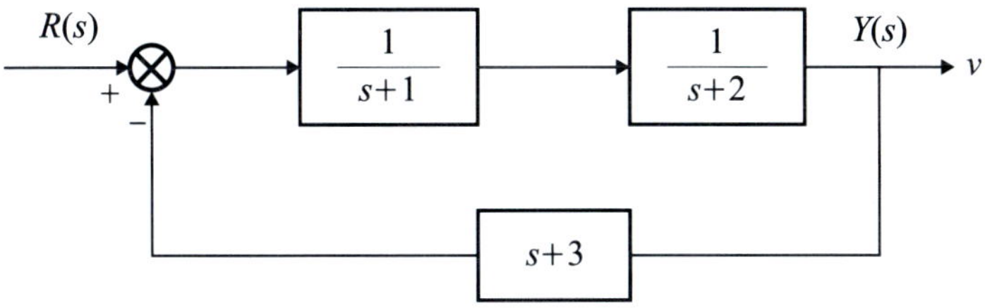

[그림 A.3] Non-unity 폐루프 제어 시스템

폐루프 전달 함수는 다음과 같다.

$$G_c(s) = \frac{G(s)}{1+G(s)H(s)} = \frac{\dfrac{1}{(s+1)(s+2)}}{1+\dfrac{(s+3)}{(s+1)(s+2)}} \tag{A.1}$$

$$= \frac{1}{(s+1)(s+2)+(s+3)} = \frac{1}{s^2+4s+5}$$

이 전달 함수를 상태 공간 모델(A, B, C, D)로 변경하여 계단 응답을 그리면 동일한 결과를 얻는다.

```
num = 1;
den = [1 4 5];
sys = tf(num, den);
t = 0:0.0.001:5;
y = step(sys,t);
plot(t,y,'b')
xlabel('Time(s)');
ylabel('Output y');
```

```
A = [0 1;-5 -4];
B = [0;1];
C = [1 0];
sys = ss(A,B,C,0);
t = 0:0.001:5;
y = step(sys,t);
plot(t,y,'b')
xlabel('Time(s)');
ylabel('Output y');
```

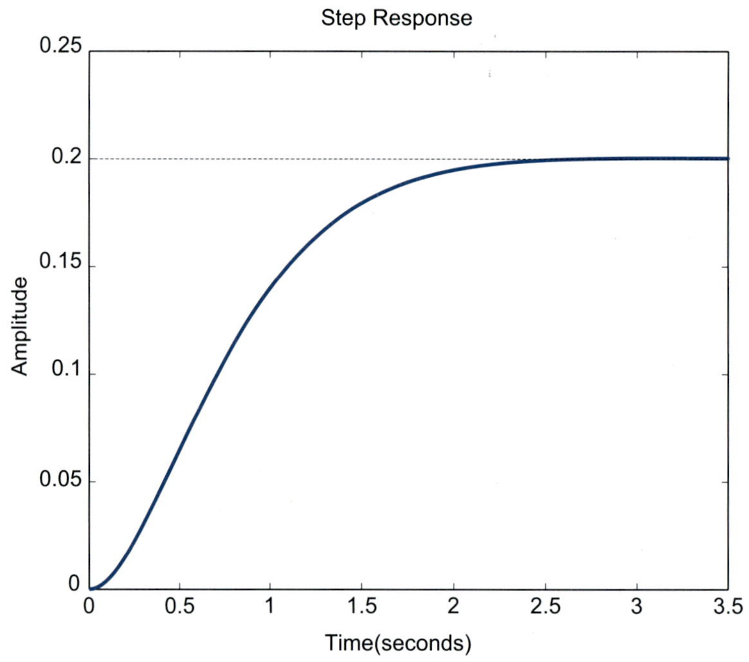

[그림 A.4] 예제 시스템의 단위 계단 응답(step option)

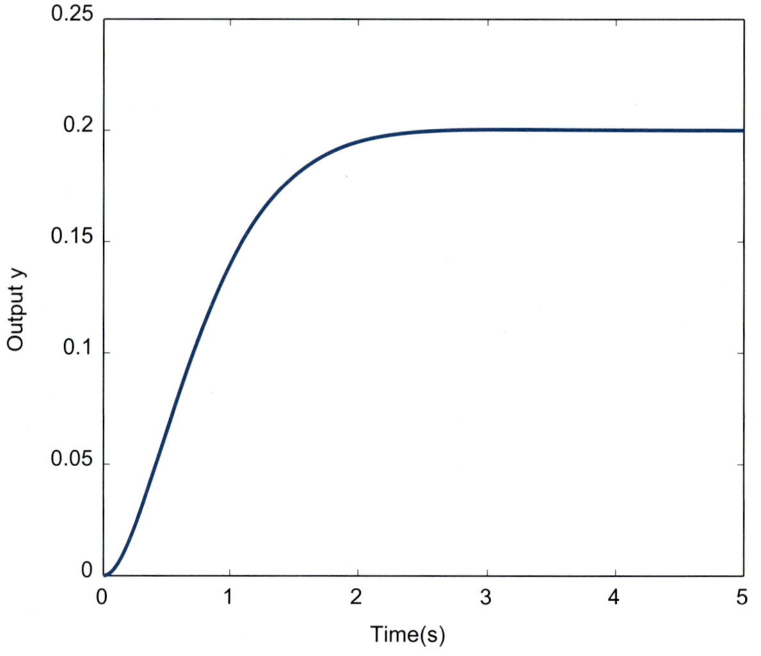

[그림 A.5] 예제 시스템의 단위 계단 응답(plot option)

5 State–space Realization *tf2ss*, *ss2tf*

2개 명령어를 이용하여 전달 함수 모델과 상태 공간 모델을 자유롭게전환시킬 수 있다. 센서 잡음과 관련된 D 행렬은 0 으로 가정한다

예제 A-4

$$G(s) = \frac{10s + 10}{s^3 + 6s^2 + 5s + 10} \tag{A.2}$$

$$\begin{bmatrix} \dot{x}_1 \\ \dot{x}_2 \\ \dot{x}_3 \end{bmatrix} = \begin{bmatrix} -6 & -5 & -10 \\ 1 & 0 & 0 \\ 0 & 1 & 0 \end{bmatrix} \begin{bmatrix} x_1 \\ x_2 \\ x_3 \end{bmatrix} + \begin{bmatrix} 1 \\ 0 \\ 0 \end{bmatrix} u, \quad y = [0 \quad 10 \quad 10] \begin{bmatrix} x_1 \\ x_2 \\ x_3 \end{bmatrix} \tag{A.3}$$

```
num = [10  10];
den [1  6  5  10];
[A,B,C,B] = tf2ss(num,den)

A =

   -6  -5  -10
    1   0   0
    0   1   0

B =

   1
   0
   0

C =

   0   10   10

D =

   0
```

6 근궤적 *rlocus*

예제 A-5

근궤적은 개루프 전달 함수로 그려야 하며 디폴트 K =1이지만 근궤적을 변수로 저장해서 plot 명령어로 그릴 수도 있다. MATLAB에서는 색(Color)의 개수가 근궤적의 개수이다.

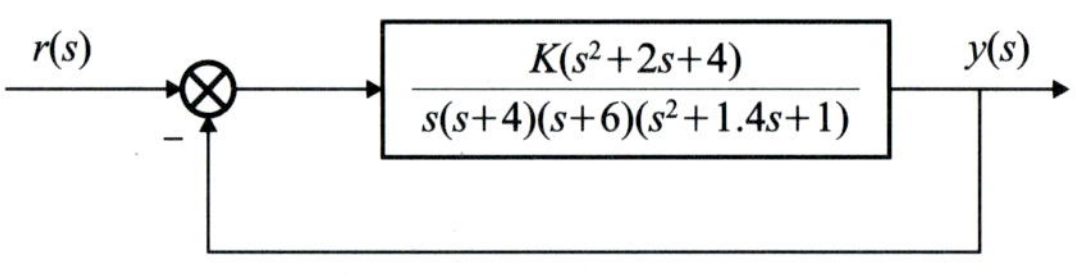

[그림 A.6] 폐루프 제어 시스템

```
num = [1  2  4];
den1 = [1  10  24  0];den2 = [1  1.4  1];
den = conv(den1, den2);
rlocus(num, den)
axis([-7  2  -5  5])
```

```
K = 0:0.1:100
r = rlocus(num, den, K)
plot(r, 'o')
xlabel('Real Axis')
ylabel('Imaginary Axis')
```

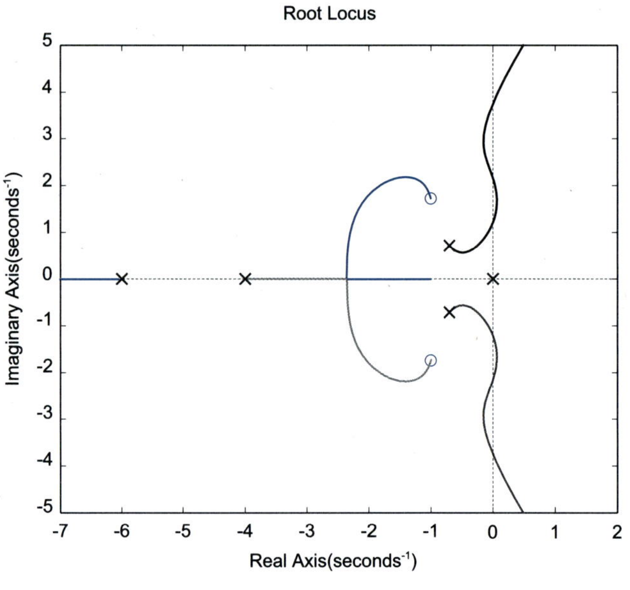

[그림 A.7] 근궤적(rlocus option)

예제 A-6

다음 폐루프 제어시스템이 $\zeta = 0.5$를 가지도록 K를 구하시오.

$$G(s) = \frac{K}{s(s^2 + 4s + 5)} \tag{A.4}$$

rlocfind 명령어를 사용하여 마우스로 근궤적과 사선(ζ = 0.5)의 교차점을 클릭하면 대응하는 K와 폐루프 전달 함수의 극점(+)를 표시해준다

```
num = 1;
den [1  4  5  0];
K 0:0.01:1000;
r = rlocus(num,den,K)
plot(r,'-');
axis([-3  1  -2  2]);
sgrid([0.5,0,707], [0.5, 1, 2]);
xlabel('Real');
ylabel('Imag');
[K,r] = rlocfind(num,den)
Select a point in the graphics window
selected_point =

  -0.6126 + 1.0826i

K =

     4.3264

r =

    -2.7552 + 0.0000i
    -0.6224 + 1.0876i
    -0.6224 - 1.0876i
```

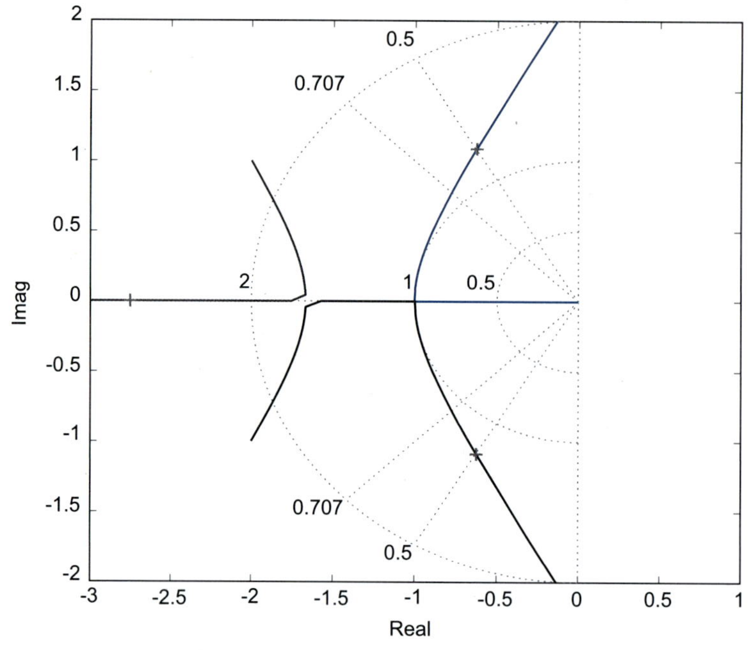

[그림 A.8] 근궤적을 이용한 과도 응답 특성 설계(rlocfind)

7 보드 선도 *bode*

예제 A-7

다음 전달 함수의 보드 선도를 그리시오.

$$G(s)=\frac{10}{s^2+2s+10} \tag{A.5}$$

```
num = 10;
den = [1  2  10];
bode(num,den);
```

```
num = 10;
den = [1  2  10];
[mag, phase, w] = bode(num, den);
subplot(211);semilogx(w,20*log10(mag), 'b'); grid
xlabel('Frequency(rad/s)');ylabel('Magnitude(dB)')
subplot(212);semilogx(w,phase,'b'); grid
xlabel('Frequency(rad/s)');ylabel('Magnitude(dB)')
```

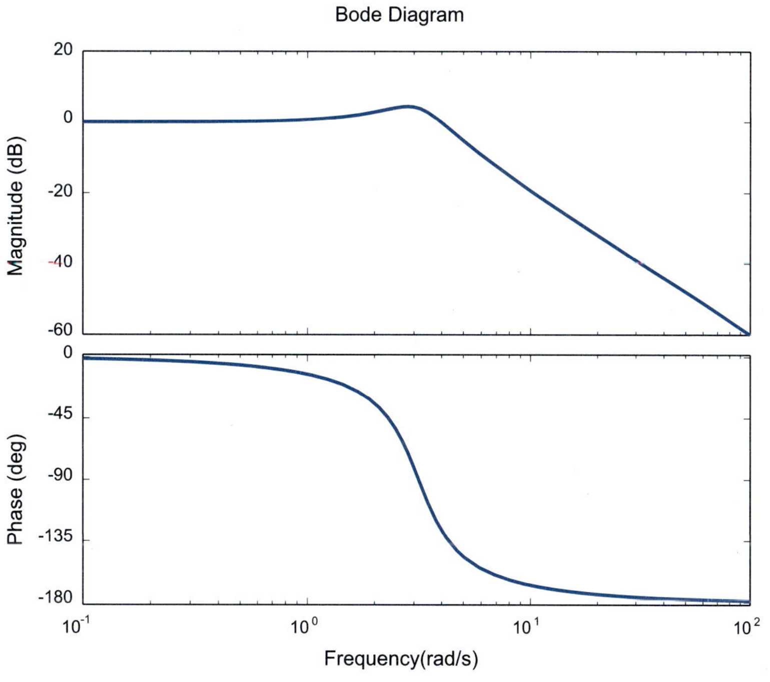

[그림 A.9] 예제 1의 보드 선도(bode option)

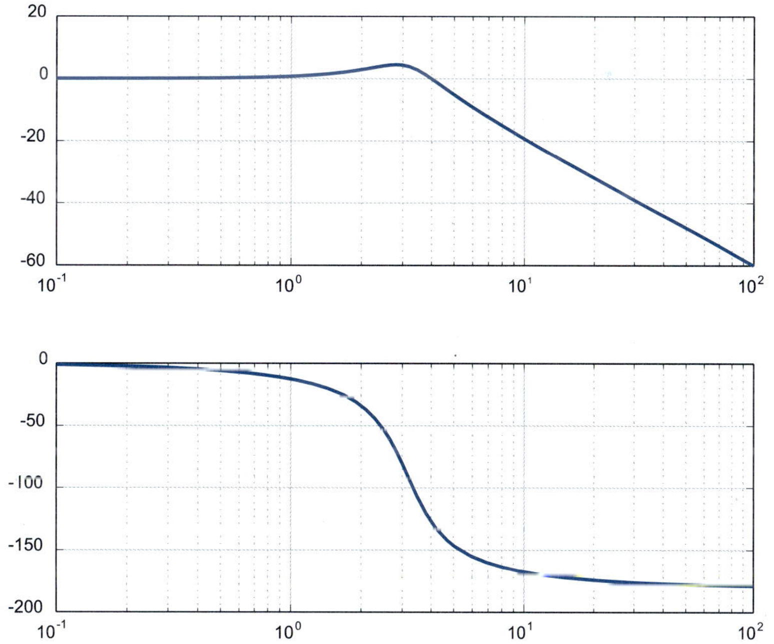

[그림 A.10] 예제 1의 보드 선도(plot option)

```
w =(0:.1:100);
f = w./2/pi;
G =(10)./(-w.^2 +2*w*j+10);
subplot(211);semilogx(w,20*log10(abs(G)))
subplot(212);semilogx(w,angle(G)*(180/pi))
```

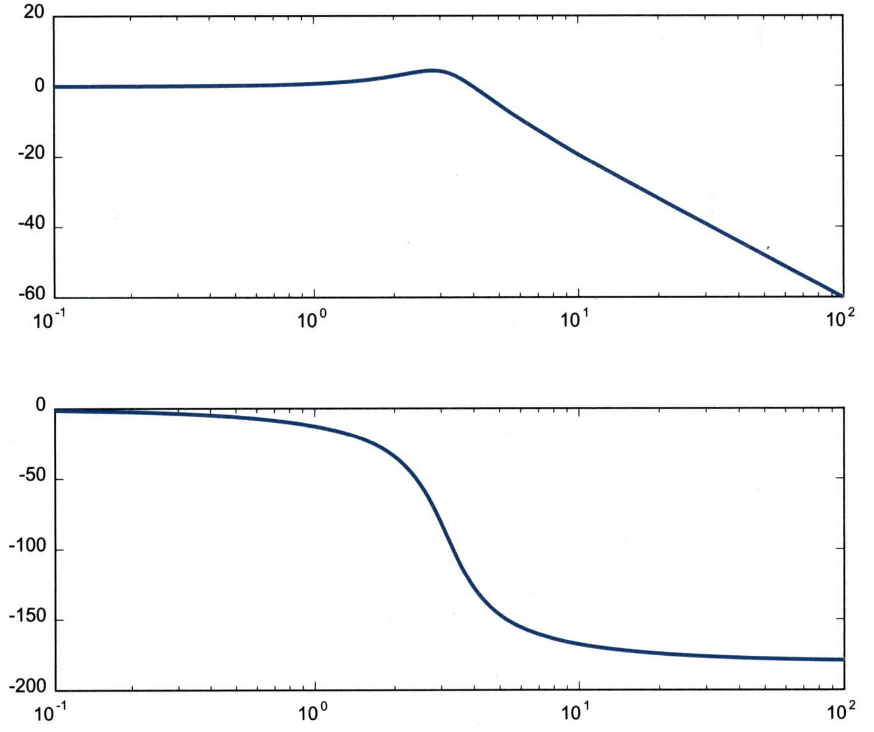

[그림 A.11] 예제 1의 보드 선도(주파수 전달 함수 이용)

예제 A-8

다음 전달 함수의 GM과 PM을 구하시오.

$$G(s) = \frac{0.5}{s^3 + 2s^2 + s + 0.5} \tag{A.6}$$

```
num = 0.5;
den = [1  2  1  0.5];
margin(num, den);
[Gm, Pm, Wcg, Wcp] = margin(num, den)
Gm =
    3.000 → 20log10(3.0035) = 9.55dB
Pm =
    48.9534 → 49°
Wcg =
    1.0000
Wcp =
    0.6435
```

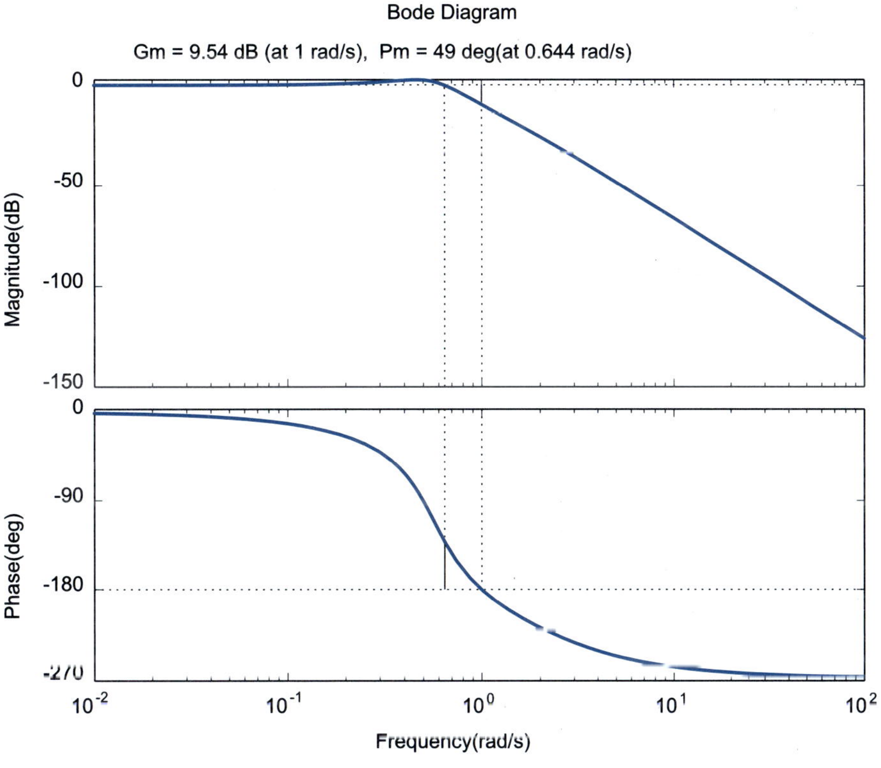

[그림 A.12] GM, PM이 표시된 보드 선도(margin 명령어)

8 나이퀴스트 선도 *nyquist*

예제 A-9

다음 개루프 전달 함수의 나이퀴스트 선도를 그리고 폐루프 제어 시스템의 안정성을 판정하라.

$$G(s)=\frac{1}{s^2+1.2s+1} \tag{A.7}$$

```
num = 1;
den = [1  1.2  1];
nyquist(num, den)
```

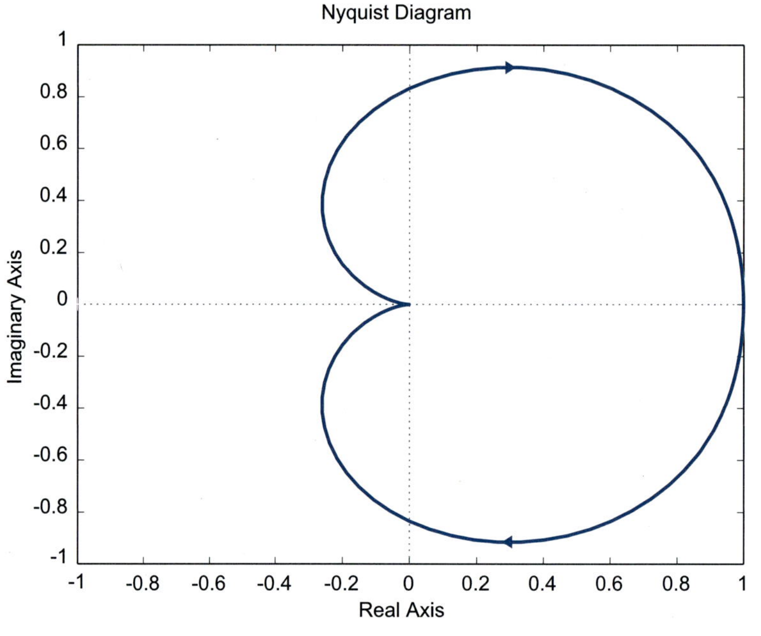

[그림 A.13] 예제 1의 나이퀴스트 선도(Nyquist option)

점(−1, 0)을 나이퀴스트 선도가 감싸지 않으므로 $N = 0$이다. 개루프 전달 함수의 극점($-0.6 \pm 0.8j$)이 모두 좌반면(LRP)에 존재하므로 $P_u = 0$이다. 따라서 나이퀴스트 안정성 판정 기준에 의해 폐루프 전달 함수는 안정하다($Z = N + P_u = 0 + 0 = 0$). 다음과 같이 plot option으로 수동으로 그리면 점(−1, 0)이 표시 되지 않는다.

```
num = 1;
den = [1  1.2  1];
[re, im] = nyquist(num,den)
plot(re, im, 'b', re, abs(im), 'r')
xlabel('Real Axis')
ylabel('Imaginary Axis')
```

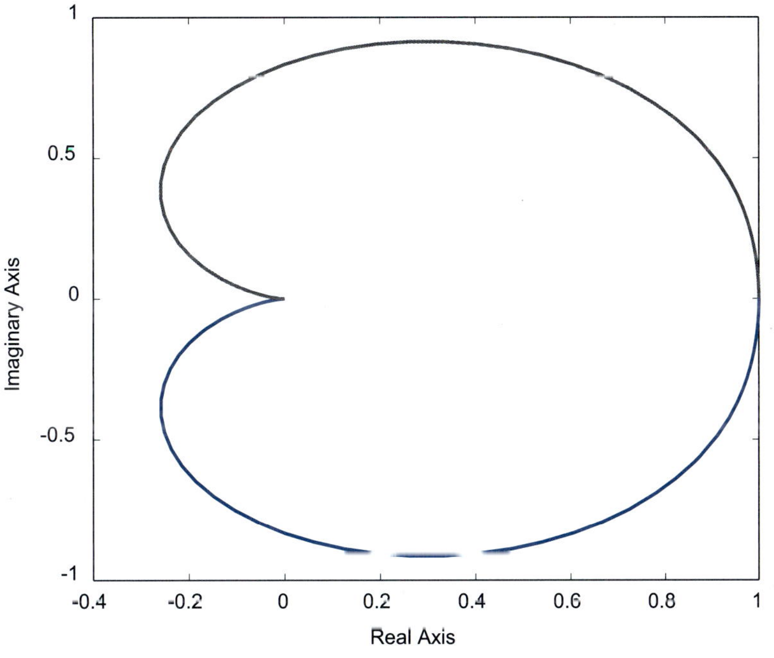

[그림 A.14] 예제1의 나이퀴스트 선도(Nyquist option)

9 Simulink Modeling

9.1 운동 방정식 기반 모델링

대부분의 공학 문제(예: 질량-스프링-댐퍼 시스템)를 다음과 같은 2차 상미분 방정식으로 모델링 할 때

$$0.1\ddot{x} + 0.2\dot{x} + 0.9x = u \quad \text{(A.8)}$$

이 상미분 방정식의 해(Solution, Response)를 Simulink 로 구하기 위해서는 식 (A.10)을 다음과 같이 변형한다. 따라서 $\ddot{x}$를 구한 후 2개의 적분기(Integrator)를 사용하여 $\dot{x}$(2번째 상태 변수)와 x(첫번째 상태 변수)를 쉽게 구할 수 있다.

$$\ddot{x} = \frac{1}{0.1} \cdot (u - 0.2\dot{x} - 0.9x) \quad \text{(A.9)}$$

$$\dot{x} = \int \ddot{x}, \quad x = \int \dot{x} \quad \text{(A.10)}$$

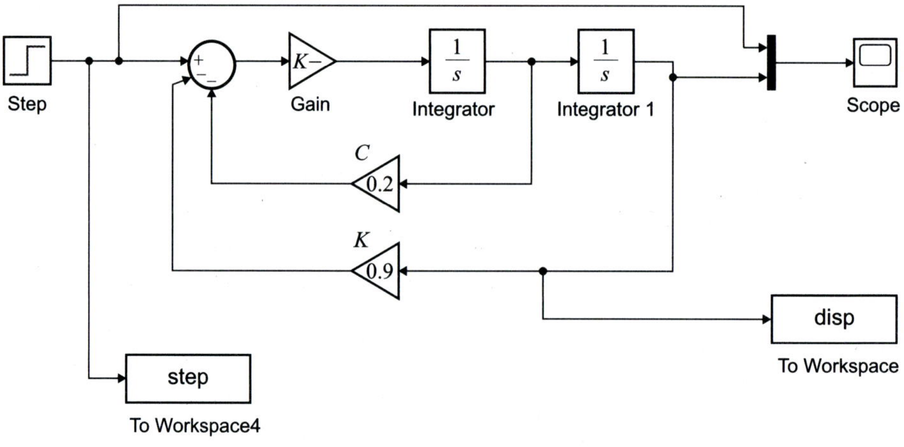

[그림 A.15] 운동 방정식 기반 Simulink 모델

9.2 전달 함수 모델 기반

$$G(s) = \frac{1}{0.1s^2 + 0.2s + 0.9} \tag{A.11}$$

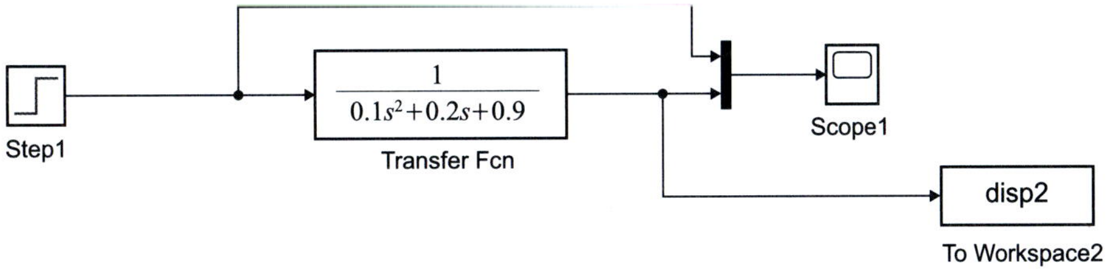

[그림 A.16] 전달 함수 블록을 이용한 Simulink 모델

9.3 상태 공간 모델 기반

식(A.11)은 2개의 상태 변수를 정의하면($x_1 = x, x_2 = \dot{x}$) 다음식으로 표현 할 수 있다.

$$\begin{aligned} \dot{x}_1 &= \dot{x} = x_2 \\ \dot{x}_2 &= \ddot{x} = -\frac{0.2}{0.1}\dot{x} - \frac{0.9}{0.1}x + \frac{u}{0.1} = -2x_2 - 9x_1 + 10u \end{aligned} \tag{A.12}$$

행렬식으로 표현하면 다음과 같으며 시스템 행렬 **A, B, C, D**를 입력한다.

$$\begin{aligned} &\dot{\mathbf{x}} = \mathbf{A}x + \mathbf{B}u,\ y = \mathbf{C}x \\ &\mathbf{A} = \begin{bmatrix} 0 & 1 \\ -9 & -2 \end{bmatrix}, \mathbf{B} = [0 \quad 10]^T, \mathbf{C} = [1 \quad 0], \mathbf{D} = 0 \end{aligned} \tag{A.13}$$

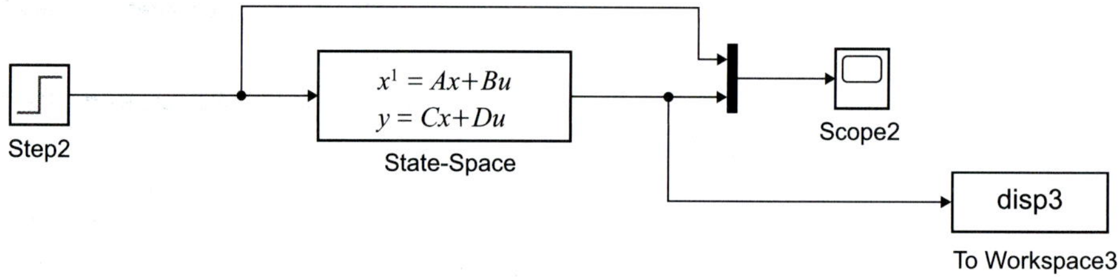

[그림 A.17] 상태 공간 블록을 이용한 Simulink 모델

9.4 PID 제어기

3가지 방법으로 모델링한 플랜트에 다음과 같은 PID 제어기를 설계하여 시뮬링크 모델링을 하였다.

$$u = K_P e(t) + K_I \int e d\tau + K_D \frac{de}{dt} \tag{A.14}$$

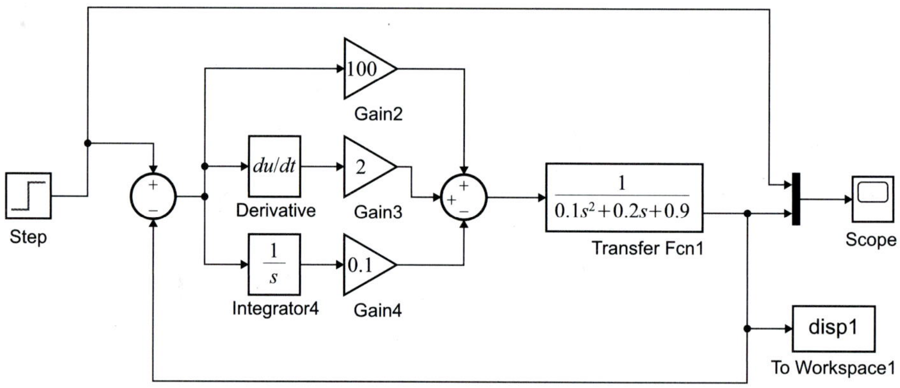

[그림 A.18] Simulink기반 PID 제어 시스템

9.5 Plot of Control Responses

PID 제어 결과를 시뮬링크상에서 Graph로 확인 할 수 있지만 Workspace에 변수로 저장한 후 plot 명령어로 그려 확인할 수 있다.

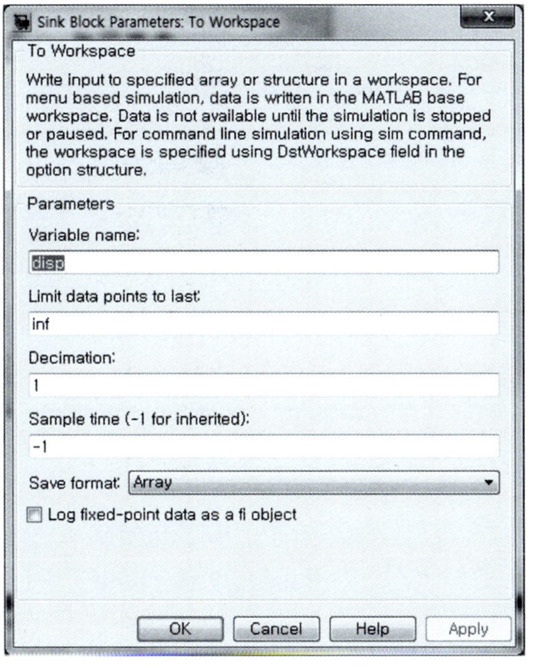

[그림 A.19] Workspace Configuration

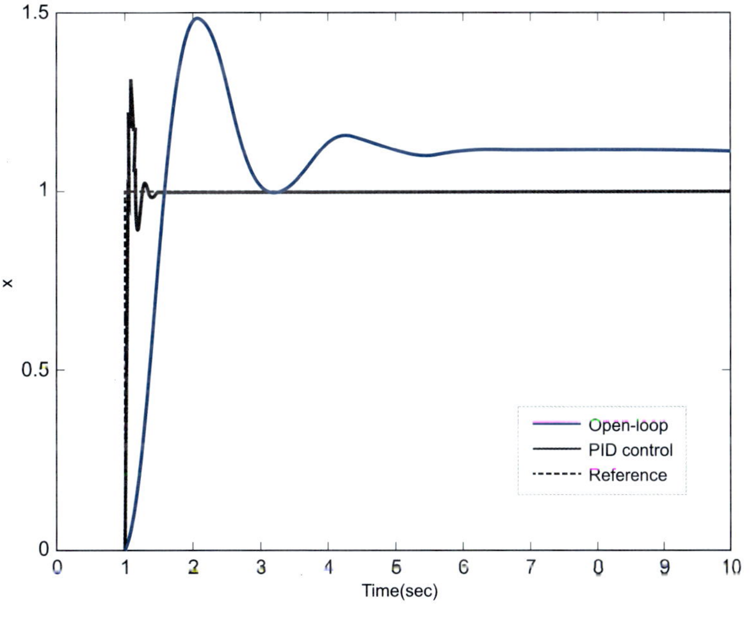

[그림 A.20] Simulink로 구현한 PID 제어 응답 시뮬레이션

10 Symbolic 연산

Symbolic Math Toolbox™는 수식 또는 기호 연산 방식을 사용하여 연산을 수행하며 Mathematica™와 거의 동일한 기능을 제공한다. 이 툴박스를 설치하면 미분 방정식의 Closed-form 해 등을 쉽게 구할 수 있다.

예제 A-10

다음 미분 방정식을 풀고 응답을 그려라(심화 문제 2.1).

$$\begin{cases} \ddot{y} + 2y = r(t) & : no\ damping \\ \ddot{y} + 3\dot{y} + 2y = r(t) & : damping \end{cases}, \; y(0) = 0, \; \dot{y}(0) = 0 \qquad (A.15)$$

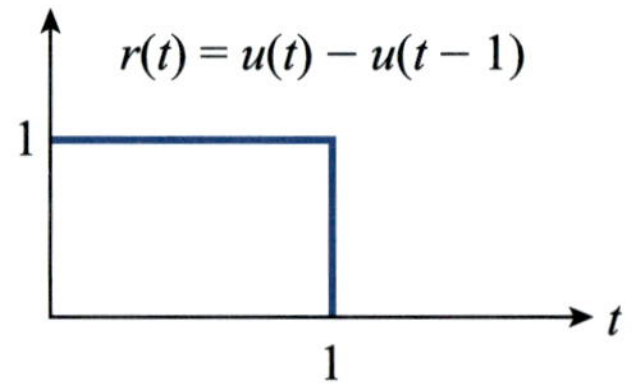


```
syms t  s  Y  y(t)  Dy(t)
Dy = diff(y, t)
D2y = diff(Dy, t);
Input = heaviside(t)-heaviside(t-1);

%EQN = D2y+0*Dy+2*y-Input; % Diff. Eq.(no damping)
EQN = D2y+3*Dy+2*y-Input; % Diff. Eq.(damping)
LEQN = laplace(EQN, t, s); % Laplace transform of the Diff. Eq.

% Substitute ICs and initiate the arbitrary unknown "Y"
LT_Y = subs(LEQN, laplace(y,t,s), Y);
LT_Y = subs(LT_Y, y(0), 0);                                % y(0) = 0
LT_Y = subs(LT_Y, subs(diff(y(t),t), t, 0), le-10);    % dy(0) = 0
ys = slove(LT_Y, Y);    % Solve

% Inverse of the Laplace Transform:
y = ilaplace(ys, s, t);

ezplot(y, [0, 12])
```

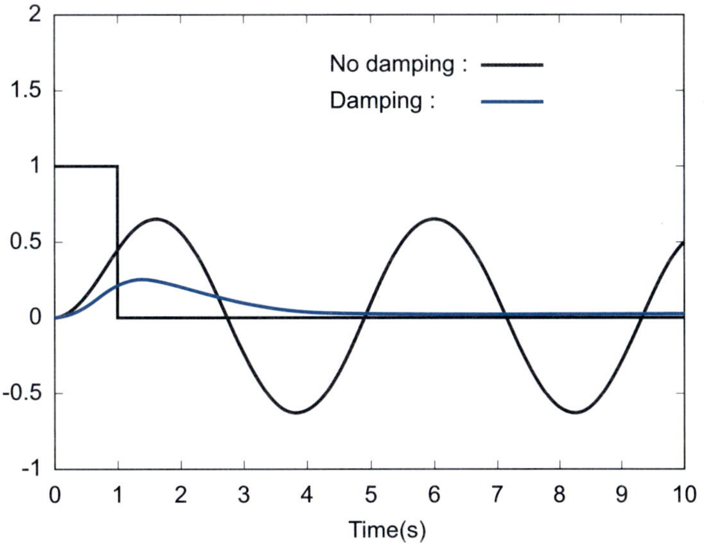

[그림 A.21] 2차 선형 미분 방정식의 해(응답)

APPENDIX

B

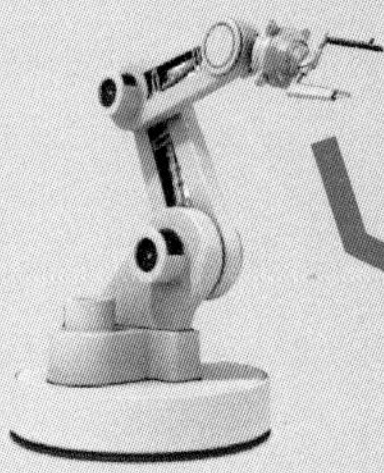

Python 소개

1 Python 개요

파이썬은 1991년 Guido van Rossum이 개발한 고급 프로그래밍 언어로, 간결하고 가독성이 높은 문법을 특징으로 한다. 다양한 프로그래밍 패러다임(객체지향, 함수형 프로그래밍) 등이 지원되며, 데이터 분석 웹 개발, 인공지능, 자동화 스크립트 등 다양한 분야에서 널리 사용된다. 최근 개발되고 있는 라이브러리 덕분에 공학 계산 분야에서도 사용되기 시작하였다.

파이썬은 인터프리터 언어(Interpreted Language)로 컴파일 과정이 필요 없으며, 코드 실행 시마다 해석되고 실행되는 특징을 가진다. 파이썬을 사용할 경우 일반적으로 IDE(통합 개발 환경)을 사용한다. 대표적인 IDE 에디터는 VS Code, Pycharm, Jupiter Notebook 등이 있다.

3가지 모두 초기 실행시켰을 때 구성은 Terminal, Text Editor, Workspace 등으로 비슷하다.

[그림 B.1] IDE 구성 요소(Editor: VS Code)

2 사용법

SW설치는 Python 공식 홈페이지에서 무료로 지원되며 IDE에서는 파이썬 확장자를 추가해서 손쉽게 설치를 완료하고 개발환경을 구축할 수 있다. 사용 용도에 따라 필요한 라이브러리를 불러와서 코드를 구성해야 한다.

아래의 과정은 필수적인 라이브러리를 설치하는 명령어(Command)로 pip 함수를 사용하여 Terminal에 입력하여 실행한다. 추가적으로 필요한 라이브러리가 생기면 pip을 사용하여 동일한 방식으로 설치하면 된다. 아직 MATLAB/Simulink 수준의 편리성과 다양한 기능을 사용할 수 없지만 기본적인 PID 제어기의 시뮬레이션 등은 가능하므로 향 후 사용자가 늘어 날것으로 예상된다.

파이썬의 다른 장점은 GUI Code 관련 기능이 많으며, 필요한 부분을 추출해 다양한 Plot 포맷으로 표현할 수 있다.

```
# NumPy
pip install numpy

# Pandas
pip install pandas

# Matplotlib
pip install matplotlib

# Requests
pip install requests

# Scikit-learn
pip install scikit-learn
```

3 제어 예제

파이썬을 사용하여 기본적인 제어 응답을 얻을 수 있는 코드를 소개한다. Python 코드는 각각 Main Script와 PID Logic Script 2개로 구성되어 있다. PID Logic Script는 PID 구현을 위해 작성된 함수들을 Class로 묶어서 선언했으며, 나중에 Main Script에 불러와서 실행된다.

Main Script는 대부분 GUI를 구성하는 코드로 이루어져 있기 때문에 해당 Script를 실행시키면 Class(MATLAB 의 function)로 선언된 PID Logic Script의 함수들을 불러오게 된다. 순차적으로 입력 신호에 대해 연산을 수행하여 응답을 그릴 수 있다.

예제 B-1

예제 A.8 에 나타낸 동적 시스템을 사용한다.

$$G(s) = \frac{1}{0.1s^2 + 0.2s + 0.9} \tag{B.1}$$

3.1 전달함수 모델 기반 Open-loop Control

```
# Open Loop 시스템 응답 계산
   # 전달함수의 계수 설정
   num = [1]
   den = [0.1, 0.2, 0.9]
   system_tf =  signal.TransferFunction(num, den)

   # 시뮬레이션 시간을 10초로 설정(0.01초 간격으로)
   simulation_time = np.linspace(0, 10, num = 1000)

   #1초에 스템 입력 발생: 0초부터 1초까지는 0, 이후는 1

   step_input = np.where(simulation_time >= 1,1,0)
```

```
# Open Loop 스텝 응답 계산(주어진 입력으로)
time_tf, response_tf, _ = signal.lsim(system_tf, U = step_input,
T = simulation_time)
```

3.2 상태 공간 모델 기반 Closed-loop Control using PID

PID Logic과 상태 공간 방정식을 Class로 정의한다.

$$\dot{x}_1 = \dot{x} = x_2$$

$$\dot{x}_2 = \ddot{x} = -\frac{0.2}{0.1}\dot{x} - \frac{0.9}{0.1}x + \frac{u}{0.1} = -2x_2 - 9x_1 + 10u \tag{B.2}$$

```
class PIDController:
    def_init_(self, kp, ki, kd, dt):
        self.kp = kp
        self.ki = ki
        self.kd = kd
        self.dt = dt
        self.prev_error = 0
        self.integral = 0

    def update(self, setpoint, pv):
        error = setpoint - pv
        self.integral += error * self.dt
        derivative =(error - self.prev_error)/self.dt
        output =(self.kp * error) +(self.ki*self.integral)+(self.kd*derivative)
        self.prev_error = error
        return output
```

```
class TransferFuncionsSystem:
    def_init_(self, dt):
        self.dt = dt
        self.x1 = 0 # 위치
        self.x2 = 0 # 속도

    def update(self, u):
        # 상태 방정식에 따른 업데이트(전달함수1/0.1s^2+0.2s+0.9))
```

```
        x1_dot = self.x2
        x2_dot =(-0.2*self.x2-0.9*self.x1+1.0*u)/0.1# 전달함수의 상태 방정식
        # Euler 방법으로 상태 업데이트
        self.x1 += x1_dot*self.dt
        self.x2 += x2_dot*self.dt
        return self.x1
```

3.3 Main Loop 실행 및 Plot

메인 프로그램과 후처리과정을 통해 MATLAB으로 얻은 그림 A.20과 동일한 결과를 얻을 수 있다.

```
# 메인 시뮬레이션 함수
def main( ):
    # 사용자로부터 PID 게인 입력받기
    kp = float(input("Enter Kp(Proportional gain):"))
    ki = float(input("Enter Ki(Integral gain):"))
    kd = float(input("Enter Kd(Derivative gain):"))

    dt = 0.01 #시간 간격
    sim_time = 10  #시뮬레이션 시간(초)

    # 목표값 및 초기 프로세스 변수
    setpoint = 0 # 초기 목표값(스텝 입력 전에 0)
    pv = 0 # 초기 프로세스 변수(출력)

    # PID 컨트롤러 및 시스템 초기화
    pid = PIDController(kp, ki, kd, dt)
system = TransferFunctionSystem(dt)

# 시뮬레이션 결과 저장을 위한 리스트
time_data = [ ]
pv_data = [ ]
setpoint_data = [ ]

# PID 시뮬레이션 루프
for i in range(int(sim_time / dt)):
time = i * dt
if time >= 1.0: #1초 이후에 스텝 입력을 1로 설정
setpoint = 1
```

```
# PID 제어기 출력 계산
control_signal = pid.update(setpoint, pv)

# 전달함수 시스템 업데이트(제어 신호를 입력으로 사용)
pv = system.update(control_signal)

# 시뮬레이션 데이터 저장
time_data_append(time)
pv_data_append(pv)
setpoint_data.append(setpoint)
```

```
    # plot
    plt.figure( )
    plt.plot(time_tf, response_tf, label="Open loop", color='blue', linewidth=1.5, linestyle='-')
    plt.plot(time_data, pv_data, label="PID control", color='red', linewidth=1.5, linestyle='-')
    plt.plot(time_data, setpoint_data, label="Reference", coler='black', linewidth=1.5, linestyle='--')
    plt.xlabel("Time(s)", fontsize=14, fontname='Arial')
    plt.ylabel("Step Response", fontsize=14, fontname='Arial')
    plt.legend(prop={'size': 12, 'family': 'Arial'}, frameon=False)
    plt.xlim(0, 10)
    plt.ylim(0, 1.5)
    plt.yticks(np.arange(0, 1.6, 0,5))
    plt.grid(False)
    plt.show( )

if_name_ =="_main_":
    main( )
```

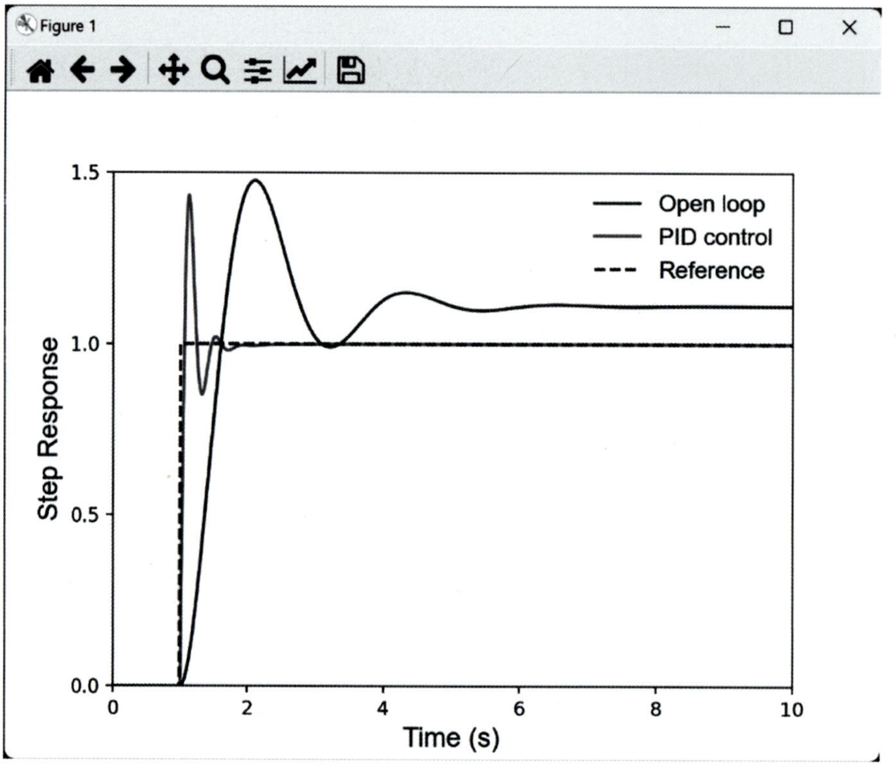

[그림 B.2] 파이썬으로 구현한 PID 제어 응답($K_P = 25, K_I = 40, K_D = 1.3$)

찾아보기